21世纪高等学校物联网专业规划教材

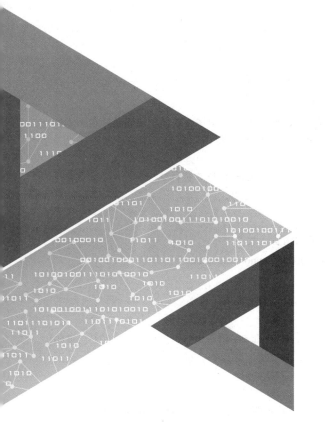

物联网工程导论
（第2版）

◎ 何凤梅　詹青龙　王恒心　主编
　　翁曙光　陈逸怀　副主编

U0283363

清华大学出版社
北京

内 容 简 介

　　本书借鉴国内物联网课程的教材和业界最新技术及动态,全面介绍了物联网工程相关知识和实践项目。全书共分为 10 章,主要介绍了物联网的基本概念、发展状况、物联网产业及物联网相关技术及应用等。

　　本书适合作为高等院校物联网工程、网络工程专业的必修课教材,计算机科学与技术专业的选修课教材,也可作为物联网技术培训教材,还可作为物联网爱好者的参考书。

图书在版编目(CIP)数据

物联网工程导论/何凤梅,詹青龙,王恒心主编. —2 版. —北京:清华大学出版社,2018(2025.1重印)
(21 世纪高等学校物联网专业规划教材)
ISBN 978-7-302-50175-6

Ⅰ. ①物…　Ⅱ. ①何…②詹…③王…　Ⅲ. ①互联网络-应用-高等学校-教材②智能技术-应用-高等学校-教材　Ⅳ. ①TP393.4 ②TP18

中国版本图书馆 CIP 数据核字(2018)第 113091 号

责任编辑:黄　芝　李　晔
封面设计:刘　键
责任校对:时翠兰
责任印制:杨　艳

出版发行:清华大学出版社
　　　　网　　　址:https://www.tup.com.cn, https://www.wqxuetang.com
　　　　地　　　址:北京清华大学学研大厦 A 座　　　　邮　　编:100084
　　　　社 总 机:010-83470000　　　　邮　　购:010-62786544
　　　　投稿与读者服务:010-62776969, c-service@tup.tsinghua.edu.cn
　　　　质量反馈:010-62772015, zhiliang@tup.tsinghua.edu.cn
　　　　课件下载:https://www.tup.com.cn, 010-83470236
印 装 者:三河市君旺印务有限公司
经　　销:全国新华书店
开　　本:185mm×260mm　　印　　张:20.25　　　　字　　数:493 千字
版　　次:2011 年 12 月第 1 版　2018 年 10 月第 2 版　　印　　次:2025 年 1 月第 8 次印刷
印　　数:9001～10000
定　　价:69.80 元

产品编号:073061-02

前言
FOREWORD

本书是在第 1 版的基础上,根据目前物联网技术发展及其应用编写而成的,目标是让大学生对物联网工程中的相关技术有一个整体框架式的了解,为今后进一步学习物联网专业打下全面基础。本书第 1 版得到了广大教师和学生的充分肯定,在客观上适应了国内物联网行业快速发展的需求。

人类社会从本源上存在着三种流:人流、物流和信息流。因特网的发展和应用,解决了信息的全球化流动问题。物联网的诞生和发展,有效整合了人流、物流和信息流,让物品"开口说话",让地球"充满智慧"。物联网利用二维码、RFID、各类传感器等技术和设备,使物体与互联网等各类网络相连,获取无处不在的现实世界的信息,实现物与物、物与人之间的信息交互,支持智能的信息化应用,实现信息基础设施与物理基础设施的全面融合,最终形成统一的智能基础设施。从物联网的概念出发,可以看到三个世界:真实的物理世界、数字世界以及连接两者的虚拟控制的世界。真实的物理世界与数字世界之间存在着物的集成关系,物理世界与虚拟控制的世界之间存在着描述物与活动之间的语义集成关系,数字世界与虚拟控制的世界之间存在着数据集成的关系。三者之间的集成关系共同形成了物联网社会的知识集成关系。物联网已经广泛应用于智能家居、交通物流、能源、城市基础设施、金融服务、安防、环保、农业等领域,并形成物联网产业链。

物联网新技术更迭出现,为满足物联网工程最新技术发展的教学需要,我们组织相关老师在第 1 版基础上修改编写了本书。

本书共分 10 章,相关内容如下:

第 1 章主要介绍了物联网的基本概念,物联网兴起的背景,互联网和泛在网与物联网的关系,国内外物联网发展状况,我国物联网发展的机遇与挑战等。

第 2 章主要介绍物联网产业,物联网在各个领域的典型应用案例,包括智能交通、智能物流、智能家居、智能农业、医疗健康、智能工业、智慧城市、环境监测等。

第 3 章主要介绍了物联网的体系架构和技术特征,详述了感知层、网络层、应用层和公共技术的功能和技术,物联网的标准体系和研究组织等。

第 4 章主要介绍了自动识别技术的概况,详述了条码识别技术、RFID 射频识别系统、卡类识别技术、机器视觉识别和生物特征识别技术等。

第 5 章主要介绍了物联网感知技术的基本知识、典型的传感器和智能传感器技术、无线传感器技术等。

第 6 章主要介绍了物联网通信技术,包括无线网络概述、无线接入网技术和有线接入网技术等。

第 7 章主要介绍了无线传感网络的基本概述、体系结构、关键技术和协议等。

第 8 章主要介绍了物联网软件和中间件、物联网中间件的分类和特点,列举了 RFID 中间件和云计算中间件等。

第 9 章主要介绍了物联网数据处理的关键技术、海量数据存储技术、物联网实体标记语言 PML、云计算、物联网中的智能决策等。

第 10 章主要介绍了物联网信息安全概述、物联网安全关键技术和 RFID 安全管理问题等。

本书适合作为高等院校物联网工程、网络工程专业的必修课教材,计算机科学与技术专业的选修课教材,也可作为物联网技术培训教材,还可作为物联网爱好者的参考书。

全书由何凤梅、詹青龙、王恒心担任主编,并负责全书的统稿工作。第 1～3 章由何凤梅撰写,第 4～6 章由翁曙光撰写,第 7 章、第 9 章、第 10 章由王恒心撰写,第 8 章由陈逸怀撰写。由于作者的经验和水平有限,书中难免会有不足或疏漏之处,恳请各位专家和读者提出宝贵的意见和建议。

编　者

2018 年 4 月

目录
CONTENTS

第1章
CHAPTER 1
物联网概述

内容提要

物联网把信息网络技术、传感器技术等技术加以综合,应用于各个行业、各个产业,覆盖地球万事万物,将极大地促进全球化发展。本章主要介绍物联网产生的背景,概念定义,物联网的传输保障、发展方向和未来趋势,国内外物联网的发展现状,以及我国物联网发展的机遇与挑战等。

学习目标和重点

- 了解国内外物联网发展现状;
- 了解我国物联网发展的机遇与挑战;
- 理解物联网与互联网和泛在网之间的关系;
- 掌握物联网的基本概念。

引入案例

天　网

在好莱坞大片《终结者 2018》中,主要角色"天网"就是一个理想的物联网例子。抛弃掉影片故事情节中设计的"天网"敌视人类的行为,"天网"从技术上讲就是一个展现物联网很好的实例。

欢迎回家马库斯

"天网"几乎满足物联网所有的特征:

(1) 全面感知,通过各种各样的传感器来感知外界信息,监视人类的一举一动。

(2) 可靠传输,超宽带的"天网"通信一流,关键是网络还具有强大的自组织、自修复、自搜索的功能。

(3) 高度智能,可以主动去感知物理世界,并自由地操控它自身的任何组成部分,能够智能感知、智能组织和决策。

当然,我们设计的各种各样的物联网还是希望能为我们所用并且可控。影片同时也展现了物联网的安全问题,一旦高度智能的物联网失控了,或者被他人入侵或掌控,物联网的负面作用就不言而喻了,因此物联网的安全始终是一个伴随物联网研究和应用的重大课题。

物联网把新一代 IT 技术充分运用到各行各业中,具体地说,就是把传感器嵌入和装备到电网、铁路、桥梁、隧道、公路、建筑、大坝、供水系统、油气管道等各种物体中,然后将物联网与现有的互联网整合起来,实现人类社会与物理系统的整合。在整合中,存在能力超级强大的中心计算群,能够对整合网络内的人员、机器、设备和基础设施实施实时的管理和控制。在此基础上,人类可以用更加精细和动态的方式管理生产和生活,以达到"智慧"的状态。毫无疑问,物联网时代的来临,人们的日常生活将发生翻天覆地的变化。

1.1　物联网的基本概念

物联网(Internet of Things, IoT),这一概念从 1999 年诞生至今,不同的组织机构、不同的专家学者、不同的企业都曾赋予了它不同的定义。在这里通过对物联网相关概念的介绍,帮助我们全面地理解物联网。

1.1.1　物联网兴起的背景

20 世纪末的一系列新兴市场遭受金融危机的冲击后,诞生了互联网这一新兴行业;10 年后,由美国引发的次贷危机一发不可收拾,金融危机的余波尚未平息,新一轮的技术革命已经拉开帷幕,物联网技术有助于建立新观念,带动了新的生产供给和消费需求,对于加快世界经济的复苏、各种利益的重新分配意义重大。

从推动经济发展的角度来讲,物联网可以作为计算机、互联网、移动通信后的又一次信息化产业浪潮;从长远来看,物联网有望成为后金融危机时代经济增长的引擎。20 世纪 90 年代,克林顿政府的"信息高速公路"发展战略使美国经济走上了长达 10 年左右的繁荣道路。出于信息技术对经济的拉动作用,奥巴马政府的"智慧地球"构想旨在找出美国经济新的增长点,在此背景下,物联网概念应运而生。

物联网这个概念产生的背景至少有两个因素:一是世界的计算机及通信科技已经发生了巨大的、颠覆性的改变;二是物质生产科技发生了巨大的变化,使物质之间产生相互联系的条件成熟,没有瓶颈。

物联网就是可以实现人与人、物与物、人与物之间信息沟通的庞大网络。将为我们带来新的消费体验,广泛应用于购物、交通、物流、医疗等重要领域,其经济潜力很容易让人想到互联网经济的辉煌。

2010 年,所有关心中国政治经济的人,都开始熟悉一个名词——物联网。物联网就像当初互联网猝不及防地来到,轰然打开我们的世界一样,而且比互联网更快、更猛。美国权威咨询机构 FORRESTER 预测,到 2020 年,世界上物物互联的业务,跟人与人通信的业务相比,将达到 30:1。因此,"物联网"被称为下一个万亿级的通信业务。所有迹象都表明,世界已经开始进入物联网时代。

1.1.2 物联概念的提出

与互联网类似,最初的传感网应用在军事领域。20 世纪 80 年代后期及 90 年代,美国军方陆续建立了多个局域传感网,包括海军的 CEC 项目、FDS 项目和陆军的远程战场感应系统 REMBASS 等。物联网是随着技术进程的不停演化而最终提出并形成的,其相关技术的应用可以追溯到 1946 年。

1946 年,苏联的莱昂·泰勒明发明了用于转发携带音频信息的无线电波,通常认为它是 RFID 的前身。

1948 年,美国的哈里·斯托克曼发表了《利用反射功率的通信》,正式提出 RFID 一词,被认为标志着 RFID 技术的面世。

1973 年,马里奥·卡杜勒所申请的专利是现今 RFID 真正意义上的原型。

1973 年,在美国 LOS ALAMOS 实验室,诞生了第一个 RFID 标签的样本。

1980 年,日本东京大学坂村健博士倡导的全新计算机体系 TRON,计划构筑"计算无所不在"的环境。

1991 年,马克·维瑟发表文章《21 世纪的计算机》,预言泛在计算(无所不在的计算)的未来应用。

1995 年,巴黎最早开始在交通系统中使用 RFID 技术。随后在很多欧洲城市的交通系统中,都开始普及 RFID。

1995 年,比尔·盖茨所著的《未来之路》一书提及物联网概念,书中多次提到"物-物互联"的设想。并想象用一根别在衣服上的"电子别针"与家庭电子服务设施接通,通过"电子别针"感知来访者的位置,控制室内的照明和温度,控制电话和音响、电视等家电设备。只是当时受限于无线网络、硬件及传感设备的发展,并未引起重视。

1998 年,马来西亚发布了全球第一张 RFID 执照。

1999 年,麻省理工学院的 Auto-ID 实验室将 RFID 技术与互联网结合,提出了 EPC,提出早期的物联概念,当时称之为"传感网"。

1999 年,在美国召开的移动计算机和网络国际会议提出"传感网是下一个世纪人类面临的又一个发展机遇",传感网迅速成为全球研究热点。

【知识链接 1-1】

传　感　网

传感网(Sensor Network)是指随机分布的集成由传感器、数据处理单元和通信单元的微小节点,通过自组织的方式构成的无线网络。现在谈到的传感网,一般是指无线传感器网络,即 Wireless Sensor Network(WSN)。

无线传感网由许多功能相同或不同的无线传感器节点组成,每一个传感器节点由数据采集模块(传感器、A/D 转发器)、数据处理和控制模块(微处理器、存储器)、通信模块(无线收发器)和供电模块(电池、DC/AC 能量转换器)构成。

其中,数据采集模块主要就是各种各样的传感器。现有传感器的种类非常多,常见的有温度传感器、压力传感器、湿度传感器、震动传感器、位移传感器、角度传感器等。目前,我国从信息化发展新阶段的角度提出传感网,其研究和探讨的重点更多地聚焦在了通过各种低功耗、短距离无线传感技术,构成自组织网络准确传输数据上。

无线传感网技术是典型的具有交叉学科性质的军民两用战略高科技,可以广泛应用于军事、国家安全、环境科学、交通管理、灾害预测、医疗卫生、制造业、城市信息化建设等领域。

传感网可以看成是"传感模块"加上"组网模块"而构成的一个网络,更像是一个单项信息采集的网络,仅仅感知到信号,并不强调对物体的标识。例如,可以让温度传感器感知到森林的温度,但并不一定需要标识哪一个具体的区域或哪一根树木。

1.1.3　物联网的定义

最早关于物联网的定义是 1999 年由麻省理工学院 Auto-ID 实验室提出的,他们把物联网定义为:物联网就是把所有物品通过 RFID 和条码等信息传感设备与互联网连接起来,实现智能化识别和管理。其实质就是将 RFID 技术与互联网相结合并加以应用。

国际电信联盟(International Telecommunication Union,ITU)对物联网的定义:物联网主要解决物品到物品(Thing to Thing,T2T)、人到物品(Human to Thing,H2T)、人到人(Human to Human,H2H)之间的互联。其中,H2T 是指人利用通用装置与物品之间的连接,H2H 是指人与人之间不依赖于个人计算机而进行的互联。这样我们就可以随时随地了解身边的事物,从而实现智能化识别、定位、跟踪和管理,最终让整个世界变成一个巨型的计算机,达到物联网的终极梦想。

2010 年,我国的政府工作报告对物联网有如下说明:物联网是通过传感设备按照约定的协议,把各种网络连接起来,进行信息交换和通信,以实现智能化识别、定位、跟踪、监控和管理的一种网络。

日本东京大学教授坂村健认为:让任何物品都嵌入一种标记有自己身份特征的操作系统,然后通过无线网络将所有物品都连接起来,这网是全球信息化发展的新阶段,从信息化向智能化提升,在已经发展起来的传感、识别、接入网、无线通信网、互联网、云计算、应用软件、智能控制等技术基础上的集成、发展与提升。物联网本身是针对特定管理对象的"有限网络"，是以实现控制和管理为目的，通过传感器(或识别器)和网络将管理对象连接起来，实现信息感知、识别、情报处理、态势判断和决策执行等智能化的管理和控制。

综上所述，物联网是利用二维码、射频识别(RFID)、各类传感器等技术和设备，使物体与互联网等各类网络相连，获取无处不在的现实世界的信息，实现物与物、物与人之间的信息交互，支持智能的信息化应用，实现信息基础设施与物理基础设施的全面融合，最终形成统一的智能基础设施。从本质上看，物联网是架构在网络上的一种联网应用和通信的能力，实现了物理世界与信息世界无缝连接，如图 1-1 所示。从物联网的概念出发，我们可以看到三个世界：真实的物理世界、数字世界与连接两者的虚拟控制的世界。真实的物理世界与数字世界之间存在着物的集成关系；物理世界与虚拟控制的世界之间存在着描述物与活动之间的语义集成关系；数字世界与虚拟控制的世界之间存在着数据集成的关系。三者之间的集成关系共同形成了物联网社会的知识集成关系。

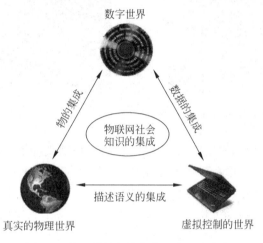

图 1-1　物理世界与信息世界的无缝连接

1.1.4　物联网的发展历程

1. "特洛伊"咖啡壶事件(1991 年)

1991 年英国剑桥大学特洛伊计算机实验室的科学家们在工作时，要下两层楼梯到楼下查看咖啡煮好了没有，由于经常空手而归，工作人员觉得很麻烦。于是他们编写了一套程序，并在咖啡壶旁边安装了一个便携式摄像机，镜头对准咖啡壶，利用计算机图像捕捉技术，以 3fps 的速率传递到实验室的计算机上，供工作人员可随时查看咖啡是否煮好。

1993 年，这套简单的本地咖啡观测系统经过其他同事的更新，以 1fps 的速度通过实验室网站连接到了互联网上，全世界互联网有近 240 万人点击查看了"咖啡壶"网站，这就是有名的"特洛伊"咖啡壶事件。

就网络数字摄像机而言，其市场开发、技术应用以及日后的种种网络扩展都是源于这个世界上最负盛名的"特洛伊"咖啡壶。

2. 物联网悄然萌芽(1995—1999 年)

1995 年,比尔·盖茨《未来之路》一书中提到了"物联网"的构想,即互联网仅仅实现了计算机的联网,而未实现与万事万物的联网,迫于当时网络终端技术的局限使得这一构想无法真正落实。

比尔·盖茨在书中还描述了在华盛顿湖边兴建的别墅,除了用木材、玻璃、水泥、石头建成之外,还有硅片和软件等,图 1-2 和图 1-3 分别是比尔·盖茨宅邸客厅和宅邸平面图。

图 1-2 比尔·盖茨宅邸客厅

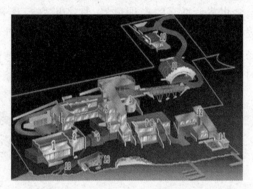

图 1-3 比尔·盖茨宅邸平面图

他对这幢别墅的各种功能描述:"当你走进去时,所遇到的第一件事是有一根电子别针夹住你的衣服,这根别针把你和房子里的各种电子服务接通了……凭借你戴的电子附件,房子会知道你是谁,你在哪儿,房子将用这一信息尽量满足甚至预见你的需求……当外面黑暗时,电子别针会发出一束移动光陪你走完这幢房子。空房子不用照明,当你沿大厅的路走时,你可能不会注意到你前面的光逐渐变得很强,你后面的光正在消失。音乐也会和你一起移动,尽管看上去音乐无所不在,但事实上,房子里的其他人会听到完全不同的音乐,或者什么也听不到,电影或新闻也将跟着你在房子里移动。如果你接到一个电话,只有离你最近的话机才会响,手持式遥控器会让你掌管屋内的娱乐系统,遥感会扩大电子别针的能力,它不仅让房子承认你,而且还允许你来发指令能从数千张图片、录音、电影和电视节目中选择你要的东西。因为有些人比其他人喜欢的温度高一些,房间软件根据谁在里面住以及一天的什么时候来调节温度。房间知道在寒冷的早晨客人起床前把温度调得让人暖烘烘的。晚上天黑下来时,如果打开了电视,房间的灯就暗些;如果白天有人在房间,房间会把它里面的亮度与室外搭配和谐。当然,住在里面的人总能够明确地给出命令来控制场景……"

这不就是我们期待的"物联网"吗?比尔·盖茨从互联网技术的发展前景角度和市场角度为我们的未来生活勾勒出了一幅美丽的画卷。由于当时计算机水平、网络水平及物联网核心技术——RFID 的不发达,人们的关注点还在如何实现人与人的联系。

3. 物联网正式诞生(1999—2005 年)

1999 年,美国 Auto-ID 首先提出了"物联网"的概念,当时的物联网主要是建立在物品编码、RFID 技术和互联网的基础上。它是以美国麻省理工学院 Auto-ID 实验室研究的产品电子代码 EPC(Electronic Product Code)为核心,利用射频识别、无线数据通信等技术,基于计算机互联网构造的实物互联网。简单地说,物联网就是将各种信息传感设备如射频识别装置、红外感应器等与互联网结合形成的一个巨大网络,让相关物品都与网络连接在一起,以实现物品的自动识别和信息的互联共享。EPC 的成功研制标志着物联网的诞生。

4. 物联网逐渐发展(2005—2009 年)

2005 年 11 月 17 日,在突尼斯举行的信息社会世界峰会(WSIS)上,国际电信联盟(ITU)发布了《ITU 互联网报告 2005:物联网》,正式提出了"物联网"的新概念。报告指出:无所不在的"物联网"通信时代即将来临,世界上所有的物体从轮胎到牙刷、从房屋到纸巾都可以通过因特网主动进行信息交换。RFID、传感器技术、纳米技术、智能嵌入技术将得到更加广泛的应用。

国际电信联盟(ITU)在 *The Internet of Things* 报告中对物联网概念进行扩展,提出任何时刻、任何地点、任意物体之间的互联,无所不在的网络和无所不在的计算的发展愿景,除RFID 技术外,传感器技术、纳米技术、智能终端等技术将得到更加广泛的应用。计算机技术与通信技术的普及,互联网的平民化,人与人之间的联系变得如此简单,物与物的联系成了人们的关注点,世界掀起了物联网的热潮。

5. 物联网蓬勃兴起(2009 年以后)

2009 年 1 月,奥巴马就任美国总统后与美国工商业领袖举行了一次"圆桌会议"。IBM首席执行官彭明盛首次提出"智慧地球"的概念,建议新政府投资新一代的智慧型基础设施。该战略认为,IT 产业下一阶段的任务是把新一代 IT 技术充分运用到各行各业之中。具体地说,就是把感应器嵌入和装备到电网、铁路、桥梁、隧道、公路、建筑、供水系统等各种物体中,并且被普遍连接,形成所谓"物联网",然后将"物联网"与现有的"互联网"整合起来,实现人类社会与物理系统的整合。随着奥巴马确定将"物联网"作为美国今后发展的国家战略方向之一,世界各国都把目光投向了物联网。

2009 年 8 月 7 日,时任国务院总理的温家宝来到中科院无锡高新微纳传感网工程技术研发中心,提出加速物联网技术的发展。随后全国各地相继成立了与物联网产业相关的组织,如 2009 年 9 月 10 日,全国高校首家物联网研究院在南京大学成立;2009 年 11 月 1 日,中关村物联网产业联盟成立。

当前,各种技术的大力发展,为物联网的迅速走红打下了坚实的技术基础。在计算机发展的最初阶段,我们一直是落后的;进入网络时代,我们已经开始与世界水平接近;在RFID 年代,我们不再落后,我们的应用甚至超越了国外;到了物联网时代,我们与世界同步。

【知识链接 1-2】

Internet of Things in 2020

欧洲智能系统集成技术平台(the European Technology Platform on Smart Systems Integration,EPoSS)在 *Internet of Things in* 2020 报告中分析预测,全球物联网的发展将历经 4 个阶段。

第一阶段(2010 年之前)：主要是基于 RFID 技术实现低功耗、低成本的单个物体间的互联，并广泛应用于物流、零售和制药等行业领域；

第二阶段(2010—2015 年)：利用传感器网络及无所不在的 RFID 标签实现物与物之间的广泛互联，同时针对特定产业制定技术标准，并完成部分网络融合；

第三阶段(2015—2020 年)：具有可执行指令标签将被广泛应用，物体进入半智能化，同时完成网间交互标准的制定，网络具有超高速传输能力；

第四阶段(2020 年后)：物体具有完全智能的相应行为，异质系统能够协同交互，强调产业整合，实现人、物和服务网络的深度融合。

1.1.5　智慧的地球

"智慧地球"(Smarter Planet,SP)是 IBM 公司首席执行官彭明盛 2008 年首次提出的新概念。他认为，智能技术正应用到生活的各个方面，如智慧的医疗、智慧的交通、智慧的电力、智慧的食品、智慧的货币、智慧的零售业、智慧的基础设施甚至智慧的城市，这使地球变得越来越智能化。其核心是以一种更智慧的方法，通过利用新一代信息技术来改变政府、企业和人们相互交互的方式，以提高交互的明确性、效率、灵活性和响应速度。它主张实现更透彻的感知、更全面的互联互通和更深入的智能化。

"智慧地球"得到奥巴马和美国各界的高度关注，并在世界范围内引起轰动。"智慧地球"被美国人认为是振兴经济、确立全球竞争优势的关键战略。

1. 智慧地球——新的世界运行模式

"智慧地球"从一个总体产业或社会生态系统出发，充分发挥先进信息技术的潜力，以推动整个产业和整个公共服务领域的变革，形成新的世界运行模式。

2. 新的信息产业革命

推进世界智慧化进程，使人类历史上第一次出现了几乎任何系统都可以实现数字化和互联，使我们能够做出更加智慧的判断和处理。

3. 推出各种"智慧"解决方案

IBM 公司提出"智慧"概念是第一步，在此基础上人类可以更加精细和动态的方式管理生产及生活，达到"智慧"状态，极大地提高资源利用率和生产力水平，以应对经济危机、能源危机、环境危机。

1.1.6　物联网生活

物联网把信息网络技术、传感技术等技术加以综合，应用于各个行业，各个产业。物联网可以覆盖地球万事万物，使世界真正变成地球村，将极大地促进全球化的发展，可能将使国与国之间的关系发生重大变化。物联网使人们能够随时监控处于庞大网络中的物品运行情况,从而实现对物的智能化、精确化管理与操作。例如,物联网应用于物流行业,物品流向就不再需要人工搜索,而能够达到实时监测和自动汇报;物联网应用于电力行业,可以实现高效动态地发电、输电、储电、配电和用电;物联网应用于公共安全领域,可以使国家相关部门对重点安全区域实现实时的智能监控等。物联网的发展不仅能提高生产质量,实现有序、高效的物品流通以及更加合理的资源配置,大大提高消费安全指数,而且将催生新兴产业、新的就业岗位。可以说,物联网的发展将使包括生产和流通等在内的众多领域发生革命性的突变,使劳动产品更多地具有人的智慧,进而促进生产力和生产方式的变革。

物联网对人们的社会生活方式也将产生深刻影响。物联网将建立起人与物、物与物的充分沟通,达到人与物、物与物的智能化交流,这给人们的生活带来了极大的便捷和影响:例如,当司机出现操作失误时汽车会自动报警,公文包会提醒主人忘带了什么东西,衣服会告诉洗衣机对水温的要求等。同时随着人们生活方式的改变,人的思维方式和思想观念等也将发生深刻的变化。

物联网就在我们身边,不受地域的限制,只要可以连接互联网,就可以实现智能照明、家电控制、窗帘控制、可视对讲、安防报警、远程控制、网络可视监控等系列智能家居系统,其工作控制原理如图 1-4 所示。

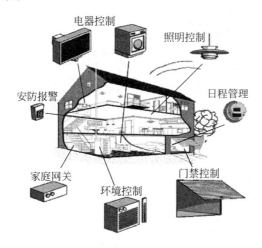

图 1-4 智能家居控制原理

现在让我们来看看某天小王的物联网新生活,如表 1-1 所示。在充斥着智能互联系统的世界里,即使主人出差,也能通过手机、互联网遥控网络云台摄像机,探测家中情况,可时时刻刻保护着心爱的家。

表 1-1 小王的物联网新生活

时间段	物联网生活状态
7:00	"物联网家居系统"准时放出悠扬的音乐唤醒小王,窗帘自动打开,将清晨柔和的阳光引进房间,电视机自动调整到预定的"早间新闻"频道,边整理边听最新报道,智能饮水机自动开始加热
7:30	从冰箱取出早餐,冰箱智能管理系统记录下取出早餐的数量,就着热腾腾的茶水享用早餐

时间段	物联网生活状态
8:00	出门后,设置手机"物联网家居系统"为"外出模式"状态,系统会自动完成传统家居主人离开家时所必需的生活场景,如关灯、电器断电、防盗器布防、门窗关闭等,严密监控煤气、水电、偷盗等不安全因素。一旦发生意外,会自动抢先拨打小王设好的电话号码并用语音通知是盗警、火警或其他紧急情况
8:05	小王启动智能汽车,车载系统会根据当天的主要道路情况,选择合理的上班路线;在信息化社会中,随机可见 RFID 读写器,为了保护汽车信息的安全性,选择隐私保护来防止未授权追踪,保护主人的安全
12:00	好友小张在附近商业街,想约小王共进午餐,通过眼镜发起视频电话请求,小王接听同意后询问小张位置,小张发出一条指令:禁用隐私保护,小王根据小张的位置直接过来了。吃饭时小王约小张到自己家做客
15:30	小王想去喝杯冰咖啡,在自动售卖机处,通过网络手表付过账之后他得到了一杯冰咖啡
17:30	小王开车前,通过手机"物联网家居系统"遥控启动家中的热水器、空调,将屋内温度调节成人体感觉舒适的温度
18:00	小王回家后就舒服地洗了热水澡
18:30	小张来了,小王用遥控按了"会客模式"键,客厅的灯光自动打开,空调自设为 25℃。吃饭时小王把模式换为"就餐模式",所有灯光变得温馨柔和,小王和小张吃得十分愉悦
20:00	晚饭后,小王和小张看 DVD 消遣。小王坐在沙发,用遥控按"影院模式",电视自动开启,并调到影碟的频道,窗帘关上,灯光慢慢暗下来直到关上,壁灯打开微弱的光线,音箱缓缓放出动人心弦的电影前奏
22:00	送走小张后,躺在房间,选择"休息模式",如果晚上去洗手间,屋内灯光会感应到人的活动范围亮灯,若 5 分钟后无人活动则自动关闭,如果先触动了屋外,再触动室内,防盗器就会自动报警

1.2 互联网和泛在网

实际上,物联网并不是凭空出现的事物,它的神经末梢是传感器,它的信息通信网络则可以依靠传统的互联网和通信网等,对于海量信息的运算处理则主要依靠云计算、网络计算等计算方式。物联网与现有的互联网、移动网和泛在网有着十分微妙的关系,如图 1-5 所示。

1.2.1 物联网的传输保障——互联网

物联网可用的基础网络有很多种,其中互联网通常最适合作为物联网的基础网络,特别是当物物互联的范围超出局域网时。因此物理网的核心和基础目前仍然是互联网,是在互联网的基础上延伸和扩展的网络。互联网主要处理人与人之间的信息交互,是一个虚拟世界;而物联网是互联网的极大拓展,用户端延伸和扩展到了任何物品与物品之间,进行信息交换和通信,是对现实物理世界的感知和互联。表 1-2 描述了互联网与物联网的比较。

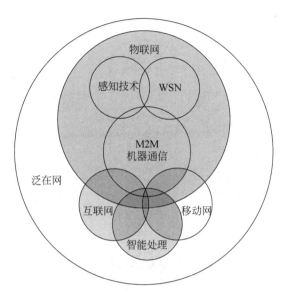

图 1-5 物联网与互联网、移动网与泛在网之间的关系

表 1-2 互联网与物联网的比较

比 较 项	互 联 网	物 联 网
起源点	计算机技术的出现	传感技术的创新,云计算
面向的对象	人	人和物
使用者	所用的人	人和物都是平等的信息体
核心技术掌握在谁的手里	主流的操作系统和语言开发商	芯片技术开发商和标准制定者
创新的空间	主要内容的创新和体验的创新	应用的创新,让一切都智能
文化属性	精英文化、无序世界	草根文化、"活信息"世界
技术手段	网络协议,Web 2.0	数据采集、传输介质、后台计算

综上所述,我们正处在一个新的全域计算和全域通信的世界,我们的组织、社区和我们自己都将在这样变革的世界里受影响而发生变化。国际电信联盟 ITU 于 2015 年 11 月 30 日发布《衡量信息社会报告》的年度报告中显示:全球已有 32 亿人联网,而移动通信正在快速发展,全球手机用户数接近 71 亿,手机信号现已覆盖 95% 以上的世界人口。

在今天,全域信息通信的发展从短距离的移动收发器开始扩展到长距离的器件和日常用品。信息技术和通信技术(ICT)的世界加入了新的维度:过去是任何人在任何时间任何地点进行信息交换,现在加入了任何物体,如图 1-6 所示。各种连接会翻番增加,并创造出一个全新的动态的网络——物联网。如果说在"互联网上,没有人知道你是只狗",而在"物联网时代,即使是你的狗,也将会有自己的身份证"。

在重视物联网发展的同时,更要加速互联网应用,培育新兴产业(如物联网与互联网的融合应用),积极研究发展下一代互联网(Next Generation Internet,NGI),重视移动互联网,推进互联网和传统产业进行有机结合,发挥出互联网在促进国民经济增长中的重要作用。

互联网发展进化的最终结果是:实现人类大脑的充分联网,形成一个与人类大脑高度相似的互联网虚拟大脑,如图 1-7 所示。其核心观点是:互联网正在向与人脑结构高度相似的方向进化,将具有神经元、视觉系统、感觉系统、听觉系统、运动系统、记忆系统、大脑皮层、中枢神经、自主神经系统等。

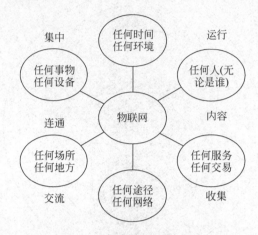

图 1-6　物联网的表征形式

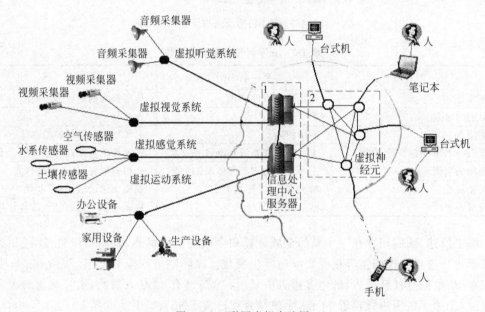

图 1-7　互联网虚拟大脑图

1.2.2　物联网发展的方向——泛在网

泛在网(Ubiquitous Network)也被称作无所不在的网络,最早见于施乐公司首席科学家 Mark Weiser 在 1991 年《21 世纪的计算》中提出的 Ubiquitous Computing。泛在网概念的提出比物联网更早一些。这个概念得到了世界各个国家和地区的人们关注,中国通信标准化协会秘书长周宝信说过:"泛在网是一个大通信概念。"

泛在网将 4A 作为其主要特征,即可以实现在任何时间(Anytime)、任何地点(Anywhere)、任何人(Anyone)、任何物(Anything)都能方便地通信与联系。因此泛在网内涵上更多的是以人为核心,关注可以随时随地获取各种信息,几乎包含了目前所有的网络概念和研究范畴。

　　与传统电信网络相比,泛在网至少有 3 个显著区别:从任何人之间的网络到人和物、物和物之间的网络;从有许可的网络到无许可的网络;从单一的网络到融合的网络。M2M、传感网、近程通信和 RFID 等重要技术的发展支持了泛在网,它不是一个全新的网络技术,而是在现有技术基础上的应用创新,是不断融合新的网络,不断向泛在网络注入新的业务和应用,直至"无所不在、无所不包、无所不能"。

　　从泛在网的内涵来看,首先关注的是人与周边的和谐交互,各种感知设备与无线网络不过是手段。最终的泛在网在形态上,既有互联网的部分,也有物联网的部分,同时还有一部分属于智能系统(推理、情境建模、上下文处理、业务触发)范畴。由于涵盖了物与人的关系,因此泛在网概念的范围更大一些。

【知识链接 1-3】

M2M

　　M2M(Machine to Machine)即机器对机器的通信,也包括人对机器和机器对人的通信。M2M 是从通信对象的角度出发表述的一种信息交流方式,是一种新的网络理念。

　　M2M 通过综合运用自动控制、信息通信、智能处理等技术,实现设备的自动化数据采集、数据传送、数据处理和设备自动控制,是不同类型通信技术的综合运用,包括机器之间通信、机器控制通信、人机交互通信、移动互联通信等。M2M 让机器、设备、应用处理过程与后台信息系统共享信息,并与操作者共享信息。目前,M2M 已广泛应用于车辆管理、安全监测、自动计量、健康医疗、工业控制、数字城市等众多领域。M2M 是物联网的雏形,是现阶段物联网应用的主要表现。

　　Machine 一般特指人造的机器设备,而物联网的物(Things)则是指更抽象的物体。例如,树叶属于 Things,可以被感知、被标记,但树叶不是 Machine,不是人为事物,而冰箱则属于 Machine,同时也是一种 Things。因此 M2M 可以认为是物联网的子集,而事实上,M2M 也是现在物联网应用最主要的表现形式。在实际应用中,M2M 的概念并不这么严谨。很多 M2M 应用并不局限于机器,也会触及自然事物,如水温、水位监测等。

　　构建无所不在的信息社会已成为全球趋势,物联网是进一步发展的桥梁。从 E 社会(Electronic Society,电子化社会)到 U 社会(Ubiquitous Society,泛在社会)是一条从硬件到软件和服务演进的路线,也是物联网所要实现的目标。无论是中国的"感知中国"、美国的"智慧地球"、日本的 I-Japan,韩国的 U-Korea,都体现着这个无处不在的互联和感知的思想,而这也正是物联网所需要实现的。

【知识链接 1-4】

E 社会

　　E 社会(Electronic Society)能够实现任何人和任何人在任何时候和任何地点的通信与联系,即"3A 通信"(Anyone,Anytime,Anywhere)。互联网用户普及率和计算机普及率用来标识和度量社会的电子化程度。

1.3　国内外物联网发展状况

物联网的发展符合社会与经济发展的方向,物联网技术在帮助人类提高生产力、生产效率的同时,进一步改善人类社会发展与地球生态和谐、可持续发展的关系。物联网涉及下一代信息网络和信息资源的掌控利用,受到了各国政府、产业界和学术界的重视,在各种因素的相互推动下,迅速热遍全球。一些国家已投入巨资研究物联网或下一代互联网;我国政府也高度重视物联网产业的发展,还有少数国家是在物联网技术与发展前景并不明朗的情况下,受一些因素干扰或迫于形势而开展物联网的决策和投入的。目前,全球物联网的总体状况还是停留在全球物联网的探索和应用物联网的建设并存阶段,要真正达到物物互联,实现物联网的全球应用,尚需很长一段距离。各国物联网发展战略如表 1-3 所示。

表 1-3　各国物联网发展战略

国家或地区	物联网发展战略
欧盟	欧洲数字计划
美国	智慧地球
韩国	U-Korea
日本	i-Japan
新加坡	下一代 I-Hub 计划
中国	感知中国

1.3.1　国外物联网发展现状

1. 欧盟

2008 年 10 月,欧洲的物联网大会在法国召开,会议就 EPCglobal 网络架构在经济、安全、隐私和管理等方面的问题进行广泛交流,为建立一套公平的、分布式管理的唯一标识符达成了共识。

2009 年,欧盟执委会发表了《欧盟物联网行动计划》,标志着欧盟已经从国家层面将物联网的实现提上日程,该计划描绘了物联网技术应用的前景,并提出要加强对物联网的管理,消除物联网发展的障碍。行动计划共包括 14 项内容:管理、隐私及数据保护、"芯片沉默"的权利、潜在危险、关键资源、标准化、研究、公私合作、创新、管理机制、国际对话、环境问题、统计数据和进展监督等。

除此之外,在技术层面也有很多相关组织致力于物联网项目的研究,如欧洲 FP7 项目(CASAGRAS)、欧洲物联网项目组(CERP-IoT)、全球标准互用性论坛(Grifs)、欧洲电信标准协会(ETSI)及欧盟智慧系统整合科技平台(ETP EPoSS)等。同时,欧洲各大运营商和企业在物联网领域也纷纷采取行动,加强物联网应用市场的部署,如 Vodafone 推出了全球服务平台及应用服务的部署,T-mobile、Telenor 与设备商合作关注汽车、船舶和导航等行业,Orange 公司的车队管理市场等。

2. 美国

2009 年 1 月，奥巴马就 IBM CEO 彭明盛提出的"智慧地球"概念给予了积极回应，把"宽带网络等新兴技术"定位为振兴经济、确立美国全球竞争优势的关键战略，并在随后出台的总额 7870 亿美元《经济复苏和再投资法》中对上述战略建议具体加以落实。该法希望从能源、科技、医疗、教育等方面着手，通过政府投资、减税等措施来改善经济、增加就业机会，并且带动美国长期发展，其中鼓励物联网技术发展政策主要体现在推动能源、宽带与医疗三大领域开展物联网技术的应用。从选举到履新，从"新能源"到"物联网"，不仅是奥巴马认为的全球经济新引擎，也是奥巴马政府的国家战略。

在具体应用方面，美军目前已建立了具有强大优势的多传感器信息网，这可以说是物联网在军事应用的雏形。如美国空军全球物流支援中心已选定 ODIN 公司来检测和维持其整个无源 RFID 阅读器，其部署在美国大陆、阿拉斯加和夏威夷。包括 7 个空军基地、1 个海军基地的空军开始采用 RFID 技术来改进业务流程，从跟踪危险物品到货物接收等。ODIN 的任务是更新固件并配置 150 台无源 RFID 阅读器来优化性能。为了完成这个过程，ODIN 公司将利用其 EasyMonitor RFID 网格监测工具，这是基于对等网络架构。实现远程管理世界任何地方的 RFID 设备，其软件安装在设备上，并无缝整合到 Tivoli、Open View、Unnicener 等其他网络管理系统。

在 2013 年开幕的 CES 展上，美国电信企业再次将物联网推向了高潮。美国高通公司已于 2013 年 1 月 7 日推出物联网(IoE)开发平台，全面支持开发者在美国运营商 AT&T 的无线网络上进行相关应用的开发。与此同时，思科与 AT&T 合作，建立无线家庭安全控制面板。思科还获得"2012 年度物联网行业突出贡献奖"的提名，2012 年思科发布了一款物联网路由器 ISR819，同时借 2012 年的伦敦奥运会，大力地推广其物联网技术。

3. 韩国

面对全球信息产业新一轮"U"化战略的政策动向，韩国制定了 U-Korea 战略。在具体实施过程中，韩国推出《数字时代的人本主义：IT839 战略》以具体呼应 U-Korea。U-Korea 的发展期(2006—2010 年)重点任务是基础环境的建设、技术的应用以及"U"社会制度的建立；成熟期(2011—2015 年)的重点任务为推广"U"化服务。

2009 年 10 月，韩国通信委员会出台了《物联网基础设施构建基本规划》，将物联网市场确定为新增长动力。该规划提出到 2012 年实现"通过构建世界最先进的物联网基础设施，打造未来广播通信融合领域超一流信息通信技术强国"的目标，并确定了构建物联网基础设施、发展物联网服务、研发物联网技术、营造物联网扩散环境 4 大领域、12 项详细课题。

4. 日本

自 20 世纪 90 年代中期以来，日本政府相继制定了 E-Japan、U-Japan、I-Japan 等多项国家信息技术发展战略，从大规模开展信息基础设施建设入手，稳步推进，不断拓展和深化信息技术的应用。

2009 年 7 月，日本 IT 战略本部颁布了日本新一代的信息化战略——I-Japan 战略，为了让数字信息技术融入每一个角落，首先将政策目标聚焦在三大公共事业：电子化政府治理、医疗健康信息服务、教育与人才培养,提出到 2015 年,通过数位技术达到"新的行政改革",使行政流程简化、效率化、标准化、透明化,同时推动电子病历、远程医疗、远程教育等应用的发展。

2012 年全日本总计发展了 317 万多物联网用户(放号量),其中 NTT DoCoMo 现有超过 150 万物联网用户,主要分布在交通、监控、远程支付(包括自动贩卖机)、物流辅助、抄表等 9 个领域;KDDI 虽然起步较晚,但一开始就追求高速大容量的物联网通信,通过推出可车载、小型、轻量、廉价的物联网通信服务,在交通、物流行业发展了超过 100 万用户;而 Softbank 因为最迟涉足物联网行业,仅有 25 万多用户,其中大部分是数码相框等个人电子消费品业务,还有少量的电梯监控和自动贩卖机业务。

5. 新加坡

新加坡在 2005 年提出"下一代 I-Hub"计划,旨在通过一个安全、高速、无所不在的网络实现下一代的连接,全面创建一个真正的无所不在的网络。2006 年 6 月推出了"智慧国家 2015"计划,力图通过包括物联网在内的信息技术,将新加坡建设成为经济、社会发展一流的国家。在电子政府、智慧城市及互联互通方面,新加坡的成绩引人注目。新加坡上马的智能交通系统(ITMS),让使用者和交通系统之间的联系更紧密。活跃和稳定的相互信息传递和处理成为可能,从而为出行者和其他道路使用者提供实时、适当的交通信息,使其能对交通路线、交通模式和交通时间做出充分、及时的判断。

新加坡作为东南亚重要航运枢纽国,在实施其"智慧国家 2015"计划时,更加注重通过信息通信技术来增强港口和各物流部门的服务能力。由政府主导,大力支持机构和企业广泛使用 GPS、RFID 等多种技术来增强和提高管理与服务能力。政府的重视和支持,一系列项目和计划的实施,新加坡企业对于创新的追求和信息通信技术的接受,都使得新加坡在物联网建设方面取得长足的发展,走在了世界前列。

此外还有澳大利亚、法国、德国等一些发达国家也都在加快部署下一代网络基础设施的建设。

1.3.2　国内物联网发展现状

我国的科研机构在 1999 年就提出了"感应网络"的概念,2009 年 9 月,无锡市与北京邮电大学就传感网技术研究和产业发展签署合作协议,标志着中国物联网进入实际建设阶段。2010 年 3 月,温家宝总理在十一届全国人大三次会议上作政府工作报告时指出,大力培育战略性新兴产业,积极推进"三网"融合取得实质性进展,加快物联网的研发应用。我国政府目前为物联网的发展营造了良好的政策环境,《国家中长期科学与技术发展规划(2006—2020)》、2009—2011 年电子信息产业调整和振兴规划、2010 年"新一代宽带移动无线通信网"国家科技重大专项、国家重点基础研究发展计划(973 计划)及国家自然科学基金委员会等都将物联网相关技术列入重点研究和支持对象。《物联网"十二五"发展规划(2011—2015 年)》《国务院关于推进物联网有序健康发展的指导意见》提出物联网发展格局、优化物联网产业体系、组织实施重大应用示范工程、推进示范区和产业基地建设,中央财政安排物联网发展专项资金,物联网被纳入高新技术企业认定和支持范围。物联网项目得到国家各大部委和省市各级政府的大力支持,设立专项资金,多层次、全方位推进地方物联网发展。

1. 物联网技术现状

目前,我国在物联网关键技术研发、应用示范推广、产业协调发展和政策环境建设等方面均取得了显著成效,与发达国家保持同步,成为全球物联网发展最为活跃的地区之一。已经开展了一系列试点和示范项目,在电网、交通、物流、智能家居、节能环保、工业自动控制、医疗卫生、精细农牧业、金融服务业、公共安全等领域取得了初步进展。此外,物联网还用于人口管理、零售业、航天航空、电子支付等多行业领域。例如,2010 年 6 月 18 日,我国首家高铁物联网技术应用中心建成并投入使用,该中心为高铁物联网产业发展提供科技支撑。其主要用于新形式的购票、检票。刷卡购票、手机购票、电话购票等新技术的集成使用,让旅客可以摆脱拥挤的车站购票;与地铁类似的检票方式,则可实现持有不同票据旅客的快速通行。

创新成果不断涌现,在芯片、传感器、智能终端、中间件、架构、标准制定等领域取得一大批研究成果。光纤传感器、红外传感器技术达到国际先进水平,超高频智能卡、微波无源无线射频识别、北斗芯片技术水平大幅提升,微机电系统(MEMS)传感器实现批量生产,物联网中间件平台、多功能便捷式智能终端研发取得突破。一批实验室、工程中心和大学科技园等创新载体已经建成并发挥着良好的支撑作用。

2. 物联网标准化

2009 年 9 月,工信部传感器网络标准化工作小组成立,标志我国将加强制定符合我国发展需求的传感网技术标准,力争主导制定传感网国际标准。我国相关研究机构和企业积极参与物联网国际标准化工作,在 ISO/IEC、ITU-T、3GPP 等标准组织取得了重要地位。目前,物联网标准体系加快建立,已完成 200 多项物联网基础共性和重点应用国家标准立项。我国主导完成多项物联网国际标准,国际标准制定话语权明显提升。

3. 物联网产业体系

应用示范持续深化,在工业、农业、能源、物流等行业的提质增效、转型升级中作用明显,物联网与移动互联网融合推动家居、健康、养老、娱乐等民生应用创新空前活跃,在公共安全、城市交通、设施管理、管网监测等智慧城市领域的应用显著提升了城市管理智能化水平。物联网应用规模与水平不断提升,在智能交通、车联网、物流追溯、安全生产、医疗健康、能源管理等领域已形成一批成熟的运营服务平台和商业模式,高速公路电子不停车收费系统(ETC)实现全国联网,部分物联网应用达到了千万级用户规模。

产业体系初步建成,已形成包括芯片、元器件、设备、软件、系统集成、运营、应用服务在内的较为完整的物联网产业链。2015 年物联网产业规模达到 7500 亿元,"十二五"期间年复合增长率为 25%。公众网络机器到机器(M2M)连接数突破 1 亿,占全球总量 31%,成为全球最大市场。物联网产业已形成环渤海、长三角、泛珠三角以及中西部地区四大区域聚集发展的格局,无锡、重庆、杭州、福州等新型工业化产业示范基地建设初见成效。涌现出一大批具备较强实力的物联网领军企业,互联网龙头企业成为物联网发展的重要新兴力量。物联网产业公共服务体系日渐完善,初步建成一批共性技术研发、检验检测、投融资、标识解析、成果转化、人才培训、信息服务等公共服务平台。

1.4 我国物联网发展的机遇与挑战

1.4.1 国家信息化发展战略

在"下一代互联网与物联网高峰论坛"上,中关村物联网产业联盟、长城战略咨询联合发布的《中国物联网产业发展现状及趋势研究报告(2010)》描绘了这样一幅中国物联网产业发展战略图:从2010—2020年的10年中,中国物联网产业将经历应用创新、技术创新、服务创新3个关键的发展阶段,成长为一个超过5万亿元规模的巨大产业。该报告指出,我国物联网产业未来发展有四大趋势,即细分市场递进发展,标准体系渐进成熟,通用性平台将会出现,以及技术与人的行为模式结合促进商业模式创新。另外,报告也指出了促进物联网产业发展的3个关键点:制定统一的发展战略和产业促进政策,构建开放架构的物联网标准体系,重视物联网在中国制造、发展绿色低碳经济中的战略性作用。

"政策先行,技术主导,需求驱动"将成为我国物联网产业发展的主要模式。2009年以来,中国政府已经就物联网的战略地位和发展模式相继出台了一系列相关产业政策,国家发展和改革委员会(简称国家发改委)、工业和信息化部(简称工信部)、科学技术部(简称科技部)等部委也出台了相关产业扶持政策来加速促进中国物联网产业发展。如:2010年3月,温家宝总理在《政府工作报告》中,明确提出要"加快物联网的研发应用",表明物联网已经被提升到国家战略层面,我国开启物联网元年。2010年10月,《国务院关于加快培育和发展战略性新兴产业的决定》出台,标志着物联网被列入国家发展战略。至此,国家相继推出物联网发展相关政策,如表1-4所示。

表1-4 我国物联网发展相关政策

时　间	物联网发展政策
2010年10月	在《国务院关于加快培育和发展战略性新兴产业的决定》中,物联网作为新一代信息技术中的重要一项被列入其中,成为国家首批加快培育的7个战略性新兴产业,标志着物联网被列入国家发展战略,具有里程碑意义
2011年3月	《国家"十二五"规划纲要》提出要推动重点领域跨越发展,大力发展节能环保、新一代信息技术、新能源、新材料等战略性新兴产业。物联网是新一代信息技术的高度集成和综合运用,已被国务院作为战略性新兴产业上升为国家发展战略
2012年2月	《物联网"十二五"发展规划》提出,到2015年,我国要在物联网核心技术研发与产业化、关键标准研究与制定、产业链条建立与完善、重大应用示范与推广等方面取得显著成效,初步形成创新驱动、应用牵引、协同发展、安全可控的物联网发展格局
2013年2月	《国务院关于推进物联网有序健康发展的指导意见》提出,到2015年,我国要实现物联网在经济社会重要领域的规模示范应用,突破一批核心技术,培育一批创新型中小企业,打造较完善的物联网产业链,初步形成满足物联网规模应用和产业化需求的标准体系,并建立健全物联网安全测评、风险评估、安全防范、应急处置等机制
2013年9月	《物联网发展专项行动计划(2013—2015)》包含了顶层设计、标准制定、技术研发、应用推广、产业支撑、商业模式、安全保障、政府扶持、法律法规、人才培养10个专项行动计划。从不同角度,对2015年物联网行业将要达到的总体目标作出了规定

时　间	物联网发展政策
2016 年 3 月	"十三五"规划明确提出,实施"互联网+"行动计划,发展物联网技术和应用,发展分享经济,促进互联网和经济社会融合发展。加快物联网产业发展,是国家的重大战略部署,是实现信息化与工业化、信息化与城市发展融合的重要途径,对推动落实国家"一带一路"和"自贸试验区"战略,具有现实和深远的意义

2011 年和 2012 年,工信部连续两年分别下发规模达 5 亿元的专项资金,2012 年发改委推出规模达 6 亿元的物联网技术研发及产业化专项资金。受国家层面总体规划的引导,目前全国近 30 个省市已经将物联网作为新兴产业重点发展,发布了专项规划或者行动方案,以土地优惠、税收优惠、人才优待、专项资金扶持、产业联盟协调、政府购买服务等多种政策措施推动产业发展。基本形成以北京-天津、上海-无锡、深圳-广州、重庆-成都为核心的四大产业集聚区,在交通、安全、医疗健康、车联网、节能等不同领域涌现出一批龙头企业;此外,物联网第三方运营服务平台崛起,产业发展模式逐渐清晰。如,上海近年来仅市级财政支持物联网技术研发、产业化、应用示范和公共服务平台类项目超过 150 个,支持金额超过 3 亿元,通过政策引导,带动社会资金投入 50 亿元。

随着"互联网+""工业 4.0""智能制造 2025"等概念风生水起,物联网已经从"概念阶段"跨步到了"稳步落地",并且行业应用也愈发凸显,呈现出从琐碎化到系统整体化的发展趋势。

1.4.2　我国物联网发展中的问题

"十二五"规划过后,我国物联网产业已拥有一定规模,设备制造、网络和应用服务具备较高水平,技术研发和标准制定取得突破,物联网与行业融合发展成效显著。但仍要看到我国物联网产业发展面临的瓶颈和深层次问题依然突出。目前还存在着很多因素制约着我国物联网发展,包括体制、技术、标准、商业模式、安全和资源等多方面因素。主要表现在以下方面。

1. 标准体系健全难

标准是一种交流规则,关系着物联网物品间的沟通。物联网是一个国家工程甚至是世界工程,需要标准化的数据库、标准化的软硬件和数据接口、互联互通的网络平台、统一的物体身份标识和编码系统,才能让遍布世界每个角落的物体接入网络,被世界识别、掌握和控制。各类协议标准体系仍不完善,一些重要标准研制进度较慢,跨行业应用标准制定难度较大,这是限制物联网发展的关键因素之一。

2. 核心技术有待突破

物联网的应用有三个层次:一是传感网络,即以二维码、RFID、传感器为主,实现"物"的识别;二是传输网络,即通过现有的互联网、广电网、通信网或者下一代互联网,实现数据的传输和计算;三是应用网络,即输入输出控制终端。从目前国内产业发展水平而言,仍存在一定瓶颈,RFID高端芯片等核心领域无法产业化,国内RFID以低频为主。此外,传感器产业化水平较低,高端产品为国外厂商垄断。

3. 缺乏规模效应导致成本过高

物联网产业是将物与物连接起来并且进行更好的控制管理,其发展必将会随着经济发展和社会需求而催生出更多的应用。目前,物联网与行业融合发展有待进一步深化,成熟的商业模式仍然缺乏,部分行业存在管理分散、推动力度不够的问题,发展新技术、新业态面临跨行业体制机制障碍,造成功能单一、价位较高、难以形成大规模的应用。所以在成本尚未降至能普及的前提下,物联网的发展将受到限制。

4. 产业链之间存在壁垒

物联网的产业化必然需要芯片商、传感设备商、系统解决方案厂商、移动运营商等上下游厂商的通力配合。我国的物联网产业发展,还需要在体制方面做很多工作,如加强广电、电信、交通等行业主管部门的合作,共同推动信息化、智能化交通系统的建立,加快三网融合进程。产业链的合作需要兼顾各方面的利益,而在各方利益机制及商业模式尚未成型的背景下,一方面,我国产业链协同性不强,缺少整合产业链上下游资源、引领产业协调发展的龙头企业;另一方面,产业生态竞争力不强,芯片、传感器、操作系统等核心基础能力依然薄弱,高端产品研发能力不强,原始创新能力与发达国家差距较大。

5. 盈利模式无经验可借鉴

物联网分为感知、网络、应用三个层次,在每一个层面上,都将有多种选择去开拓市场。这样,在物联网的建设过程中,商业模式变得异常关键。对于任何一次信息产业的革命来说,出现一种新型而能成熟发展的商业盈利模式是必然的结果,可是目前没有在物联网发展中体现出来,也没有任何产业可以统一引领物联网的发展浪潮。

6. 信息安全问题

我国应从加快网络安全立法步伐、提升全民的网络安全意识以及减少对国外技术的依赖等方面,来应对日益严峻的信息网络安全形势。当前我国重要信息系统主要采用了国外的信息技术、装备,对国家安全构成了诸多潜在的威胁。物联网在很多场合都需要无线传输,这种暴露在公开场所之中的信号很容易被窃取和干扰,一旦这些信号被国外敌对势力利用,就很可能出现全国范围的工厂停产、商店停业、交通瘫痪,让整个社会陷入混乱。由于与物理世界紧密相关,物联网中的安全事件带来的危害甚至可能会影响到人的生命安全。因此,网络与信息安全形势依然严峻,设施安全、数据安全、个人信息安全等问题亟待解决。从某种意义上说,通过自主创新,实现我国重要信息系统装备、技术国产化的目标十分迫切。

7. 统筹规划和顶层设计缺乏

我国各地政府机构积极开展物联网相关产业发展工作,成立了有关园区、产业联盟,但是各部门之间、地区之间、行业之间的分割情况较为普遍,缺乏顶层设计,资源共享不足,加上规划意识与协调机制的薄弱,凸显出难以形成产业规划、研究成本过高、资源利用率过低、无序重复建设现象严重的态势。

8. 应用的开发问题

物联网应用普及到生活及各行各业中,必须根据行业的特点,进行深入的研究和有价值的开发。这些应用开发不能依靠运营商,也不能依靠所谓物联网企业,需要一个物联网体系基本形成,形成应用示范,让更多企业看清楚物联网带来的经济和社会效益。同时,随着不同的应用程序和所应用的情况不同,会产生大量的异构性数据,在物联网的动态网络环境中,如何处理大数据问题是一项具有挑战性的课题。

1.4.3　"十三五"时期的形势

"十三五"时期是我国物联网加速进入"跨界融合、集成创新和规模化发展"的新阶段,与我国新型工业化、城镇化、信息化、农业现代化建设深度交会,面临广阔的发展前景。另一方面,我国物联网发展又面临国际竞争的巨大压力,核心产品全球化、应用需求本地化的趋势更加凸显,机遇与挑战并存。

1. 万物互联时代开启

物联网将进入万物互联发展新阶段,智能可穿戴设备、智能家电、智能网联汽车、智能机器人等数以万亿计的新设备将接入网络,形成海量数据,应用呈现爆发性增长,促进生产生活和社会管理方式进一步向智能化、精细化、网络化方向转变,经济社会发展更加智能、高效。第五代移动通信技术(5G)、窄带物联网(NB-IoT)等新技术为万物互联提供了强大的基础设施支撑能力。万物互联的泛在接入、高效传输、海量异构信息处理和设备智能控制,以及由此引发的安全问题等,都对发展物联网技术和应用提出了更高要求。

2. 应用需求全面升级

物联网万亿级的垂直行业市场正在不断兴起。制造业成为物联网的重要应用领域,相关国家纷纷提出发展"工业互联网"和"工业 4.0",我国提出建设制造强国、网络强国,推进供给侧结构性改革,以信息物理系统(CPS)为代表的物联网智能信息技术将在制造业智能化、网络化、服务化等转型升级方面发挥重要作用。车联网、健康、家居、智能硬件、可穿戴设备等消费市场需求更加活跃,驱动物联网和其他前沿技术不断融合,人工智能、虚拟现实、自动驾驶、智能机器人等技术不断取得新突破。智慧城市建设成为全球热点,物联网是智慧城市构架中的基本要素和模块单元,已成为实现智慧城市"自动感知、快速反应、科学决策"的关键基础设施和重要支撑。

3. 产业生态竞争日趋激烈

物联网成为互联网之后又一个产业竞争制高点,生态构建和产业布局正在全球加速展开。国际企业利用自身优势加快互联网服务、整机设备、核心芯片、操作系统、传感器件等产业链布局,操作系统与云平台一体化成为掌控生态主导权的重要手段,工业制造、车联网和智能家居成为产业竞争的重点领域。我国电信、互联网和制造企业也加大力度整合平台服务和产品制造等资源,积极构建产业生态体系。

阅读文章 1-1

我国物联网发展的目标和主要任务

摘自:国务院关于推进物联网有序健康发展的指导意见(国发[2013]7号)

一、发展目标

总体目标。实现物联网在经济社会各领域的广泛应用,掌握物联网关键核心技术,基本形成安全可控、具有国际竞争力的物联网产业体系,成为推动经济社会智能化和可持续发展的重要力量。

近期目标。到2015年,实现物联网在经济社会重要领域的规模示范应用,突破一批核心技术,初步形成物联网产业体系,安全保障能力明显提高。

——协同创新。物联网技术研发水平和创新能力显著提高,感知领域突破核心技术瓶颈,明显缩小与发达国家的差距,网络通信领域与国际先进水平保持同步,信息处理领域的关键技术初步达到国际先进水平。实现技术创新、管理创新和商业模式创新的协同发展。创新资源和要素得到有效汇聚和深度合作。

——示范应用。在工业、农业、节能环保、商贸流通、交通能源、公共安全、社会事业、城市管理、安全生产、国防建设等领域实现物联网试点示范应用,部分领域的规模化应用水平显著提升,培育一批物联网应用服务优势企业。

——产业体系。发展壮大一批骨干企业,培育一批"专、精、特、新"的创新型中小企业,形成一批各具特色的产业集群,打造较完善的物联网产业链,物联网产业体系初步形成。

——标准体系。制定一批物联网发展所急需的基础共性标准、关键技术标准和重点应用标准,初步形成满足物联网规模应用和产业化需求的标准体系。

——安全保障。完善安全等级保护制度,建立健全物联网安全测评、风险评估、安全防范、应急处置等机制,增强物联网基础设施、重大系统、重要信息等的安全保障能力,形成系统安全可用、数据安全可信的物联网应用系统。

二、主要任务

(一)加快技术研发,突破产业瓶颈。以掌握原理实现突破性技术创新为目标,把握技术发展方向,围绕应用和产业急需,明确发展重点,加强低成本、低功耗、高精度、高可靠、智能化传感器的研发与产业化,着力突破物联网核心芯片、软件、仪器仪表等基础共性技术,加快传感器网络、智能终端、大数据处理、智能分析、服务集成等关键技术研发创新,推进物联网与新一代移动通信、云计算、下一代互联网、卫星通信等技术的融合发展。充分利用和整合现有创新资源,形成一批物联网技术研发实验室、工程中心、企业技术中心,促进应用单位与相关技术、产品和服务提供商的合作,加强协同攻关,突破产业发展瓶颈。

(二)推动应用示范,促进经济发展。对工业、农业、商贸流通、节能环保、安全生产等重要领域和交通、能源、水利等重要基础设施,围绕生产制造、商贸流通、物流配送和经营管理流程,推动物联网技术的集成应用,抓好一批效果突出、带动性强、关联度高的典型应用示范工程。积极利用物联网技术改造传统产业,推进精细化管理和科学决策,提升生产和运行效率,推进节能减排,保障安全生产,创新发展模式,促进产业升级。

(三)改善社会管理,提升公共服务。在公共安全、社会保障、医疗卫生、城市管理、民生服务等领域,围绕管理模式和服务模式创新,实施物联网典型应用示范工程,构建更加便捷高效和安全可靠的智能化社会管理和公共服务体系。发挥物联网技术优势,促进社会管理和公共服务信息化,扩展和延伸服务范围,提升管理和服务水平,提高人民生活质量。

(四)突出区域特色,科学有序发展。引导和督促地方根据自身条件合理确定物联网发展定位,结合科研能力、应用基础、产业园区等特点和优势,科学谋划,因地制宜,有序推进物联网发展,信息化和信息产业基础较好的地区要强化物联网技术研发、产业化及示范应用,信息化和信息产业基础较弱的地区侧重推广成熟的物联网应用。加快推进无锡国家传感网创新示范区建设。应用物联网等新一代信息技术建设智慧城市,要加强统筹、注重效果、突出特色。

(五)加强总体设计,完善标准体系。强化统筹协作,依托跨部门、跨行业的标准化协作机制,协调推进物联网标准体系建设。按照急用先立、共性先立原则,加快编码标识、接口、数据、信息安全等基础共性标准、关键技术标准和重点应用标准的研究制定。推动军民融合标准化工作,开展军民通用标准研制。鼓励和支持国内机构积极参与国际标准化工作,提升自主技术标准的国际话语权。

(六)壮大核心产业,提高支撑能力。加快物联网关键核心产业发展,提升感知识别制造产业发展水平,构建完善的物联网通信网络制造及服务产业链,发展物联网应用及软件等相关产业。大力培育具有国际竞争力的物联网骨干企业,积极发展创新型中小企业,建设特色产业基地和产业园区,不断完善产业公共服务体系,形成具有较强竞争力的物联网产业集群。强化产业培育与应用示范的结合,鼓励和支持设备制造、软件开发、服务集成等企业及科研单位参与应用示范工程建设。

(七)创新商业模式,培育新兴业态。积极探索物联网产业链上下游协作共赢的新型商业模式。大力支持企业发展有利于扩大市场需求的物联网专业服务和增值服务,推进应用服务的市场化,带动服务外包产业发展,培育新兴服务产业。鼓励和支持电信运营、信息服务、系统集成等企业参与物联网应用示范工程的运营和推广。

(八)加强防护管理,保障信息安全。提高物联网信息安全管理与数据保护水平,加强信息安全技术的研发,推进信息安全保障体系建设,建立健全监督、检查和安全评估机制,有效保障物联网信息采集、传输、处理、应用等各环节的安全可控。涉及国家公共安全和基础设施的重要物联网应用,其系统解决方案、核心设备以及运营服务必须立足于安全可控。

(九)强化资源整合,促进协同共享。充分利用现有公共通信和网络基础设施开展物联网应用。促进信息系统间的互联互通、资源共享和业务协同,避免形成新的信息孤岛。重视信息资源的智能分析和综合利用,避免重数据采集、轻数据处理和综合应用。加强对物联网建设项目的投资效益分析和风险评估,避免重复建设和不合理投资。

1.5 练习

1. 名词解释

物联网　M2M　传感网　泛在网　E 社会

2. 填空

(1) 物联网正式诞生于_____年。

(2) 三网融合,指的是_____、_____、_____。

(3) 4G 融合,指的是_____、_____、_____、_____。

3. 简答

(1) 简述物联网与互联网的联系与区别。

(2) 简述物联网的发展历程。

(3) 简述物联网的技术特征。

(4) 简述物联网感知层、网络层和应用层每个层次的关键技术。

(5) 简述物联网的工作原理。

(6) 简述物联网的工作步骤。

(7) 简述 Internet of Things in 2020。

(8) 举例分析 3 个国家物联网发展战略。

(9) 分析我国物联网发展存在的主要问题。

4. 思考

(1) 分析《国务院关于推进物联网有序健康发展的指导意见》对物联网发展的重要意义。

(2) 物联网技术已经给我们的生活带来了变化,写一篇小报告,阐述身边一个或两个物联网的发展趋势,探讨物联网服务在我们生活中带来的改变。

第 2 章
CHAPTER 2

物联网的典型应用

内容提要

目前物联网的应用已经涉及社会的各个领域,物联网正在社会发展中扮演越来越重要的角色。本章主要介绍物联网在智能交通、智能物流、智能家居、智能农业、医疗健康、智慧城市、智能工业等各行各业的应用案例。通过本章的学习,进一步了解物联网的发展动力和趋势。

学习目标和重点

- 了解物联网应用领域;
- 了解物联网产业链;
- 了解物联网在各领域应用案例;
- 理解物联网应用的特征。

引入案例

高速 ETC

按照交通运输部的部署,截至 2015 年 9 月 28 日,全国实现了 29 个省(市、区)ETC 联网。下图是某个公路收费站,虽然开通了多个人工收费通道,但等待通行的车辆依旧排起长队,而与其相邻的 ETC(电子不停车收费)车道却很通畅,司机只需降低车速,不停车就能瞬间通过收费站,免去了排长队的麻烦。

ETC(不停车收费系统)是目前世界上最先进的路桥收费方式。据统计,普通轿车通过人工收费站的平均时间为 14 秒,采用 ETC 缴费通过收费站的平均时间仅为 3 秒,即每车次可节约 11 秒的时间。

如果建设 5000 条 ETC 车道,就可以少建 15 000 条人工收费车道,可节约大量土地并节省收费设备约 150 亿元。除了用于高速公路自动扣费,ETC 系统也用于市区过桥、过隧道自动扣费,在车场管理中也用于快速车道和无人值守车道,自动扣停车费,大幅提高出入口车辆通行能力,改善车主的使用体验,达到方便快捷的目的。

我们每天的生活都无形中使用到物联网技术带给我们的便利,例如,手机 APP 端扫二维码可以使用共享单车;等公交时通过手机 APP 端查看最近一班车抵达的站点;博物馆参观可以通过博物馆手持机聆听一对一的讲解;图书馆自助借书成功后无障碍通过安检门;通过手机 APP 端远程控制家里的门锁、电灯、监控等。"物物相联"的应用,使得"无处不信息,无处不智能"的生活离我们越来越近了。

2.1　物联网产业

物联网是新一代信息技术的高度集成和综合运用,将传统的工业化产品从设计、供应链、生产、销售、物流与售后服务融为一体,可以最大限度地提高企业的产品设计、生产、销售能力,提高产品质量与经济效益,极大地提高企业的核心竞争力。对新一轮产业变革和经济社会绿色、智能、可持续发展具有重要意义。

当前,物联网不断跨界融合、集成创新和规模化发展,从智能家居、智能交通、智能电网、智能物流到环境与安全检测、工业与自动化控制、金融与服务业、精细农牧业、医疗健康、国防军事,从幕后到台前,物联网迅速地改变着世界。

如今,各地具有一定经济实力,并且在市场化、产业化等各方面走在前列的省市,正加大投入,希望在物联网的标准制定、核心技术研发、产业应用等层面获得突破,抢占先机,表 2-1 展现了一些政府和企业的产业典型案例。

表 2-1　政府与企业的产业典型案例

政府、企业	产业典型案例
上海	上海世博会,中国移动推出的"世博通"手机钱包应用在上海轨道交通正式开通,"世博通"是全球首次把 RFID 技术与移动 SIM 卡技术相结合,集成世博手机票、手机钱包等多个应用
无锡	在环境监测上,建立众多 24 小时不间断的水质自动监测站,全面自动检测水环境
海尔集团	2010 年 1 月底,海尔推出全球第一台"物联网冰箱"。这款冰箱带有网络可视电话功能,浏览资讯、播放视频等多项生活与娱乐功能,将"食为天"的生活拟人化,通过互联网实现物品的自动识别和信息的互联与共享,实现冰箱与食物的沟通交流
五粮液集团	EPC 应用,2009 年年初启动采用 RFID 技术对高端产品管理的项目,利用全球统一标识系统 GSI 编码技术给每一个实体对象一个唯一一代码,构造实现全球物品信息实时共享的实物信息互联网

续表

政府、企业	产业典型案例
摩拜共享单车	2016 年 4 月,开始在上海上线,基于 GPS 导航的无桩借还车共享单车,更环保地解决城市居民"最后一公里"问题

"十三五"时期,我国经济发展进入新常态,创新是引领发展的第一动力,促进物联网、大数据等新技术、新业态广泛应用,培育壮大新动能成为国家战略。

2.1.1　物联网产业客户群

物联网不仅要实现人对人、人对物、物对人,还要实现物对物之间的信息自动化。因此,对于物联网应用的目标客户群,既有面向人群的营销服务,也有面向非人群的营销服务。具体如表 2-2 所示。

表 2-2　物联网产业客户群

客户群	具 体 内 容
政府部门	包括政府、海关、交警、消防、电力、煤气、自来水、公共设施、社区服务等
社会服务	包括广播影视、医院急救、体育场馆、社会福利、文化团体等
商业服务	包括旅游、饭店、娱乐、餐饮、物业、银行、保险、证券、投资等
企业集团	包括油田、矿山、大型厂矿、制造业、农场、畜牧、林业、房地产等
贸易运输	包括公交出租、邮政快递、仓储物流、水运航空、批发零售、连锁超市等
大型活动	包括展览会、运动会、大型会议、集会活动等
个人用户	包括大众社团、家族成员、私人俱乐部等

2.1.2　物联网应用

物联网将世界的三大系统互联成一个整体,在其间发挥着重要的智能作用,如图 2-1 所示。人是社会的单元与构成体,技术是人类社会发展的动力,环境是人与技术生存的空间。当然,物联网发展不仅需要技术,更需要应用,应用是物联网发展的强大推动力。

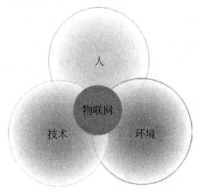

图 2-1　物联网整合的世界

1. 物联网应用类型

物联网的应用领域非常广阔,从日常的家庭个人应用,到工业自动化应用、军事反恐、城建交通。当物联网与互联网、移动通信网相连时,可随时随地全方位"感知"对方,人们的生活方式将从"感觉"跨入"感知",从"感知"发展到"控制"。表 2-3 列出了物联网主要应用类型,其中有些应用案例已经取得了较好的示范效果。

表 2-3 物联网主要应用类型

应用分类	用户/行业	典型应用
数据采集	公共事业基础设施;机械制造;零售连锁行业;质量监管行业;石油化工;气象预测;智能农业	自动水表、电表抄读;智能停车场;环境监控、治理;电梯监控;物品信息跟踪;自动售货机;产品质量监管等
自动控制	医疗;机械制造;智能建筑;公共事业基础设施;工业监控	远程医疗及监控;危险源集中监控;路灯监控;智能交通(包括导航定位);智能电网
日常生活应用	数字家庭;个人保健;金融;公共安全监控	交通卡;新型电子支付;智能家居;工业和楼宇自动化等
定位类应用	交通运输;物流管理及控制	警务人员定位监控;物流、车辆定位监控等

2. 物联网应用领域

工业和信息化部印发制定的《物联网"十二五"发展规划》,将以下九大重点领域作为应用示范工程,形成示范应用牵引产业发展的良好态势。

(1) 智能工业:生产过程控制、生产环境监测、制造供应链跟踪、产品全生命周期监测,促进安全生产和节能减排。

(2) 智能农业:农业资源利用、农业生产精细化管理、生产养殖环境监控、农产品质量安全管理与产品溯源。

(3) 智能物流:建设库存监控、配送管理、安全追溯等现代流通应用系统,建设跨区域、行业、部门的物流公共服务平台,实现电子商务与物流配送一体化管理。

(4) 智能交通:交通状态感知与交换、交通诱导与智能化管控、车辆定位与调度、车辆远程监控与服务、车路协同控制,建设开放的综合智能交通平台。

(5) 智能电网:电力设施监测、智能变电站、配网自动化、智能用电、智能调度、远程抄表,建设安全、稳定、可靠的智能电力网络。

(6) 智能环保:污染源监控、水质监测、空气监测、生态监测,建立智能环保信息采集网络和信息平台。

(7) 智能安防:社会治安监控,危化品运输监控,食品安全监控,重要桥梁、建筑、轨道交通、水利设施、市政管网等基础设施安全监测、预警和应急联动。

(8) 智能医疗:药品流通和医院管理,以人体生理和医学参数采集及分析为切入点面向家庭和社区开展远程医疗服务。

(9) 智能家居:家庭网络、家庭安防、家电智能控制、能源智能计量、节能低碳、远程教育等。

3. 物联网应用的特征

物联网应用整体具有爆发力强、关联度大、渗透性高、应用范围广的特点,从物联网的构成分层来看,可从 3 个层面表现出其特点,如表 2-4 所示。

表 2-4 物联网应用特征

层 面	特 征	具 体 内 容
传感信息本身	信息多源性	物联网上的传感器难以计数,每个传感器都是一个信息源
	信息格式多样性	不同类别的传感器(如温度传感器、湿度传感器、声音传感器等)捕获、传递的信息内容和格式会存在差异
	信息内容实时变化性	传感器按一定频率周期性采集环境信息,每做一次采集就得到一些新的数据
传感信息的组织管理	信息量大	物联网上的传感器难以计数,每个传感器定时采集信息,形成海量信息
	信息完整性	不同的应用可能会使用传感器采集到的部分信息,存储的时候必须保证信息的完整性,以适应不同的需求
	信息易用性	信息量规模的扩大导致信息的维护、查找、使用的难度也迅速增加,从海量信息中方便地使用需要的信息,要求提供易用的保障
传感信息的使用	多视角过滤和分析	对海量传感信息进行过滤和分析是有效使用这些信息的关键,面对不同的应用需求要从不同的角度进行过滤和分析
	领域性、多样化	物联网应用通常具有领域性,几乎社会生活的各个领域都有物联网应用需求,同时也会出现跨领域的物联网应用
	规模性和流动性	只有具备了规模,才能使物品的智能发挥作用。例如,一个城市有 100 万辆汽车,如果只在 1 万辆汽车上安装了智能系统,就不可能形成一个智能交通系统;同时,物品通常处于运动状态,这就要求必须保证物品在运动状态,甚至是高速运动状态下能随时实现对话

2.1.3 物联网产业链

随着物联网产业的逐步发展,业界认为其产业链主要包括以下 7 个环节:芯片与技术提供商、软件与应用开发商、应用设备提供商、网络提供商、系统集成商、运营及服务提供商、用户,其构成如图 2-2 所示。

1. 芯片与技术提供商

芯片与技术是物联网产业发展的基础上游市场,主要包括 RFID 芯片设计、二维码码制等技术提供商。目前,国内物联网这一领域技术水平比较国外发达国家还有较大差距,特别是在高端产品市场。

2. 应用设备提供商

应用设备产品主要集中在数据采集层面,包括电子标签、读写器模块、读写设备、读写器

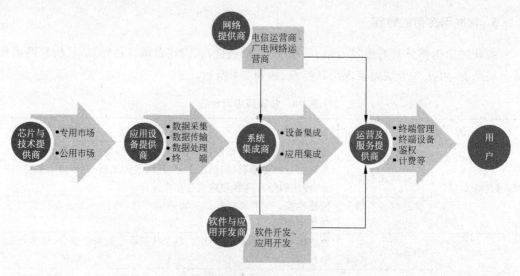

图 2-2 物联网产业链

天线、智能卡等提供商。我国物联网设备市场是较其他产业链环节发展较快的领域,企业数量较多,但以中小企业为主。

3. 系统集成商

系统集成商是根据客户需求,将实现物联网的硬件和软件集成为一个完整解决方案提供给客户的厂商。系统集成商的发展一方面反映了物联网业务的应用推广程度,另一方面也是影响应用推广的重要因素。国内物联网应用集成方面的企业多数规模不大,并且以专注于某一行业的集成商为主,还缺乏关注多行业的大型公司。

4. 软件与应用开发商

软件与应用开发商市场包括中间件厂商,在国内已经发展了相当数量的企业。由于物联网应用的行业特性比较明显,因此,应用软件开发商也主要是针对特定行业的企业,提供专业性的软件产品及解决方案。

5. 网络提供商

物联网网络提供商指数据的传输承载网络服务商,以通信网为主,包括固网和移动通信网。国内三家电信运营商都已经涉足了这一领域,另外,也有广电网络运营商的参与。

6. 运营及服务提供商

物联网运营及服务提供商主要是为客户提供统一的终端设备鉴权、计费等服务,实现终端接入控制、终端管理、行业应用管理、业务运营管理、平台管理等服务。目前,我国物联网运营及服务市场受制于应用的推广,还没有发展起来。未来,随着物联网应用范围的不断扩大,运行状态、升级维护、故障定位、维护成本、运营成本、决策分析、数据保密等运营管理的需求将越来越多,对运营及服务提供商的要求也将非常高。

2.1.4　物联网产业的效益

物联网是生产社会化、智能化发展的必然产物,是现代信息网络技术与传统商品市场有机结合的一种创造。物联网产业的发展,在以下两个方面将产生积极的意义:

1. 物联网将提高生产力,并对生产方式产生深刻影响

物联网把计算机技术、网络通信技术、传感器技术等应用于各行各业,组成一个庞大的网络,使人们能够通过互联网监控处于庞大网络中的物品运行情况,从而实现对物的智能化、精确化管理与操作。同时,物联网将催生新的产业、新的就业岗位和职业门类。可以说,物联网的发展将使生产领域和流通领域发生革命性突破,使劳动产品具有人的智慧,进而导致生产力和生产方式的变革。

2. 物联网将变革现有生活方式

物联网所建立的人-人、物-物、人-物沟通方式,在现代综合技术层面上达到人物的智能化交流。国际电信联盟描绘物联网时代人们的生活:当司机出现操作失误时,汽车会自动报警;公务包提醒主人忘带了什么东西;衣服会"告诉"洗衣机对颜色和水温的要求等。这些看起来似乎不可能的事情,随着物联网的发展在将来都会逐渐成为平常事。而且,随着社会生产方式和生活方式的转变,人们的思想观念、思维方式将发生深刻变化。

2.2　物联网在智能交通方面的应用

2014 年,中国机动车保有量达到 2.6 亿辆,2015 年超越美国位居世界第一,伴随而来的是都市交通拥堵甚至瘫痪等种种交通问题。智能交通可提升交通系统的信息化、智能化、集成化和网络化,并智能采集交通信息、流量、噪音、路面、交通事故、天气、温度等,从而保障人、车、路与环境之间的相互交流,进而提高交通系统的效率、机动性、安全性、可达性、经济性,达到保护环境、降低能耗的作用。按照次占比计算,预计中国 2020 年智能交通产业规模至少将达到 3 万亿元。

2.2.1　概述

智能交通系统(Intelligent Transportation System,ITS)是将信息技术、通信技术、传感技术及微处理技术等有效集成运用于交通运输领域的综合管理系统,目标是将道路、驾乘人员和交通工具等有机结合在一起,建立三者间的动态联系,使驾驶员能实时了解道路交通以及车辆状况,减少交通事故,降低环境污染,优化行车路线,以安全和经济的方式到达目的地;同时管理人员通过对车辆、驾驶员和道路信息的实时采集来提高管理效率,更好地发挥交通基础设施效能,提高交通运输系统的运行效率和服务水平,为公众提供高效、安全、便捷、舒适的出行服务。基于物联网的智能交通系统的整体框架如图 2-3 所示。

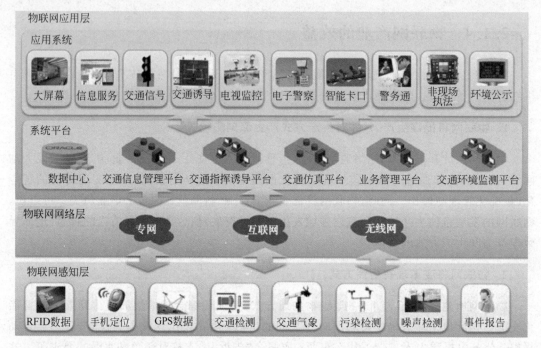

图 2-3　基于物联网的智能交通体系架构

　　智能交通将传感器技术、RFID 技术、移动双向通信技术、动态识别、数据处理技术、网络技术、自动控制技术、视频检测识别技术、GPS、信息发布技术等综合运用于整个交通运输管理体系中,建立起实时、准确、高效的交通运输综合管理和控制系统网络。

　　智能交通能方便地提供如表 2-5 所示的服务。

表 2-5　智能交通物联网提供的服务

系 统 名 称	服 务 项 目
高性能导航系统	路线引导交通信息的提供;目的地信息的提供
自动收费系统	费用自动收取
安全驾驶辅助支援	行驶路况信息的提供;危险警告;辅助驾驶;自动驾驶
交通管理优化系统	交通流最佳化分布;交通突发事件时的交通管理信息提供
道路高效管理系统	维修管理的效率化;通行管理信息的提供;特殊车辆的管理
公交支援系统	向公共交通提供有用的信息;公共交通的行驶和运营管理辅助系统
车辆运营管理系统	商用车的运输管理辅助系统;商用车的连续自动驾驶
行人诱导辅助系统	路线向导;紧急时自动通报
紧急车辆支援系统	危险防止;紧急车辆路线引导和救援活动辅助系统
其他	先进信息和电信学社会中相关信息的利用

2.2.2　应用案例

1. 共享单车

　　共享单车是企业与政府合作,在校园、地铁站点、公交站点、居民区、商业区、公共服务区等提供自行车单车共享服务,是共享经济的一种新形态。中国共享单车市场已经历了 3 个发展阶段,如表 2-6 所示。

表 2-6　中国共享单车发展阶段

阶　段	时　间	主　导	模　式
第一阶段	2007—2010 年	政府主导分城市管理	有桩单车
第二阶段	2010—2014 年	经营共享单车市场的企业	以有桩单车为主
第三阶段	2014 年至今	互联网共享单车	便捷的无桩单车

第三方数据研究机构比达咨询发布的《2016 中国共享单车市场研究报告》显示,截至 2016 年底,中国共享单车市场整体用户数量已达到 1886 万。2016 年底以来,国内共享无桩单车突然火爆起来,互联网让单车变成了"公共品",中国无桩共享单车市场中 ofo 和摩拜两家企业优势明显,ofo 单车投放量最多,达到 80 万台,市场占有率 51.2%;摩拜单车 60 万台,市场占有率 40.1%。

共享单车借还车操作过程为:通过智能手机 APP 端查看附近单车位置并预约;找到该车后,扫描车身上的二维码开锁即可开始骑行;到达目的地后手动锁车完成归还手续,如图 2-4 所示。

图 2-4　共享单车

1) 一扫即开的智能锁,实现快速找车还车

智能锁是单车的核心部件,当用户扫码确认信息后,智能锁的电机组件输出轴转动,带动锁舌驱动构件将锁舌从锁销的挡槽内移出,锁销在拉簧的作用下变位至开锁状态;当用户将锁销向闭锁方向拉动时,挡槽随锁销又移动至与锁舌对应的位置,锁舌在弹簧的推力下进入挡槽,卡定锁销,完成闭锁。

单车智能锁内集成了嵌入式芯片、GPS 模块和 SIM 卡,能快速定位附近的自行车,并可监控其在路上的具体位置,其定位解锁控制系统如图 2-5 所示。

2) 实时定位的防盗系统

智能锁中内置了振动传感器,可采集振动强度信息,当剧烈破坏行为引起的振动强度超过了预先设定的阈值,振动传感器会唤醒定位模块实时采集定位信息,同时指示报警模块进行报警。

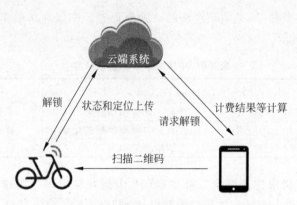

图 2-5　共享单车定位解锁控制系统示意图

2. 快速公交 BRT

快速公交 BRT 是公交公司采用的一种新型交通模式,以高效、快速、运量大、建设周期短、成本相对较低等优点,成为解决城市"堵"局之首选,如图 2-6 所示。采用物联网技术中的无线传感 BRT 信号和优先控制系统,保证 BRT 车辆快速、准点、可靠地到达目的地。

图 2-6　快速公交 BRT

嵌入式 BRT 信号优先控制系统,如图 2-7 所示,通过对时间信号、优先策略、信号控制、车辆身份识别及精确定位技术的研究,利用先进的交通流模型,智能规划交通灯的时间周期,在复杂的城市道路交通状况下,除了保证 BRT 车辆的优先行驶权,还保证各路口的正常交通秩序。例如,当交通拥堵的时候,交通路口通过传感天线测量快速公交的距离,然后以此来规划红绿灯的切换周期,以保证下一辆快速公交车到达路口的时候,正好是绿灯,这样就减少了 BRT 车辆的等待时间。

中国已经建设运营 BRT 的城市有北京、广州、杭州、兰州、上海等 30 多个城市,许多城市也在计划和筹建中。

3. 不停车收费系统 ETC

路桥不停车收费系统 ETC 是通过安装在车辆挡风玻璃上的车载电子标签与收费站 ETC 车道上的微波天线之间的微波专用短程通信,利用计算机联网技术与银行进行后台结算处理,实现车辆通过路桥收费站不停车交纳路桥费。

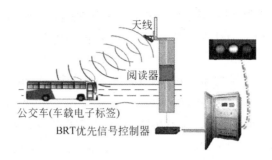

图 2-7 嵌入式 BRT 信号优先控制系统

不停车收费系统 ETC 采用星形结构连接车道计算机为主,远距离射频识别系统设备、信号灯、显示牌和红外车辆检测器等为辅构成,利用微波自动识别技术,通过设备自动完成对通行车辆的收费工作,如图 2-8 所示。

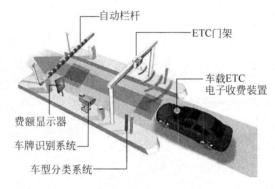

图 2-8 不停车收费系统(ETC)

其工作原理与流程如下:

(1) 存储有车型、车号、金额、有效期等信息的射频电子标签卡被安装在汽车前方挡风玻璃内侧。

(2) 当持卡车辆进入 ETC 车道时,车辆感应器产生来车信号,激发射频自动识别读写器读取该车射频电子标签卡上的信息,同时光栅、高度和轴数检测器等自动检测来车的实际车型。

(3) 从车载射频电子标签卡读取的信息,以及车型判别设备所采集到的数据均被送到车道控制计算机内进行分析比较,如电子卡中所记录的车型与设备所判别的车型一致、卡中车号不在黑名单内、应缴金额小于等于剩余金额、车辆通过时间在卡的有效期范围内,则该卡被认为是有效卡,否则就为无效卡。

(4) 检测为有效卡后,通行信号灯由红色变为绿色,偏叉信号灯呈绿色直行标志,自动栏杆抬起。当车辆驶离车辆感应器的检测范围后,通行信号灯由绿色变为红色,偏叉信号灯熄灭,自动栏杆关闭。

(5) 如检测为无效卡时,则通行信号灯呈红色,偏叉信号灯呈黄色,自动栏杆关闭,如来车依然向前行驶,则警铃报警,将有收费员前来人工收费处理后,人工放行。

(6) 射频电子标签卡的销售和费用结算均在收费中心进行,为适应不同用户的需要,一般发行两种电子卡:一种是预付费电子标签卡,是必须先付费后通行的电子卡,该卡的发行面向整个社会;一种是信用式电子标签卡,允许用户先通行后付款的电子卡,该卡的发行对象主要是一些以银行信用卡为结算手段的用户,或企业形象很好的国家机关和企事业单位,费用结算采用银行托收的方式。

不停车收费系统对可靠性要求很高,因为一旦系统开通,有车载卡的用户将在有 ETC 系统的高速公路(网)的任意出入口使用 ETC 通道,如果哪个出入口有故障,都将给用户带来很大的麻烦,有时还会引起纠纷。为避免此问题,可为每个收费站配备手持式的 ETC 读写机。

4. 汽车防碰撞预警系统 V2V

车辆间通信(Vehicle to Vehicle,V2V)防追尾与防碰撞预警系统,如图 2-9 所示,其原理是利用卫星导航系统定位车辆的位置与行驶方向,通过无线网将信息传送到距离 300～400m 的其他车辆上,双方动态测距,当 V2V 计算发现两车相会时各自的前行速度与方向有超出安全范围的趋势时就立即发出警报,提醒双方驾驶员注意并立即采取相应措施,也会在司机该刹车却未刹车的情况下,车上电脑系统自动刹车,避免追尾或碰撞事故发生。

图 2-9　V2V 防碰撞系统

V2V 通信系统可以为多种商用车改进安全性、效率以及生产力,受到各国的关注,许多大公司都在这一领域开展研发并获政府的支持。

【知识链接 2-1】

车　联　网

车联网(Internet of Vehicle,IoV),是指使用车辆和道路上的电子传感装置,感知和收集车辆、道路和环境信息,通过车与人、车与车、车与路协同互联实现信息共享,实现在信息网络平台上对所有车辆的属性信息和静、动态信息进行提取和有效利用,并根据不同的功能需求对所有车辆的运行状态进行有效的监管和提供综合服务,确保车辆移动状态下的安全、畅通。

车联网信息网络平台上对多源采集的信息进行加工、计算、共享和安全发布,根据不同的功能需求对车辆进行有效的引导与监管,以及提供专业的多媒体与移动互联网应用服务。

车联网技术旨在解决交通问题,能有效预防交通碰撞事故的发生,使系统运营商和用户对出行方式做出最佳选择,降低了交通对环境的影响。

2.3　物联网在智能物流方面的应用

物流行业是信息化应用的重要领域,信息化的物流管理、流程监控可以提升企业物流效率、控制物流成本。据统计,中国的物流成本占 GDP 的 18%,而美国只有 8.6%,整体物流企业的管理水平,特别是在智能化、信息化,包括运输的自动化方面,和发达国家有很大的差距。

2.3.1　概述

智能物流系统(Intelligent Logistics System,ILS)是在智能交通系统(ITS)和相关信息技术的基础上,以电子商务方式运作的现代物流服务体系,如图 2-10 所示。它通过 ITS 和相关信息技术解决物流作业的实时信息采集,并在一个集成的环境下对采集的信息进行分析和处理。ILS 通过在各个物流环节中的信息传输,为物流服务提供商和客户提供详尽的信息和咨询服务。

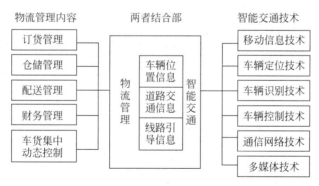

图 2-10　智能交通与智能物流的结合

智能物流的流程:一条生产线正在运行,一批产品在最后下线的环节,被机器内置了一个电子标签(可能是最初级的只供读取的标签,也可能是更高级的可一次或多次写入的标签),这些产品在入库的时候,被一射频识别装置自动读取电子标签并存入数据库,并自动更新库存数据,时隔数日后,这批产品被调出库,并同样经过数据读取及更新库存数据。这批商品进入物流系统,而物流公司要对其进行同样的数据采集和管理,通过数据的实时传输,实时跟踪及动态掌握这批商品所处的位置。当物流公司将这批商品交付给货主(假设是超市)后,后者将再次对其进行数据读取和收集,直到最终进入消费者手中。在上述整个过程中,处于最开始位置的生产商可以通过与物流公司及最后终端的联网,全程跟踪自己生产的这批产品的活动。而且,一旦其中任何一个环节出现问题,可以在最短的时间内确定相关的目标信息,相关主体可在第一时间里进行沟通,商讨解决方案。

智能物流的发展突出"以顾客为中心"的理念,根据消费者需求变化来灵活调节生产工艺,促进区域经济的发展和世界资源优化配置,实现社会化。当前,物流产业正逐步形成 7 个发展趋势,分别是信息化、智能化、环保化、企业全球化与国际化、服务优质化、产业协同化以及第三方物流,如表 2-7 所示。

表 2-7　物流产业发展趋势

趋　势	具体情况
信息化趋势	物流信息化是现代物流的核心,信息技术在物流系统规划、物流经营管理、物流流程设计与控制和物流作业等物流活动中全面而深入地应用
智能化趋势	智能化是物流自动化、信息化的一种高层次应用,物流作业过程中大量的运筹和决策,如库存水平的确定、运输(搬运)路线的选择,自动分拣机的运行、物流配送中心经营管理的决策支持等问题,都可以借助专家系统、人工智能和机器人等相关技术加以解决
环保化趋势	现代物流在促进了国民经济从粗放型向集约型转变,又成为消费生活高度化发展的支柱。环境共生型的物流管理是抑制物流对环境造成危害的同时,形成一种催促经济和消费生活同时健康发展的物流系统,即向环保型、循环型物流转变
企业全球化与国际化趋势	更多的外国企业和国际资本"走进来"和国内物流企业"走出去",推动国内物流产业融入全球经济。推动了物流设施国际化、物流技术国际化、物流服务国际化、货物运输国际化和流通加工国际化等,促进世界资源的优化配置和区域经济的协调发展
服务优质化趋势	消费多样化、生产柔性化、流通高效化时代使得社会和客户对现代物流服务提出更高要求,物流服务优质化努力实现"5 Right"的服务,即把好的产品在规定的时间、地点,以适当的数量、合适的价格提供给客户
产业协同化趋势	21 世纪是物流全球化时代,制造业和服务业逐步一体化,整个供应链向集约化、协同化的方向发展。信息技术把单个物流企业连成一个网络,形成一个环环相扣的供应链,使多个企业能在一个整体的管理下实现协作经营和协调运作
第三方物流趋势	第三方物流是在物流渠道中由中间商提供的服务,中间商以合同的形式在一定期限内,提供企业所需的全部或部分物流服务。第三方物流是一个提高物资流通速度、节省仓储费用和资金在途费用的有效手段

【知识链接 2-2】

EPC 物流全球供应链

产品电子代码(Electronic Product Code,EPC),又称产品电子编码,建立在 EAN.UCC(即全球统一标识系统)条型编码的基础之上,并对该条形编码系统做了一些扩充,用来实现对单品进行标志。EPC 可识别同品种、同规格、同批号产品下的每一件单品,可真正做到"一物一码"。

EPC 和物联网都具有无限延伸的特点。不久的将来,你会发现在超市里选定物品之后不用排队等候结账,推着满车商品走出大卖场就行了,因为商品上的电子标签会将商品信息自动登录到商场的计价系统,货款也就自动从你的信用卡上扣除了。与此同时,每件商品的信息在这个过程中又被精确地记录下来,通过物联网的系统,在全球高速传输,于是,分布于世界各地的产品生产厂商,每时每刻都可以准确地获得自己产品的销售和使用情况,从而及时调整生产和供应。

这些单个商品的信息同时还将被更大的物联网络覆盖,以至于当你从冰箱中取出一罐可乐饮用时,冰箱会就自动读取这罐可乐的物品信息,即刻通过物联网传输到配送中心和生产厂。于是第二天你就会从配送员的手中得到补充的商品。

到那时,我们和我们的商品都将真正生活在全球的网络中。这是因为,EPC 电子代码革命性地解决了单个商品的识别与跟踪问题,它为每一个单个商品建立了全球性的、开放性的标识标准,因此,由 EPC 硬件技术构成的"EPC 物联网",能够使所有商品的生产、仓储、采购、运输、销售及消费的全过程,发生根本性的变化,全都可以跟踪查询,从而大大提高全球供应链的性能。

2.3.2　应用案例

1. Logwin 采用 RFID 追踪轮胎的装配和运送

奥地利国际物流提供商 Logwin 主要业务在奥地利、德国和瑞士。Logwin 为部分顾客,如汽车制造商和轮胎批发商提供轮胎装配和仓储服务。由于公司的钢质轮胎辋圈很难区别,Logwin 面临着可能混淆顾客轮胎的风险。早在 2007 年年初就实施了一套条形码系统来追踪轮胎,但是由于磨损,橡皮轮胎会产生一种特定橡皮尘,使一些条形码不可读,且工人经常不得不转动重达 16kg 的轮胎来定位条形码进行扫描。

后来,公司采用 RFID 射频识别系统来追踪轮胎,如图 2-11 所示。工人正确装配轮胎后,会在每个轮胎上贴一张粘附性 RFID 标签,接着轮胎被装载到货盘上,经过一对金属框架,金属架安装两台阅读器——翼侧配备一条自动传送带。如果阅读器识别某个批次的轮胎数量齐全、类别正确,仓库管理系统接着分配货盘存放的区域,传送带将轮胎货盘传送到存储区域。

当收到顾客订单时,工人取出所需轮胎,将它们 10 个一组叠放在货盘上。公司采用 RFID 阅读器重复确认正确数量和类别,接着货盘被送到一个包裹机,经过另一对金

图 2-11　具有 RFID 标识的轮胎

属框架(各安装 4 台 Motorola 阅读器)读取轮胎 RFID 标签。当货盘旋转包裹塑料膜时,阅读器再次读取轮胎,并进行确认,如果轮胎不符合顾客订单,包装机器自动关闭。

这套系统的优势,是其对行业环境适用性强,橡皮尘不会影响 RFID 标签的读取,由于工人无须转动轮胎查找条形码,也节省了时间和劳力。RFID 系统也确保了顾客的产品不会发生混淆。

2. 智能配送管理系统

系统以 GIS、GPS 和无线网络通信技术为基础,服务于物流配送部门,由物流配送数据服务器、配送管理模块、车载终端管理模块、收贷管理模块等构成,如图 2-12 所示。实现实时监控、双向通信、车辆动态调度、货物实时查询、配送路径规划等功能。

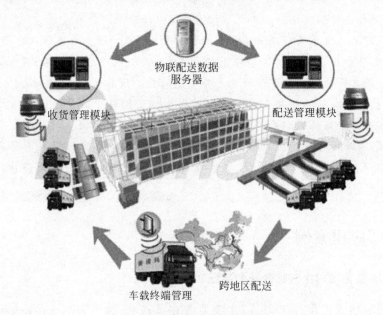

图 2-12　智能配送管理系统

我国现在许多的物流公司在普通用户包裹信息处理中大多仍采用条形码识别技术处理,在投递或接收快递时,会发现包裹单的信息流能够及时地让用户了解包裹所在位置,表 2-8 就是一个从长沙发往温州的邮政快递包裹(运单编号:9890388186217)信息流的分解信息,不仅物流公司能够及时了解,也能使用户能够第一时间了解包裹所在位置,特别是投递人员的姓名和电话,更便于用户与投递公司交流。

表 2-8　长沙发往温州的包裹信息流的分解信息

包裹信息流	发 生 时 间
〔长沙〕邮政快递包裹　中国邮政集团公司长沙市函件广告局收件员已揽件	2017-01-08 19:28:00
〔长沙〕中国邮政集团公司长沙市函件广告局收件员已发出	2017-01-08 23:38:00
长沙快件已到达　长沙	2017-01-09 04:07:13
长沙长沙　已发出	2017-01-09 04:16:12
〔金华〕快件已到达　金华	2017-01-09 16:35:00
〔金华〕金华　已发出	2017-01-10 13:20:14
〔温州〕快件已到达　温州	2017-01-10 20:25:00
〔温州〕温州　已发出	2017-01-11 04:23:19
〔温州〕温州信河街投递站派件员:叶某某　15888888888 正在为您派件	2017-01-11 07:51:48
〔温州〕温州信河街投递站　已妥投,投递员:叶某某,签收人:本人收,感谢使用邮政快递包裹,期待再次为您服务	2017-01-11 12:50:04

3. 麦德龙的"未来商店"

德国麦德龙集团作为世界第四大零售商,业务遍及全球近 30 个国家,旗下的一些超市被改造成了"未来商店"。这一改造使 RFID、智能货架、智能秤等技术应用更成熟,同时削减了业务的运营成本。

RFID 是"未来商店"里最重要的技术,在货物→供应商→配送中心→商场货架的过程中发挥着跟踪作用,主要目的是优化供应链、减少缺货现象。

1）货品管理方面

货物到"未来商店"时,员工们把货物托盘从卡车上搬下来,通过商场后面入口处的 RFID 大门进入。每个托盘和包装箱上存在芯片数据被读取,所有货物被登记为"收到"。由超市员工将收到的货物和订单进行比对,之后货物被放置在商场存货间里,如图 2-13 所示。每一个存货位也都装有一个"聪明芯片",经过扫描进入商场的商品管理系统,这样商品的位置和数量就变得很透明了,员工拿着货物走出库房,往货架上补货时通过一个 RFID 读取器。商品包装盒上的芯片再一次被读取,"已被放到货架"的数据就会立即被传送到商品管理系统中,退回到存放区域的货物在经过存货间门口时也要被读取,这样一件货物就不会同时在货架上和存货间里留有记录了。

图 2-13　商场存货间

2）智能货架

未来商店货架上的电子标签可以显示商品的即时价格,同时商场经理们可以在几秒钟之内调整商品的价格,一小时之内则可以调整多达 40 000 件货物包装单元的价格。智能货架不仅会在需要补货的时候通知库房,而且还能支持质保工作,能够在商品过保质期的时候自动通知商场员工。

3）智能购物车

顾客在商场购物时必须使用购物车,购物车同时也是 RFID 测试项目不可或缺的一部分。商场入口处的读取器能够告诉商场经理有多少购物车进入或离开商场。根据这些读取的数据,商场也可以决定开通多少条结账通道。

购物车上的触摸屏电脑,也叫个人购物助理,如图 2-14 所示,可以显示商品的位置,告诉顾客应该走哪一条通道,准确地找到具体的货架。购物者进入商场后,商店员工会激活个人购物助理交给顾客,同时可以刷一下顾客卡而使电脑启动个性化解决方案。

图 2-14　智能购物车

个人购物助理可以显示顾客的购物清单,这个清单是顾客离开家之前从电脑上下载的。购物者用个人购物助理卡扫描放进购物车里的商品,电脑则会通过无线局域网把商品的价格信息传送到收款台。在结账出口处,收款系统就会自动显示购物需付款项的总额。由于个人购物助理已经记录了购物篮里的商品情况,顾客在付款时只要把个人购物助理交给收款员,然后付款就可以了。

虽然麦德龙希望调查清楚这些零售技术的优势,但还是要对顾客投其所好,包括那些不想参与"未来商店"体验的购物者。顾客如果喜欢的话可以选择传统的购物车,在不携带购物助理的情况下浏览购物通道,把商品取出放到传送带上,用现金付款。

2.4　物联网在智能家居方面的应用

智能家居系统的实现,让人们的家庭生活方式发生着变革,逐渐引领装修时尚潮流,成为新的消费趋势。如何建立一个高效率、低成本的智能家居系统,真正提高人们的生活品质,已成为当今世界的一个热点问题。

2.4.1　概述

智能家居(Smart Home)又称智能住宅,是以家庭住宅为平台,利用综合布线技术、网络通信技术、安全防范技术、自动控制技术、音视频技术将与家居生活有关的设施集成,构建高效的住宅设施与家庭日程事务的管理,提升家居安全性、便利性、舒适性、艺术性,并实现环保节能的居住环境。

智能家居将家居生活有关的各个子系统,如安防、灯光控制、窗帘控制、煤气阀控制、信息家电、场景联动、地板采暖等有机地结合在一起,通过网络化综合智能控制和管理.实现"以人为本"的全新家居生活体验,如图 2-15 所示。

构成智能化家居的 3 个基本条件包括:具有相当于住宅神经的家庭网络;能够通过这种网络提供各种服务;能与 Internet 相连接。

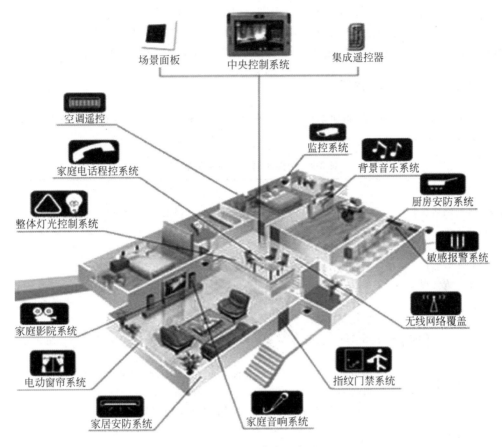

图 2-15　智能家居示意图

1. 智能家居的特性

(1) 智能化,由原来的被动静止结构转变为具有能动智能的工具;

(2) 信息化,提供全方位的信息交换功能,帮助家庭与外部保持信息交流畅通;

(3) 人性化,强调人的主观能动性,重视人与居住环境的协调,使用户能随心所欲地控制室内居住环境;

(4) 节能化,取消了家用电器的睡眠模式,一键彻底断电,节省电能。

2. 智能家居主要功能

(1) 安全监控,各种报警探测器的信息报警;

(2) 家电控制,利用计算机、移动电话、PAD 通过高速宽带接入 Internet,对电灯、空调、冰箱、电视等家用电器进行远程控制;

(3) 家居管理,远程三表(水、电、煤气)传送收费;

(4) 家庭教育和娱乐,远程教学、家庭影院、无线视频传输系统、在线视频点播、交互式电子游戏等;

(5) 家居商务和办公,实现网上购物、网上商务联系、视频会议;

（6）入口控制（门禁系统），采用指纹识别、静脉识别、虹膜识别、智能卡等；

（7）家庭医疗保健和监护，实现远程医疗和监护，幼儿和老人求救，测量身体状况（如血压、脉搏等）和化验，自动配置健康食谱。

3. 智能家居系统提供的服务

智能化家居为人们减少烦琐家务，有更多的时间去提高生活质量，智能家居系统提供的服务如表2-9所示。

表 2-9　智能家居系统提供的服务

服　　务	具　体　内　容
始终在线的网络服务	可实现各种网上服务，如网上购物、远程教学、远程医疗、网上办公等
智能安防报警	双重防线对非法闯入、火灾、煤气泄漏、紧急呼救等危险做好主动防范，自动报警并启动应急联动
网络视频实时监控	实时监控家中各房间的状况
设备预设日程管理	预设各种设备的工作时间和执行循环周期
智能照明控制	实现全自动调光，调节控制天然光和灯光系统的联动，保证照度的一致性，实现光环境场景的智能转换、节能等
家电的智能控制和远程控制	场景统一管理，灯光照明的场景设置和远程控制，电器的自动控制和远程控制等
交互式智能控制	通过语音识别技术实现智能家电的声控功能，各种主动式传感器（如温度、声音、动作等）实现智能家居的主动性动作响应
环境自动控制	室内温湿度调节控制、带有节能功耗的"电子鼻"系统，将房间环境永远自动控制在春意融融、润泽舒适的"天然"状态
提供全方位家庭娱乐	在每个房间都可以听到高品质、高保真立体声音乐，且每个房间可以进行独立、智慧、个性化的控制与操作
现代化的智能厨卫环境	厨房智能化将全面普及或者整合到我们日常的厨房产品制造之中
家庭信息服务	"对话"家人、自动抄表（电表、水表、煤气表等）、可视对讲
家庭理财服务	虚拟银行分行延伸到家里、办公室，或任何可接入互联网的地方，通过手机、Internet就可以完成理财和消费服务
自动维护功能	智能信息家电通过服务器直接从制造商的服务网站上自动下载、更新驱动程序和诊断程序，实现智能化的故障自诊断、新功能自动扩展等

2.4.2　应用案例

1. 智能建筑典范——比尔·盖茨的豪宅

最著名的智能家居是比尔·盖茨的豪宅。比尔·盖茨在他的《未来之路》一书中描绘他的住宅是"由硅片和软件建成的"，并且要"采纳不断变化的尖端技术"。

比尔·盖茨从1990年开始，花了7年时间、约1亿美元与无数心血，建成一幢独一无二的豪宅，占地约2万公顷，建筑物总面积超过 $6130m^2$。这座豪宅号称当今智能建筑的经典之作，也是物联网技术应用的典范，如图2-16所示。

（1）智能设计要求最高的是养着鲨鱼、海龟等大型海洋动物的巨型鱼缸，鱼缸的控温、

图 2-16　比尔·盖茨的豪宅

换水、投食及清洁全部智能化,仅换一次水(取自佛州深海)就需要数千美元。

(2) 不进门指挥家中一切,比尔·盖茨在下班回家前只需轻点几下鼠标,遥控家中浴缸准备洗澡热水,遥控厨房自动烹调机准备想吃的饭菜。全智能化厨房科技含量非常高:冰箱门上装有计算机、条形码扫描仪和显示器,提供食物保存、处理和制作的正确方法,冰箱会随时告诉主人,存放在冰箱里的食品哪些时间过长需要及时处理;冰箱还能自行扫描其中的存储情况,自动向超市发出需求订单;冰箱上还装有电视机和收音机,可以在厨房里一边做饭一边看电视或听新闻,也可以通过与它连接的摄像机监视门前的情况和孩子的安全;主人通过计算机可以发出做饭指令,各种烹饪锅内都有测温装置并与控制装置相连,可以保证烹饪时菜肴不会过热爆炸或外溢;埋藏在墙壁内、地板下自动化的设备能自动喷洒清洁剂、水雾和清水对厨房进行清洁。

(3) 访客进门会领到一个内嵌微芯片的电子胸针,通过它可以自动设定客人的偏好,如温度、湿度、灯光、音乐、电视节目、电影爱好等。整个建筑根据不同的功能分为 12 个区,各区通道都设有"机关",来访者通过时,电子胸针中设置的客人信息,会被作为来访资料存储到电脑中,地板中的传感器能在 375px 范围内跟踪人的足迹,当感应有人来到时自动打开系统,离去时自动关闭系统。因此,无论客人走到哪里,电脑都会根据接收到的客人数据,满足甚至预见客人的需求,将环境调整到宾至如归的境地。当你踏入一个房间,藏在壁纸后方的扬声器就会响起你喜爱的旋律,墙壁上则投射出你熟悉的画作;此外你也可以使用一个随身携带的触控板,随时调整感觉。甚至当你在游泳池戏水时,水下都会传来悦耳的音乐。

(4) 整座建筑物的供电电缆、数字信号传输光纤均隐藏在地下,共埋设了 84km 长的光纤缆线,墙壁上看不到任何一个插座。供电系统、光纤数字神经系统会将主人的需求与电脑、家电完整连接,并用共同的语言彼此对话,让电脑能够接收手机与感应器的信息。

(5) 一旦发生火警、盗窃等灾害,豪宅安全系统会自动报警、拉闸,根据火情分配灭火的水量,立即提出最佳营救方案。为防万一,安全系统有两套,当一套发生故障时,另一套能自动激活,立即接替工作。

通过对比尔·盖茨豪宅的分析,我们发现物联网技术被大量应用,尽管从当下来看,依然让人震撼,但比尔·盖茨的这座豪宅映射出了家居住宅的发展新方向:家居智能化,预示着"未来一切皆有可能"。

2. 沪上·生态家

沪上·生态家是唯一代表上海参展 2010 年上海世博会的实物案例项目，是一座展示未来人居的都市住宅体验馆，用地面积 1300m²，建筑面积 3147m²，地上 4 层，地下 1 层，建筑屋面高度为 18.9m，如图 2-17 所示。"沪上"代表着这个项目立足上海本土，专为上海的地理、气候条件量身打造，项目由现代设计集团承担总承包商，联手同济大学、上海建科院等共同打造。比同类建筑节能 60％以上，让"生态"二字名至实归，而"家"则代表着设计团队将给观众带来的感觉，是"生态技术"优化下的"屋里厢"生活的自在温馨和舒适。

图 2-17　沪上·生态家

沪上·生态家强调生态技术的建筑一体化设计，重点突出十大技术亮点。

（1）自然通风强化技术。迎合上海夏季主导风方向。横向和纵向都有充足的风道，横向的穿堂风，底层的导风墙，形成入口自然通风、遮阴场所。

（2）夏热冬冷气候适应性围护结构。适合上海夏天湿热，冬天寒冷，有黄梅季节，即节能又住得惬意。在智能化控制绿化微灌系统的支持下，各类植物均实现现场整体拼装，并可根据气候变换等原因轻松调整植物种类。

（3）天然采光和 LED 照明。强化自然采光与充分利用太阳能。不仅设置了采光中庭和"老虎窗"，连水池面的反射光也考虑进去；除了南向坡屋顶，在南立面阳台也安放薄膜式太阳能光伏发电系统。把太阳能光伏发电系统放在外立面。

（4）燃料电池家庭能源中心。将燃料电池和再生能源相结合，构成建筑的家庭能源中心，巧妙解决了住宅内部电、热的问题。以燃料电池为核心，接入城市燃气，产生热能和电能，同时看似普通的住宅窗户屋顶也是产能高手。

（5）PC 预制式多功能阳台。建筑自体造"影"，遮阳系统如"影"随行，自动调节。南立面花窗白墙与凹进阳台错落有致，建筑自遮阳效果显著，底层入口等候区挑空，通过建筑自体形成范围较广的阴影区，免除参观者排队等候时的日晒之苦。

（6）BIPV 非晶硅薄膜光伏发电系统。采用太阳能光伏发电系统容量约为 15kW，分为光伏屋顶发电系统和南立面光伏外墙发电系统两个部分，如图 2-18 所示。

图 2-18　太阳能光伏发电热水一体化设计

（7）固废再生轻质内隔墙。大部分建筑材料源于"垃圾"，楼梯铺砌的砖是上海旧城区改造时的石库门砖头，外墙和内部的大量用砖是用"长江口淤泥细沙"生产的淤泥空心砖和用工业废料"蒸压粉煤灰"制造的砖头，木制的屋面是用竹子压制而成，竹子生长周期短，容易取材，可以避免木材资源的浪费。

（8）生活垃圾资源化。提出"零排放"的废弃物管理目标。生活污水、废水经过生物反应器处理、消毒，达到杂用水深度处理回用水质指标后，注入设在地下室的杂用水机房内的杂用水箱，实现污水资源和污染物的零排放。楼年平均杂用水设计利用量占年用水量的 60％。对于楼内居民的生活垃圾，进行分类收集、分类运输、分类处置。

（9）智能集成管理和家庭远程医疗。建立了能源管理、环境监测、设备管理和信息管理 4 个智能管理中心，并由智能集成管理平台进行统一的调度。信息管理的人流数据基于采用 RFID 和红外技术的人流引导系统。

（10）家用机器人服务系统等。除了有演奏乐曲的古装美女机器人外，扫地机器人能识别垃圾随时进行打扫，家居监控机器则可以完成开门、倒水、取物等家务动作等，如图 2-19 所示，充分展示了机器人给人类生活带来的便捷。

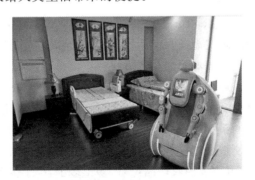

图 2-19　家居监控机器

3. 绿色环保 Ekokook 超现代厨房

Ekokook 厨房的超现代、未来派惊人生态设计来自法国公司 Faltazi，如图 2-20 所示，运用这样的绿色系统可以改善厨房使用者的健康状况、室内的微气候和整个星球的生态环境。Ekokook 厨房的理念是不浪费,产生废物接近于零,固体废物,如玻璃,使用手动激活的钢球将其填埋在地下,还有一个碎纸机将废物切割成小块。用过的水被存储起来,过滤后被用于浇花。抽屉里还有一个环保型的垃圾捣碎机……

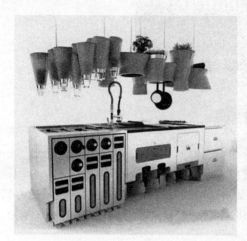

图 2-20　Ekokook 超现代厨房

2.5　物联网在智能农业方面的应用

当今世界,人口持续增加,土地已经成为稀缺资源。我国是一个人口大国,农业始终是国民经济的基础,面临资源不足和环境退化,农业的根本出路在于科学技术。

2.5.1　概述

智能农业(Intelligence Agricultural)是指在相对可控的环境条件下,采用工业化生产,实现集约高效可持续发展的现代超前农业生产方式,就是农业先进设施相配套、具有高度的技术规范和高效益的集约化规模经营的生产方式。它集科研、生产、加工、销售于一体,实现周年性、全天候、反季节的企业化规模生产;集成现代生物技术、农业工程、农用新材料等学科,以现代化农业设施为依托,科技含量高,产品附加值高,土地产出率高和劳动生产率高。

物联网由于其所具有的系统性、及时性、准确性和人机物一体化的特性,在农业生产、经营、管理活动中应用时,能使整个过程更加透彻地感知、更加全面地互联、更加智能地服务,从而为在市场经济条件下,解决我国农产品产量"多了多了,少了少了",农产品价格"高了高了,低了低了"的跳"迪斯科"难题,提供了有效的手段,为我国农业现代化提供重要的技术支撑。

我国在农业物联网技术领域开展的研究涵盖了农业资源利用、农业生态环境监测、农业生产精细管理、农产品质量安全管理与溯源等多个领域,初步实现了农业资源与环境、农业生产与农产品流通等环节信息的实时获取与数据共享,保证了产前正确规划提高资源利用效率,产中精细管理提高生产效率实现节本增效,产后高效流通并实现安全追溯。

目前,我国农业正处于传统农业向现代农业转型的关键时期,农业机械产品在满足不同层次需求的同时,逐步向大型化、精准化、智能化和节约型的方向发展,更加注重产品质量和配套技术的集成应用。

1. 大型化

我国土地集中、规模大,而大型农业机械具有作业质量好、效率高、平均作业成本低和有利于进行联合作业等优势,农用动力继续大型化将是未来我国农机的发展趋势之一。

2. 精准化

随着节约型、环保型现代农业发展理念的深入,精量及定位播种和育秧、精准定位施肥及精量施药等精准农业生产需求的发展,对高科技精量化农机装备的需求日益增长,给农机产品配备精准农业系统已经成为世界农机发展的潮流。

3. 智能化

高新技术不断融合于农机化领域,农业机械智能化已成为提升农业装备制造业竞争力的需要,能够最大限度地发挥土壤和作物的潜力,做到既满足作物生长发育的需要,又减少农业物资的投入,从而降低物资消耗、增加利润、保护生态环境,实现农业的可持续发展。

4. 节约型

积极推进节约型农业机械化发展,能够实现节水、节油、节肥、节药、节种和节能的目标,同时减少对环境的污染,获得较大的社会、生态和经济效益。因此,农业机械节约化发展对于实现农业经济增长方式的根本性转变和促进社会经济可持续发展具有重要的战略意义。

食品安全问题也一直是消费者关注的问题,"食品溯源"是"食品质量安全溯源体系"的简称。最早是 1997 年欧盟为应对"疯牛病"问题而逐步建立并完善起来的食品安全管理制度。这套食品安全管理制度由政府进行推动,覆盖食品生产基地、食品加工企业、食品终端销售等整个食品产业链条的上下游,通过类似银行取款机系统的专用硬件设备进行信息共享,服务于最终消费者。一旦食品质量在消费者端出现问题,可以通过食品标签上的溯源码进行联网查询,查出该食品的生产企业、食品的产地、具体农户等全部流通信息,明确事故方相应的法律责任。此项制度对食品安全与食品行业自我约束具有相当重要的意义。

2.5.2　应用案例

1. "南汇 8424 西瓜"防伪追溯系统

1988 年引入上海南汇的"8424 西瓜",依凭水土优势、气候优势、栽培优势,形成皮薄汁多、鲜甜可口的"南汇 8424 西瓜"品牌,在多项评比中屡获殊荣,深受消费者喜爱。由于利益原因,很多不法商贩通过各种途径以次充好出售假冒"南汇 8424 西瓜"。为保障消费者和瓜农的利益,浦东新区农协会配合浦东新区农委会实施"南汇 8424 西瓜"品牌建设,组建品牌联盟,制订操作规程、质量标准、包装标志 3 个企业标准,组织优质种源,通过 RFID 二维码扫描技术,可追溯查询每个"南汇 8424 西瓜"的生产来源和培育过程,成功地将产前、产中、产后 3 个阶段的信息贯穿起来。成功地保障了农产品的来源和品质的可靠性,维护了消费者的知情权,成为国内农业物联网技术的一个成功案例。

"南汇 8424 西瓜"均贴有二维码,可手机扫描查询,如图 2-21 所示,获悉手中的西瓜由哪个农户种植,使用了什么化肥、农药,农药残留检测是否合格等。

图 2-21　南汇 8424 西瓜

2. 上海辰汉电子水产养殖和水产活体运输方案

水产养殖和水产活体运输中要想获得鲜活的水产品,都离不开一个最基本、最重要的条件——增氧。如何能及时获知水体中含氧量、盐度、浊度、水质、PH 值等各项参数,并能及时进行干预,一直以来是个重要的技术难题。上海辰汉电子利用最新的物联网技术推出了水质监控和活体水产运输车解决方案,如图 2-22 所示,实现了水体在线实时监测、报警和自动调节,可以大量减少人为的干预和工作量,节省成本提高效益。该方案通过系统中 3G 网络功能使水产养殖业主在室内或控制中心进行远程监控,系统无线自动报警并自动调节各项参数,避免人为因素造成的损失,使得活体水产养殖安全性大大提升。在水产活体运输过程中驾驶员同样可以实时了解运输水槽内水体情况,系统可以自动控制运输车水槽中含氧量、盐度、浊度、PH 值等各项参数,从而实现更远距离、更长时间的运输,达到优化使用、降低成本的目标。

图 2-22　上海辰汉电子水产养殖和水产活体运输

3. 北京大兴精准农业示范区

北京大兴精准农业示范区,如图 2-23 所示,处处体验到物联网"感知"精准农业技术。采育镇鲜切花生产基地,中控室的墙上挂着温室环境监控大屏幕。

这套温室环境监测与智能控制系统,通过室内传感器"捕捉"各项数据,经数据采集控制器汇总、中控室电脑分析处理,结果即时显示在屏幕上,实时监控的环境指标可以自动报警,绿色表示正常,红色即为报警。管理人员通过另一项技术——视频语音监控系统随时指挥。在屏幕表格中,59 栋温室内的温度、湿度、光照、二氧化碳浓度一目了然。突然,A1 棚湿度显示由绿变红:85%,技术员立刻开启一旁的网络视频语音监控系统,单击"一排温室"发令:"湿度大了,请开风和天窗!"视频画面上,一名农民操作员立即行动起来,10min 后,系统传来语音回复:"全部打开。"大屏幕上,红色数字随即下滑,很快恢复成绿色:70%。

像采育镇鲜切花生产基地这样,大兴已经在 5 个镇、6 个村示范推广精准农业技术、室外气象自动监测、负水头精准灌溉、液肥精准施用、静电精准喷药等 16 项信息化专利技术,实时定量监控农作物在不同生长周期所需的温度、湿度、光照、二氧化碳浓度等参数,调节水、肥、药的投入,帮助农民实现更高层次的精耕细作。

图 2-23　北京大兴精准农业示范区

4. 畜禽健康养殖

某地徐家桥村有大片的生猪养殖场,每只小猪的耳朵上都戴着一枚圆形的小"耳环"(塑料标签),猪出生起就被固定在耳朵上了,成为猪的"身份证",每枚标签对应着一个唯一的二维码,记录着这只猪的出生地、免疫注射、检疫、运输等信息,在饲养过程中,每次强制免疫信息,如口蹄疫、蓝耳病、猪瘟等都会被记录下来,传输到中央数据库,当猪进入屠宰场时,工作人员扫描二维码耳标,查看其防疫信息和检疫信息,然后按程序实施屠宰检疫,并登记、保存摘除的二维码耳标,如图 2-24 所示。

图 2-24　电子耳标

在养殖场监控室,可以看到养殖管理员通过智能养殖管理平台的图表,掌握天气预报和养殖场的实际状况。应用物联网技术养猪,生猪身体健康,行动有序,生育规范,对猪场分娩舍和保育舍的温湿度、二氧化碳、氨氮、硫化氢等参数进行在线监测,同时与猪舍内部的红外灯、风机等设备相连,进行加温和通风,以改善舍内环境。

除了猪以外,牛和羊也都戴上了这种耳标,二维码成为动物终身的唯一标志,这是物联网在动物溯源中的具体应用。耳标记录了动物从出生到被屠宰这段时期的信息,后续再跟食品流通环节的可追溯系统相衔接,就做到了从老百姓餐桌到养殖场的全程可追溯,使得每块放心肉"来可追溯、去可跟踪、信息可保存、责任可追查、产品可召回"。

2.6 物联网在医疗健康方面的应用

医疗与健康是与百姓大众息息相关的问题,是关系民众生老病死的大事,推动医疗领域信息化,打造高效、便捷、以人为本的医疗服务体系,已经成为各级政府、医疗单位和相关行业共同努力的方向。

2.6.1 概述

智能医疗(Intelligence Medical)是物联网利用传感器等信息识别技术,通过无线网络实现患者与医务人员、医疗机构、医疗设备的互动。致力构建以病人为中心的医疗服务体系,可在服务成本、服务质量和服务可及 3 方面取得一个良好的平衡。建设智能医疗体系能够解决当前看病难、病例记录丢失、重复诊断、疾病控制滞后、医疗数据无法共享、资源浪费等问题,实现快捷、协作、经济、普及、预防、可靠的医疗服务,如表 2-10 所示。

表 2-10 智能医疗实现目标

目标	具体内容
快捷	患者通过手持终端实时监测自身各项身体指标,当某项指标超标时,终端可激活无线网络,第一时间将数据传输到电子信息档案库,同时获授权的医师可根据电子医疗档案,确定具体的医疗措施
经济	医生通过电子处方系统了解病人药费负担,决定是否选择比较便宜的药品。患者根据自身财务负担,决定是否选择不在报销目录之内的新药、特效药
协作	建立公共医疗信息数据库,信息仓库变成可分享的记录,整合并共享医疗信息和记录,构建一个综合的专业医疗网络
普及	支持城乡医院、社区医院和中心医院的无缝对接,实时获取专家建议、安排转诊和接受培训
预防	实时感知每个人的身体指标、对数据库中的医疗数据进行处理和分析,了解最新的药物使用情况和人体指标发展趋势,快速、有效地做出响应,制定应急方案
可靠	从业医生能够搜索、分析和引用大量科学证据来支持诊断

医疗物联网分成 3 方面:"物"就是对象(包括医生、病人、机械等);"网"就是流程,物理的网络加上基于医疗标准的流程;"联"就是信息交互,物联网标准的定义对象是可感知的、可互动的、可控制的。物联网智能医疗的应用示意图如图 2-25 所示。

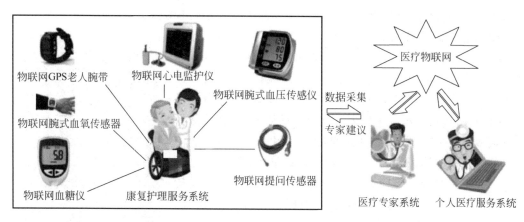

图 2-25 一种物联网智能医疗的应用示意图

智能医疗包含数字医院、移动医疗、区域医疗、公共卫生、医疗物联网五大领域,如表 2-11 所示。通过整合移动计算、智能识别、数据融合、云计算等技术来构建智能医疗,通过无线通信平台、数据交换与协同平台、医疗物联网应用平台和定位平台,真正实现医疗行业整体信息化与智能化的应用。最终使有限的卫生资源得到充分利用,共享优质医疗资源,使医疗资源最大化。

表 2-11 智能医疗五大领域

领域	具体情况
数字医院	结合现代化医院的管理流程和业务特点,通过建筑智能化与医疗信息化的建设,利用移动计算、智能识别和数据融合等技术手段,提高医院的信息化水平和综合管理能力
移动医疗	基于移动计算、智能识别和无线网络等基础技术,实现医护移动查房和床前护理、病人药品及标本的智能识别、人员和设备的实时定位、病人呼叫的无线传达等功能
区域医疗	以建立区域协同医疗共享平台为目标。通过建立个人电子健康档案为线索,构建区域内医疗管理机构、医院和社区卫生中心为主的专用网络,建设区域健康数据中心和区域数据交换协同平台,整合区域信息资源,以统一的服务接口为不同使用者提供信息服务,实现个人与医院之间的信息交流和卫生资源共享
公共卫生	公共卫生的管理和安全,通过建立强大的公共卫生数据中心和应急指挥系统,构建"听得见,看得着,查得到,控制得住"的指挥枢纽,统一指挥区域内的公共突发事件的应急管理,建立强大的卫生监督系统,推动卫生监督执法综合管理的现代化进程
医疗物联网	未来智慧医疗的核心,它把网络中所有的医疗资源,包括人、物及所有相联的智能系统,都结合起来而形成一个巨大网络,进而实现资源的智能化、信息共享与互联,最后获得"更智慧的医疗处理结果"

2.6.2 应用案例

1. 感知健康舱

成都物联网研究院引进美国、以色列、俄罗斯、新加坡等国技术,并与中国工程院和卫生部医疗健康专家合作,在 2010 年 8 月 17 日生产出世界第一台感知健康舱样机。"天下物联网诊所"已获准设立,感知健康舱目前已在成都市双流县城部署试运营,如图 2-26 所示。

感知健康舱能够做心电、血压、体温等多种感知体征检查,还能对肝、胆、胰、脾、肾进行 B 超检查,另外还有红外感应器。市民不仅可以用身份证进行个人信息建档,还能用社保卡进行医疗建档。如果检查后发现某些指标有问题,市民可以通过视频,直接与医院医生进行远程对话咨询,并在线选择医生就诊问药;"天下诊所"通过自己平台组织的在线专职值守医师和兼职巡诊医师,在远程诊疗完成后为患者开具电子处方;患者在健康舱打印获取电子处方后,在健康舱自动售药柜取药。由于感知健康舱药品由专业医药公司专门直供配送,保证了群众消费的是放心药、平价药。

图 2-26 感知健康舱

"天下诊所"的医患互动音像和医生电子处方完全保存于数据库内,其调用的方便性使整个诊疗活动透明化,可以大幅度提高政府部门对医疗卫生市场的监管效率,有效地避免了医疗界的道德风险。在日常生活中,人体每天的各种数据都会随着环境及各种状况变化而发生一些改变,健康舱虽然能提供人体各种健康指标数据并进行初步分析,但不能代替医生。

2. 医疗纱布的计数和检测

Clear Count Medical Solutions(医疗解决方案)公司是病人安全解决方案领军企业,公司在位于美国 Louis Stokes 的克利夫兰 VA(退伍军人管理处)医疗中心安装的 SmartSponge"智能化纱布事故防止系统"用于防止纱布遗忘在接受外科手术病人体内事故的发生。

该系统是一种基于 RFID 技术的平台,采用独特的方法识别手术室的每块纱布,如图 2-27 所示,这样纱布很容易计数和检测,其特点是既可以对纱布进行计数,又可以检测纱布是否留存病人体内。这也是美国食品药品管理局首次宣布采用 RFID 技术的系统。

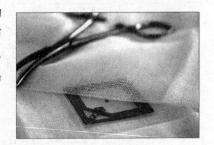

图 2-27 医疗纱布

3. 胶囊内窥镜

胶囊内窥镜填补了当今小肠检查的盲区,与传统的内窥镜比较,已将小肠疾病的检出率从 30% 提高到 70%,克服了传统推进式内窥镜体积大、患者痛苦等缺陷。

胶囊内窥镜看起来与普通胶囊一样,略大,长约 1.5cm,直径不足 1cm,集成了各种传感器,一端透明,可见黑色米粒大的摄像头,另配有一个体外图像记录仪,如图 2-28 所示。

患者在接受检查时,只需要用水服下一颗智能胶囊,从进入口腔的那一刻起,就以 2s 每张的速度拍照,通过胃肠肌肉的蠕动,按照"胃→十二指肠→空肠与回肠→结肠→直肠"的路线运行,一路走一路拍,图像实时传送至患者口袋里的记录仪存储,做个全程的"消化道摄影师",6～8 小时后,胶囊电池用尽,随大便排出体外,但已收集齐食道、胃、小肠等器官的内部

图 2-28　胶囊内窥镜系统

情况，一般一次拍摄图片达几万余张。

【知识链接 2-3】

微机电系统 MEMS

微机电系统(Micro Electro Mechanical Systems,MEMS)，是一种智能微型化系统，其系统或元件为毫米至微米量级大小，将光学、机械、电子、生物、通信等功能整合为一体，可用于感测环境、处理信息、探测对象等。其主要特点是体积小、重量轻、能耗少、响应快等，可有多种应用。而 MEMS 技术在医疗器械上的应用是国际研究的前沿之一，其成果之一是 MEMS 检查胶囊，用于肠胃道疾病检查。

4. RFID 移动护理系统

RFID 移动护理系统是物联网技术在医疗护理系统中的应用之一，如图 2-29 所示。在加强医院的现代化信息管理和提高工作效率的同时，使得患者隐私得到保护，医疗更加安全。由于采用嵌入式 RFID 腕带，使得相关医疗信息得到了保密，只有医护人员可以按权限查询患者的信息，保护了患者隐私。并且实现对患者诊疗过程中的每个环节的跟踪确认，协助和指导护士完成医嘱，由于有了医嘱执行项目的电子化确认过程，使护理质量监控和护理工作量的量化成为可能，实现患者诊疗过程的可视化管理。

图 2-29　移动护理系统

RFID 移动护理系统,实现了患者身份和药品的正确识别,实现了医嘱的闭环执行,有效地预防和避免了医疗差错,具体如下:

(1) 无线实时信息传送。通过无线技术实现数据传递,可快速、正确地将数据信息传送至后端服务器。

(2) RFID 腕带管理。RFID 腕带管理在后台系统建立起 RFID 腕带与患者信息的对应关系,患者从挂号开始随身佩戴电子腕带,其中记录了患者的姓名、性别、血型、以往病史、入院生命体征情况等信息,在门诊系统的各个环节患者均佩戴唯一的电子腕带作为身份识别方式,并可据此在医院提供的自助查询平台进行自助病历查询甚至打印化验单据,在各个关键诊疗环节核对患者身份,保障医疗安全。

(3) 移动护理。利用医院管理信息系统生成医嘱执行条目,护士使用移动终端到患者床旁读取患者佩戴的 RFID 腕带信息,通过无线网络自动将需要执行的医嘱调用,护士通过移动终端记录医嘱具体执行的信息,记录患者生命体征及相关项目,用药、治疗信息确认,实现动态实时的床边护理服务。

(4) 患者跟踪。通过 RFID 患者定位跟踪系统,通过护士站的电子显示屏、医院的监控电脑或医生的随身移动终端,即可掌握患者的物理位置。从而实现了对手术患者、精神病患者和智障者等 24 小时实时状态监护,保障住院患者的安全。

2.7　物联网在智能工业方面的应用

全球经济一体化时代,制造企业面临着激烈的国际、国内市场竞争,通过数字化技术的综合集成应用,实现产品研制、采购、销售等在全球范围内的协同,是提升企业自身核心竞争力、参与全球竞争的重要技术保障。

2.7.1　概述

智能工业(Intelligent Industry)通过 IoT(物联网)与 IoS(服务联网)的融合来改变当前的工业生产与服务模式,将各个生产单元全面联网;实现物与物、人与物的实时信息交互与无缝链接,使生产系统按不断变化的环境与需求进行自我调整,从而大幅提升生产制造效率、改善产品质量、降低产品成本和资源消耗,将传统工业提升到智能工业的新阶段。

1. 物联网在工业领域的应用

(1) 制造业供应链管理。物联网应用于企业原材料采购、库存、销售等领域,通过完善和优化供应管理体系,提高了供应链效率,降低了成本。空中客车通过在供应链体系中应用传感网络技术,构建了全球制造业中规模最大、效率最高的供应链体系。

(2) 生产过程工艺优化。物联网技术的应用提高了生产线过程检测、实时参数采集、生产设备监控、材料消耗监测的能力和水平。生产过程的智能监控、智能控制、智能诊断、智能决策、智能维护水平不断提高。钢铁企业应用各种传感器和通信网络,在生产过程中实现对加工产品的宽度、厚度、温度的实时监控,从而提高了产品质量,优化了生产流程。

（3）产品设备监控管理。各种传感技术与制造技术融合，实现了对产品设备操作使用记录、设备故障诊断的远程监控。

（4）环保监测及能源管理。物联网与环保设备的融合实现了工业生产过程中产生的各种污染源及污染治理各环节关键指标的实时监控。在重点排污企业排污口安装无线传感设备，不仅可以实时监测企业排污数据，而且可以远程关闭排污口，防止突发性环境污染事故的发生。

（5）工业安全生产管理。把感应器嵌入和装备到矿山设备、油气管道、矿工设备中，可以感知危险环境中工作人员、设备机器、周边环境等方面的安全状态信息，将现有分散、独立、单一的网络监管平台提升为系统、开放、多元的综合网络监管平台，实现实时感知、准确辨识、快捷响应、有效控制。

2. 德国"工业 4.0"

德国政府提出"工业 4.0"战略，并在 2013 年 4 月的汉诺威工业博览会上正式推出，其目的是为了提高德国工业的竞争力，在新一轮工业革命中占领先机。其核心内容概括为：建设一个网络、研究两大主题、实现三大集成、推进三大转变。

（1）建设一个网络，即信息物理系统（CPS）。CPS 的核心思想是强调虚拟网络世界与实体物理系统的融合。CPS 的主要特征可以用 6C 来定义，即 Connection（连接）、Cloud（云存储）、Cyber（虚拟网络）、Content（内容）、Community（社群）、Customization（定制化）。CPS 可以将资源、信息、物体以及人员紧密联系在一起，从而创造物联网及相关服务，并将生产工厂转变为一个智能环境。

（2）研究两大主题，即智能工厂与智能生产，是实现"工业 4.0"的核心。智能工厂作为目标核心载体，将分散的、具备一定智能化的生产设备，在实现了数据交互之后，能够形成高度智能化的有机体，实现网络化、分布式的生产设施。智能生产的侧重点在于将人机互动、智能物流管理、3D 打印等先进技术应用于整个工业生产过程。未来智能工厂与智能生产的实现意味着：新的生产方式将大幅提高资源利用率，产品生产过程中的实时图像显示使得虚拟生产变为可能，从而减少材料浪费，个性化定制将成为可能并且生产速度大幅提高。

（3）实现三大集成，即价值链企业间的横向集成、网络化制造系统的纵向集成、端对端工程数字化集成。在生产、自动化工程及 IT 领域，价值链上企业间的横向集成是指将使用于不同生产阶段及商业规划过程的 IT 系统集成在一起，网络化制造系统的纵向集成是将处于不同层级的 IT 系统进行集成，端对端工程数字化集成是指贯穿整个价值链的工程化数字集成，是在所有终端实现数字化的前提下所实现的基于价值链与不同公司之间的一种整合，这将在最大限度上实现个性化定制。在此模式下，客户从产品设计阶段就参与到整条生产链，并贯穿加工制造、销售物流等环节，可实现随时参与和决策并自由配置各个功能组件。

（4）促进 3 个转变。实现生产由集中向分散的转变，产品由大规模趋同性生产往规模化定制生产的转变，客户导向往客户全程参与的转变。

3. 中国制造 2025

2015 年 5 月，国务院公布了《中国制造 2025》，全称《中国制造业发展纲要（2015—

2025)》,规划提出了中国制造强国建设 3 个十年的"三步走"战略目标:2025 年,使中国制造业迈入制造强国行列;2035 年,使中国制造业整体达到世界制造强国的中等水平;2045 年,使中国制造业综合实力迈入世界制造强国前列。

《中国制造 2025》是中国政府实施制造强国战略第一个十年的行动纲领,目标是打造中国制造升级版。具体表现:制造业增加值位居世界第一;主要行业产品质量水平达到或接近国际先进水平,形成一批具有自主知识产权的国际知名品牌;一批优势产业率先实现突破,实现又大又强;部分战略产业掌握核心技术,接近国际先进水平。实现 4 个方面的转变:由要素驱动向创新驱动转变;由低成本竞争优势向质量效益竞争优势转变;由资源消耗大、污染物排放多的粗放制造向绿色制造转变;由生产型制造向服务型制造转变。包括 5 个方面内容:创新驱动、质量为先、绿色发展、结构优化、人才为本。为确保规划实施,规划最后一部分要求相关部门出台税收、投融资、体制改革等扶持政策,对制造业领域放开,实施负面清单,减少审批事项,鼓励企业创新,加强社会资本进入。

2.7.2 应用案例

1. 工业阀门无线检漏系统

美国 Accutech 公司针对疏水阀等工业阀门的泄漏监测需求开发了相应的无线检漏系统,系统由无线监测节点、通信网关等设备组成。节点由内部电池供电,可持续工作 5 年之久。多个无线超声检漏装置的数据可由一个无线基站来收集。每个无线基站最多可收集来自 250 个无线超声检漏装置的数据。与基站相连的工作站上还配备了数据处理及网络管理功能,可以组成一个简单的组态软件。这套系统已经在美国多个工厂得到成功应用。实践证明采用工业无线通信技术的阀泄漏监测系统的成本不到传统有线监控方法成本的 1/10。

2. 装配线 RFID 系统精确定位车辆和工具

BMW 的顾客通常订购定制化汽车,每辆车根据顾客的要求进行集装,如特定的内饰、座椅和引擎。对于高端汽车制造商而言,如何向集装线工人下达定制化装配命令极具挑战。举个例子,在装配线的每一站,在下辆车进入卡位之前,工人大约只有 50s 的时间来执行指示;所以工人必须快速了解每辆车应该安装哪个部件,及安装采用的适当转矩——如采用扳钳拧紧螺栓。质量控制部门经常会识别出成品车错误的安装部件,将车送回集装线进行修改。每年类似错误所产生的成本高达 140 万美元。

BMW 德国雷根斯堡集装厂采用一套 RFID 实时定位系统(RTLS),将被集装的汽车与正确的工具相匹配,根据车辆的识别码(VIN)自动实现每辆车的定制化装配。由 Ubisense 提供的这套 RTLS 系统使汽车制造商可以在长达 2km 长的装配线将每辆车的位置精确定位到 15cm 内,平均每天装配 1000 辆车。装配线上每辆车与前面车的距离只有 1ft,且经常会有 5 种工具同时被用于同一辆车,如图 2-30 所示。

当一辆 BMW 汽车空壳进入集装线,工人将其 VIN 码编入一个 Ubisense UWB RFID 标签,并将标签(含磁性后背)贴在汽车车盖上。标签接着通过一系列短信号发送汽车 VIN 号。约有 380 台 Ubisense 阅读器安装在装配线上方,获取读取距离内任何 UWB 有源标签

图 2-30 车辆和工具粘贴的 RFID 标签帮助操作员快速装配

发送的 VIN 码。这帮助系统识别每个标签的位置。另外,系统还测量每个信号的角度,以便更好地识别每个标签的位置。每一件工具也粘贴一张类似的 UWB 标签,根据工具是否移动,以不同速率发送其 ID 码。如果工具静止不动,则标签停止发送 ID 码,直到有人将它取起。当阅读器捕获标签的 ID 码,通过电缆连接将数据发送到后端数据系统。TAS 软件接着集成标签位置和现有的 IBS 工具控制系统,后者发送正确的命令到贴标车辆的应用工具。

现在,RFID 基础设备已安装到位,BMW 可以将 RFID 数据应用于其他目的,如追踪送回维修汽车的位置。一旦工厂质量控制部门完成车辆质量检测,标签被移去,在车盖上安装 BMW 标志,标签可以重新使用。这套系统最大的挑战是确保标签可以在高金属环境里被精确读取。工具和车辆的定位十分重要,UWB 阅读器的大型网络可以提供高度的精确性。

3. 煤矿安全生产监控系统

山东济宁的许厂煤矿将信息化与工业化深度融合,应用物联网技术和移动通信技术,实现了"智能矿山"的理想。

煤矿智能化的一个重要表现,就是在煤矿的井上、井下安装各类传感设备,如瓦斯传感器、一氧化碳传感器等,对井下环境信息进行实时采集,并通过射频技术、传感等技术将采集来的信息进行处理,传送到管理人员手机上,从而实现数字监控。

安全监测中心,井下安装有 201 个瓦斯传感器,每 2 分 21 秒就能完成一次扫描并通过工矿通网络将数据传到这里。当井下瓦斯浓度超标,手机会收到报警短信。如果异常情况没在限定的时间内处理,系统将会自动断电,并向手机发起语音呼叫。通过智能监测,一旦发现问题,可以快速处理,或通知撤离。除了瓦斯数据,一氧化碳浓度、水压、风速等数据对于矿井的安全生产也至关重要。这些数据能通过自动采集后传到指定技术员和管理者的手机上。

进入坑道的工作人员必须随身携带标识卡,当持卡人员经过设置识别系统的地点时被系统识别。系统将读取该卡号信息,通过系统传输网络,将持卡人通过的路段、时间等资料传输到地面监控中心进行数据管理,并可同时在地理信息屏幕墙上出现提示信息,显示通过人员的姓名。如果感应的无线标识卡号无效或进入限制通道,系统将自动报警,安全监控中心值班人员接到报警信号,立即执行相关安全工作管理程序。坑道一旦发生安全事故,监控中心在第一时间内就可以知道被困人员的基本情况,救险队使用移动式远距离识别装置,在

80m 的范围内方便探测遇险人员的位置,便于救护工作的安全和高效运作,便于事故救助工作的开展。

2.8 物联网在智慧城市方面的应用

城市是人类成熟和文明进步的标志,是人类群居生活的高级形式。随着工业化进程的深化、人口的增长、城市规模的不断扩张、功能的多样化,城市管理在规模、内容、进程和效果上,都出现了日趋复杂的问题。

2.8.1 概述

智慧城市(Sapiential City)是智慧地球的重要组成部分,指充分借助物联网、传感网,涉及智能楼宇、智能家居、路网监控、智能医院、城市生命线管理、食品药品管理、票证管理、家庭护理、个人健康与数字生活等诸多领域,把握新一轮科技创新革命和信息产业浪潮的重大机遇,充分发挥信息通信(ICT)产业发达、RFID 相关技术领先、电信业务及信息化基础设施优良等优势,通过建设信息通信基础设施、认证、安全等平台和示范工程,加快产业关键技术攻关,构建城市发展的智慧环境,形成基于海量信息和智能过滤处理的新的生活、产业发展、社会管理等模式,让城市中各个功能彼此协调运作,为城市中的企业提供优质的发展空间,为市民提供更高的生活品质。智慧城市需要更加智能的城市规划和管理、资源分配更加合理和充分、城市有可持续发展的能力、城市的环境保护到位、能够提供更多的就业机会、对突发事件具备应急反应能力等。智慧城市示意图如图 2-31 所示。

图 2-31 智慧城市示意图

1. 智慧城市发展

（1）1993 年，全球进入信息高速公路建设阶段，信息高速公路的理念最早由美国提出，随即蔓延到全世界，包括中国；

（2）1998 年，时任美国副总统的戈尔作了一个关于数字地球的报告；

（3）2006 年，物联网、云计算开始应用；

（4）2008 年，IBM 在奥巴马政府组织的会议上提出智慧城市的概念。

2. 智慧城市建设的主要内容

（1）加强信息基础设施建设，扩大利用互联网，构成覆盖城市的信息共享网络体系；

（2）开发和整合利用各种信息资源，建立和发展智慧城市的技术支撑体系；

（3）以信息化带动工业化，通过微电子、计算机、网络等技术的应用，推动传统产业研究开发、设计、制造及工艺技术的变革，通过电子商务推动营销、运输和服务方式的变革；

（4）建设"电子政府"，推进政府系统信息化建设，开展多层次的电子政务信息服务，建立和完善公众信息服务网络；

（5）开发建设重点领域信息应用系统；

（6）建设信息化政策法规环境，有效管理信息资源，制定投融资政策；

（7）建设智慧城市人才队伍，普及信息化知识，提高全社会的信息化和信息技术技能。

3. 智慧城市特点

（1）全面物联：遍布各处的智能传感设备将城市公共设施物联成网，对城市运行的核心系统实时感测；

（2）充分整合：物联网与互联网系统完全连接和融合，将数据整合为城市核心系统的运行全图，提供智慧的基础设施；

（3）激励创新：鼓励政府、企业和个人在智慧基础设施之上进行科技和业务的创新应用，为城市提供源源不断的发展动力；

（4）协同运作：基于智慧的基础设施，城市里的各个关键系统和参与者进行和谐高效的协作，达成城市运行的最佳状态。

【知识链接 2-4】

移 动 城 市

移动城市——城市的移动信息化，就是利用移动技术，构建一个信息化应用与服务平台，为城市中的居民、企事业单位提供综合的、统一接口的移动信息化服务。城市的移动信息化已经成为推动社会变革和经济发展的动力，对经济、社会、人文等方面起着推动作用。

随着移动通信技术在城市生活方方面面的应用，移动城市也必将发展为高效的、温馨的、多彩的城市。移动城市的实施将会催生多个新行业，吸引大量投资，带来大量商机，产生巨大的经济效益，实现各种资源的再融合和优化配置。另一方面，移动城市的构建将创造出巨大的社会效益，改变人们的日常生活，提升政府管理、服务的能力，充分展示城市形象，对未来城市的居民生活、城市发展有巨大的推动作用。

2.8.2 应用案例

1. 上海智慧城市

上海智慧城市的建设一直走在国内前列。人们现在可以在上海火车站、外滩、陆家嘴、新天地、豫园等多处公共场所免费体验上海智慧城市建设成果。截至 2012 年 6 月底,全市光纤到户完成改造覆盖累计超过 620 万户,实际用户超过 180 万户,光纤用户数占全市家庭宽带用户数接近 40%,下一代广播电视网(NGB)覆盖规模及高清电视用户数均居全国城市首位。

以"城市,让生活更美好"为主题的 2010 上海世博会,在全世界面前,展示了我国的科学技术发展水平。斥资 450 亿元的建筑超过北京奥运会,成为史上规模最大的一次世界博览会。上海世博会给安防行业带来了新的机遇与挑战,世博会上各种高科技的安防产品随处可见。采用 RFID 技术的世博门票,各个路口的电子眼、电子鼻,将安防企业带入一个新的发展阶段。

2. 市民卡

市民卡指政府授权发放给市民用于办理个人社会事务和享受公共服务的集成电路卡(IC 卡),具有信息存储、信息查询、交易支付等基本功能。一张卡完全可以承载所有卡的功能,银行卡、社保卡、水电卡、公交卡都可以融合在一张卡片里,免去以往"多卡少用、四处奔波"的烦恼,如图 2-32 所示。

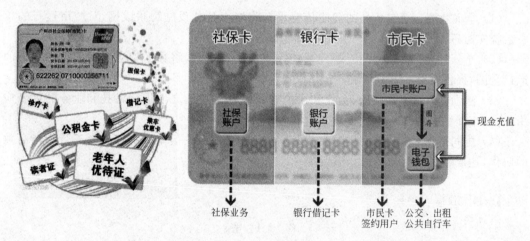

图 2-32 市民卡

市民卡账户是以市民卡(或社保卡)为主要载体的储值消费账户,适用于特定人群专项福利、补贴类资金发放与管理的工具;同时,也适用于指定的商业消费领域。可设个人密码,可记名、可挂失,但不能提取现金。

1) 医保应用

按有关规定在定点医疗机构进行挂号、就诊、办理入出院等手续,也可按有关规定在定点药店购药;到市医保经办机构办理各类登记、零星报销等手续;至市医保经办机构查询医疗保险个人账户余额等信息;市民卡(社保卡)的就诊功能;人口计生信息未来的发展趋势,通过市民 IC 卡形式统计人口信息,逐步脱离纸质统计的时代等。

2)市民卡公用事业

整合电子钱包功能,实现了无缝化的跨区域使用。小额消费场所的快速结算功能,直接应用于公交、出租、图书馆、超市、便利店、园林、签约商家等众多领域,可方便地缴纳水、电、煤、电话费等日常生活资费。

3)市民卡金融支付

市民卡会与商业银行的各类银行卡实现联名捆绑,直接具备普通银行卡的功能,可完成存取款、消费、转账等银联卡服务。同时通过市民卡捆绑的银行账号,可实现多项公共基金的发放和公用事业的缴费,方便居民的使用。

4)市民卡其他功能

附带有公共自行车、园林年卡等功能。

3. 危险场所地图

除交叉路口易发生事故外,城市中还有许多不安全地带。如建筑工地、围挡区域、事故多发地段、陡峭山体、河湖池塘、偏僻地带等,学生及其他弱势人群易受到危险与侵害。因此一些国家政府与民众共同建立电子版的实时危险场所地图,通过 Web GIS 方式向公众提供全市各地的危险场所信息,同时也提供防灾、紧急救助等方面信息。

2005 年 4 月,日本鹿儿岛市公园发生某中学 4 名男生死亡事件,促使该市编出“危险场所地图”,以纸本形式发至各家。很快又以电子地图记录了 112 个危险场所和附近医院信息等。国土局的 Web System 对此开放,危险区域信息的勘察与系统开发由该市测量专科学校承接。

随着城市的变化,危险场所的数量和位置等也在变化中,采用 Web GIS 方式能以官方和民众结合的方式及时提供信息更新与维护。网络的普及,使城市居民们能方便地查询到相关信息,积极报告新发现的危险隐患区等。

由于危险场所定位精度要求为 10m 以内,可用高精度 GPS 或带有 A-GPS 技术的手机来进行位置定位。这样,当学生等被保护对象接近危险区域一定范围时,系统就能监测出来并及时发送警告信号,同时通知家长及警方等,达到积极防范、主动保全的目的。

4. 城市热图

城市热图通过对基础信令和用户基础信息的关联,对用户的分布、群体客户特征以及流动性进行分析。如,医疗资源配置评估和规划、重点场所实时人流监控等。

医疗资源配置评估和规划。以北京市 301 医院为例,利用 2016 年 1 月 15 日至 21 日的数据分析,来看病的病人主要居住分布如图 2-33 所示。分析后发现除了 301 医院周边外,在北京市东边和东南部由于医疗资源缺失,造成了 301 医院就医的病人也比较集中。

重点场所实时人流监控。人流量密集的场所存在着各种各样的安全隐患,城市重点场所有监控区域,可以实时统计该区域的人流情况,如图 2-34 所示,通过设定监控条件,可以实时警告该场所的人员接近情况和人员聚集情况,进一步保证人民生活的安全。

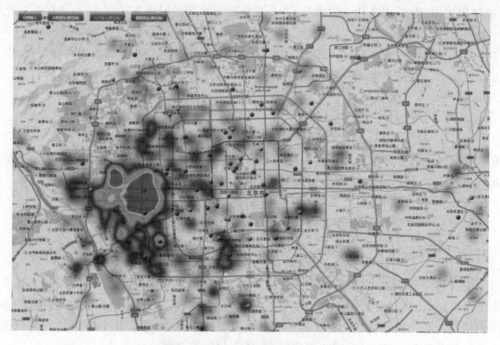

图 2-33　医疗资源配置评估和规划

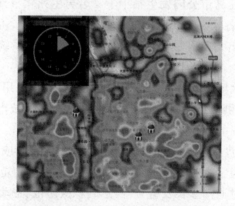

图 2-34　重点场所实时人流监控

5. 地铁与公路安全监控模式

地铁安全管理,在每个候车站里都没有安全黄线,当乘客跨越这道线并达一定时间时,系统可触发监控提示并报警;银行网点前,当两个或几个人之间的距离超越正常范围时,可触发监控提示并报警;小区中,当有人在不适当的时间靠近房屋后窗、攀爬,或墙壁上有移动物体时,可触发监控提示并报警等。这些报警信号提示执行人员及早关注并采取相应措施。

Virage 的"智能现场分析系统"。地铁安全监控系统,如图 2-35 所示,屏幕分为两个画面,左侧主画面正对一位老人较长时间在黄线附近的行为进行判断,右侧小画面已对命中报警模型的行为发出提示。系统对几种在地铁站中需要重点监控的行为模型定义为:物品袋、孤独者、靠近安全线等。公路不安全行为及翻车事故模型系统，如图 2-36 所示，对一批车辆近距离行驶的违章模型、公路违章停车模型以及右侧翻车的事故模型等对系统进行训练。

图 2-35 地铁站内不安全行为场景报警模型示例   图 2-36 公路不安全行为及翻车事故模型示例

2.9 其他方面的应用

物联网的应用已经渗透到了生活的各个领域，几乎覆盖了所有网络涉及的空间，在环境监测、智能电网、智慧旅游、国防军事等领域都有着广泛的应用。

2.9.1 环境监测

1. 概述

物联网环境监测是指运用各种物联网技术，对影响环境质量因素的代表值进行实时在线测定，确定环境质量（或污染程度）及其变化趋势，预警和管控环境质量。物联网环境监测应用主要分为两大类，如表 2-12 所示。

表 2-12 物联网环境监测应用分类

分类	具体分类
生态环境监测	大气质量监测 地表水质监测 土壤墒情监测 近岸海域水质监测等
污染监测	废气污染源监测 废水污染源监测 固体废物在线监管等

1）特点

环境监测具有监测范围广阔、采样点位众多、采样频率高、监测手段多样、测定灵敏度要求高等特点。

2) 物联网在环境监测中的主要应用

物联网应用于环境质量检测、污染源监控、应急指挥等,包括控制质量检测、地表水检测、环境噪声检测、远程图像监控、污染源在线监控、环保设施状态监控、环境应急指挥预案、执法车辆指挥调度等监测项目。

2. 应用案例

1) 无锡市环太湖水文监控

2007 年太湖发生蓝藻危机,为了扭转水质恶化趋势,及时获得太湖水质的第一手资料,截断沿岸工厂向太湖超标排放的源头,江苏无锡环保部门与物联网企业合作,针对全市排水、排气等高污染企业,开发了一种智能排污监控系统。环保部门在太湖大范围布放传感器,在重点排污监控企业排污口处安放无线传感设备,不仅可实时监测企业排污,还可以远程关闭排污口,防止环境污染事故发生,实现无线传输方式 24 小时在线监测太湖水质的各项变化。

截至 2009 年年底,五里湖、梅梁湖、贡湖和宜兴沿岸等水域已经相继投放设立了 86 个固定式、浮标式水质自动监测站,如图 2-37 所示,覆盖饮用水源地、主要出入湖河道、太湖湖体和重点监控水域,总投资 1.8 亿元。湖水中的藻密度受到严格的监控。报警等级分为绿色、橙色和红色,分别代表蓝藻暴发指数为 60%、70% 和 80%。打捞完后,这套系统还会自动指示船只将蓝藻运送到就近的藻水分离站,分离出的藻泥又被通知送往有机肥厂。

图 2-37　浮标式水质自动监测站

该系统利用 GPRS 无线传输通道,实时监控污染防治设施和监控装置的运行状态,自动记录废水、废气排放流量和排放总量等信息,在系统运行中如遇停电,系统自备电源立即启动,可维持系统 10 天以上的运行,确保已采集数据信息的安全完整。

2) 黄山迎客松生态环境监测

2012 年,我国黄山风景区利用物联网技术,实现了景区保护管理和迎客松生态环境监测,如图 2-38 所示。通过布设在景区周边的物联网设备,实时监测迎客松的"健康"情况,指挥中心可实时获取迎客松实现微细化保护管理。监测周边环境的温度、湿度、土壤的水分、土壤的温度、光照等数据,从而实现对迎客松的防灾、减灾监测与预警。遇到灾害天气,信息中心监测的数据达到预警级别,系统就会自动发出信号,提醒工作人员立即应对。

图 2-38　黄山迎客松物联网生态环境监控系统

3)防灾减灾监测与预警系统

利用物联网技术,在山区中泥石流、滑坡等自然灾害容易发生的地方布设监测节点,如图 2-39 所示,这些节点按自组织方式形成无线传感器网络,可以定时或测量值超过预定值范围时,自动将山体、边坡的数据由汇聚节点回送,然后通过卫星通信信道发送到控制中心。控制中心可以实时掌握山体与边坡的状态信息,可提前发出预警,以便做好准备,采取相应措施,防止恶性事故的发生。

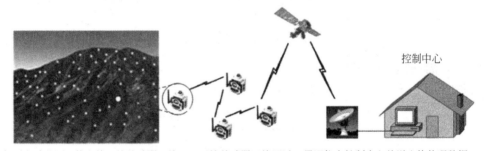

部署在被监测山体上的无线传感器网络　　无线传感器网络通过卫星通信向控制中心传送山体状况数据

图 2-39　物联网防灾减灾监测与预警系统

2.9.2　智能电网

1. 智能电网概述

中国国家电网公司将其提出的坚强智能电网描述为:以特高压电网为骨干网架、各级电网协调发展的坚强网架为基础,以通信信息平台为支撑,具有信息化、自动化、互动化特征,包含电力系统的发电、输电、变电、配电、用电和调度六大环节,涵盖所有电压等级,实现"电力流、信息流、业务流"的高度一体化融合,具有坚强可靠、经济高效、清洁环保、透明开放和友好互动内涵的现代电网。

智能电网由智能变电站、智能配电网、智能电能表、智能交互终端、智能调度、智能家电、智能用电楼宇、智能城市用电网、智能发电系统、新型储能系统等部分组成。

物联网有效地整合通信基础设施资源和电力系统基础设施资源,使信息通信基础设施资源服务于电力系统的发电、输电、变电、配电、用电、调度等运行环节,如图 2-40 所示。从而提高电力系统信息化水平,改善现有电力系统基础设施的利用效率,进一步实现节能减排、提升电网信息化、自动化、互动化水平,提高电网运行能力和服务质量。

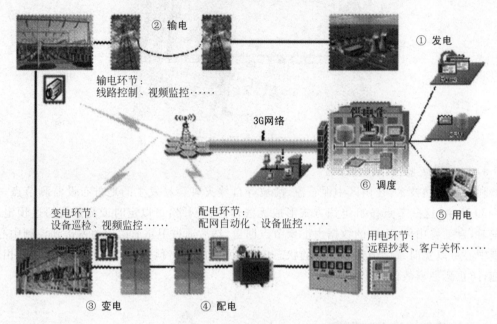

图 2-40 物联网在智能电网中的应用

1) 坚强智能电网推进阶段

国家电网公司对坚强智能电网设置的 3 个推进阶段,如表 2-13 所示。

表 2-13 坚强智能电网的 3 个推进阶段

时间	阶段	具体推进事项
2009—2010 年	规划试点阶段	投资 5500 亿元,重点开展智能电网发展规划的编制工作,制定技术和管理标准,开展关键技术统一研发和设备研制,开展各个环节的试点工作
2011—2015 年	全面建设阶段	投资 2 万亿元,其中特高压电网投资 3000 亿元,用于加快特高压电网和城乡电网建设,初步形成智能电网运行控制和互动服务体系,在关键技术和设备上实现重大突破和广泛应用
2016—2020 年	引领提升阶段	投资 1.7 万亿元,其中特高压电网投资 2500 亿元,将全面建成统一坚强智能电网,使电网的资源配置能力、安全水平、运行效率,以及电网与电源、用户之间的互动性显著提高。届时,电网在服务清洁能源开发、保障能源供应与安全、促进经济社会发展中将发挥更加重要的作用

2) 智能电网的主要特征

智能电网的主要特征如表 2-14 所示。

表 2-14　智能电网的主要特征

主要特征	具 体 说 明
坚强	在电网发生大扰动和故障时,仍能保持对用户的供电能力,而不发生大面积停电事故;在自然灾害、极端气候条件下或外力破坏下仍能保证电网的安全运行;具有确保电力信息安全的能力
自愈	具有实时、在线和连续的安全评估和分析能力,强大的预警和预防控制能力,以及自动故障诊断、故障隔离和系统自我恢复的能力
兼容	支持可再生能源的有序、合理接入,适应分布式电源和微电网的接入,能够实现与用户的交互和高效互动,满足用户多样化的电力需求并提供对用户的增值服务
经济	支持电力市场运营和电力交易的有效开展,实现资源的优化配置,降低电网损耗,提高能源利用效率
集成	实现电网信息的高度集成和共享,采用统一的平台和模型,实现标准化、规范化和精益化管理
优化	优化资产的利用,降低投资成本和运行维护成本

3) 智能电网的主要功能

智能电网的主要功能如表 2-15 所示。

表 2-15　智能电网的主要功能

主要功能	具 体 情 况
鼓励电力用户参与电力生产和选择性消费	提供充分的实时电价信息和网中用电方案,促使用户主动选择与调整电能消费方式
最大限度兼容各类分布式发电和储能	使分布式电源和集中式大型电源相互补充
支持电力市场化	允许灵活进行定时范围的预定电力交易、实时电力交易等
满足电能质量需要	提供多种的质量价格方案
实现电网运营优化按需发电,避免浪费	以电网的智能化和资产管理软件深度集成为基础,使电力资源和设备得到最有效的利用。电网技术中最薄弱的环节就是储电,实时电力需求的"感知中心"就是一个面向智能电网的传感器网络中枢,通过搜集电表信息计算用电动态需求量,反馈到发电企业,实现按需发电
抵御外界攻击	具有快速恢复能力,能够识别外界恶意攻击并加以抵御,确保供电安全

2. 应用案例

1) 无锡惠山智能变电站

2010 年 12 月,国内率先实现物联网技术与高压强电控制技术全面融合的国家电网首座 220kV 新建智能变电站——无锡惠山变电站竣工投入运营,这标志着"无人值守"智能变电站正式步入实用阶段。

智能电站建立了集测量、分析、控制于一体的智能系统,其智能体现在:提高电压质量,抑制谐波和振荡,具有保证系统电压水平,抑制电压谐波和振荡的能力;高度集成化控制平台,实现智能自动控制,建立站内全景数据的统一信息平台,供各子系统统一数据,标准化、规范化存取访问并与调度等其他系统进行标准化交互;标准的通信体系,实现快速、高质量的通信效果,充分考虑用户需求,在用户端安装通信设备,间接实现变电站与用户的双向通信,达到"削峰填谷"的目的,保证系统安全、稳定运行;智能化的监视系统,可安全兼容分布式电源,在电厂、用户和电网之间寻求最优匹配,构建智能化的储能系统,抑制分布式电源对系统造成的影响。

2) 浙江省智能电网小区

浙江绍兴镜湖新区的智能电网综合建设工程,由国家电网公司于2012年启动,集合了国内智能电网"发、输、变、配、用、调"各个领域的最新成果。

走进小区智能用电样板房,可以看到一个多媒体电子公告显示屏,正以语音、文字、视频等形式,展示着电动汽车充电桩系统、小区配电自动化系统、用电信息采集系统等信息。屋顶上可以看到6块太阳能面板和3个小型风车风力发电装置,用户可以利用太阳能和风力进行发电并稳定接入电网,实现与供电部门实时双向电力供应。用户甚至可以在高峰时段卖电,低谷时段买电。在获得经济利益的同时,为电网移峰填谷、平衡供需做出贡献。

在楼道中安装的用电信息采集装置,可以实现远程抄表,居民的用电信息定时准确地发送到电力部门的电脑采集系统上,小区有自动缴费终端,用户在家门口就可以完成缴费,当然也可以通过相关的APP平台缴费。如果居民家里安装了智能交互终端,还可以在网上查询到自己在小区的用电排名、用电情况分析,并得到用电方面的建议等。

通过掌上电脑、地理信息库、3G远程监控"三大平台",成功实现了抢修服务的"智能化"。工作人员可以在后台第一时间掌控故障的地点、范围、性质,并快速对现场进行故障隔离和及时恢复非故障区供电,如图2-41所示。

图2-41 绍兴供电公司供电抢修服务中心远程监控抢修情况

轻轻敲击掌上电脑屏幕,就可以启动"智能化"抢救新模式:实时响应、就近服务、在线指挥、远程监控、梯队支援,抢修平均到达现场时间缩短34%,平均修复时长缩短46%。

2.9.3 智能旅游

1. 智能旅游概述

智能旅游是利用物联网的先进技术,通过互联网或移动互联网,借助便携式终端上网设备,主动感知旅游资源、旅游活动等方面的信息,及时安排和调整工作与旅游计划,达到对各类旅游信息的智能感知和方便利用的效果。

旅游信息服务具有无尽的内容与技术服务空间,价值链的构建与实现将围绕有线与无线网络、物体与人员、文化与场景、现实与历史、营销与商务、游客与各类服务提供商之间日益密切的交流与整合进行。围绕旅客在旅游前、旅游中和旅游后的价值链进行分析,以其为中心深化客户服务,如表 2-16 所示。

表 2-16　旅游服务链

服务链	旅游资讯	具体情况
旅游前	基本资料、分区导览、当地文化、住宿资料、交通系统、餐饮指南、特别推荐、注意事项、行程建议	网络是目前最重要的信息源之一,旅客通过景点的官方网站、旅游社区、博客游记等获得相关信息及游客的体验与评价,做好行前规划与准备。故网站信息的完备性、即时性、正确性、互动性与视听效果等,是行前信息服务的基础,也是价值链的起始端
旅游中	基本资料、分区导览、当地文化、住宿资料、交通系统、餐饮指南	将服务关联度大的行业互相整合,如交通与住宿以网站或 APP 端形式服务,如携程、马蜂窝等;景区与导游信息服务,可在无线传感网平台上将服务深化,提供更为精细、个性、动态和互动的服务
旅游后	相簿分享、游记分享、推荐分享、移动博客	游客喜欢在相关平台发表旅游经历、体验与观感,上传视频或照片等更多信息与人分享,应充分认识信息平台的重要性,使之成为新的服务增值点

智能旅游主要包括导航、导游、导览和导购 4 个基本功能,具体内容如表 2-17 所示。

表 2-17　智能旅游基本功能

功能	具体情况
导航	开始位置服务。将位置服务 LBS 加入旅游信息中,让旅游者随时知道自己的位置。位置导航的方法:GPS 导航、基站定位、Wi-Fi 定位、RFID 定位、地标定位、图像识别定位等
导游	初步了解周边信息。在确定了位置的同时,页面上会主动显示周边的旅游信息,包括景点、酒店、餐馆、娱乐、车站、活动、朋友、旅游团友等的位置和大概信息
导览	深入了解景点详情。点击(触摸)感兴趣的对象(景点、酒店、餐馆、娱乐、车站、活动等),可以获得关于兴趣点的位置、文字、图片、视频、使用者的评价等信息,深入了解兴趣点的详细情况,选择感兴趣的线路和景点
导购	旅游结束的享受。利用移动互联网,游客可以随时随地选择喜欢的购物场所和物品,利用安全的网上支付平台进行预订

2. 应用案例

1) RFID 电子导游机

RFID 电子导游机在国内许多的景区或博物馆都有使用,拥有 RFID 电子导游机可以解决导游不足、不专业等问题,同时给景区或博物馆植入了科技元素。RFID 电子导游机是基于 2.4GHz RFID 射频识别技术实现的,在景区或博物馆每一个需要讲解的点先预置 2.4GHz RFID 发射器,当游客拿着 RFID 电子导游机进入景区或博物馆,走到讲解点 (RFID 发射器)附近时,RFID 电子导游机就会自动感应识别,进而调用对应的音频或视频文件进行播放,实现走到哪儿自动感应讲解哪儿,图 2-42 所示为电子导游系统应用示意图。

第一步：充电箱，为语
音导览机充电

第二步：RF写码器连接到电脑，
通过无线信号配置RFID发射器

第三步：RFID发射器放置在景点后面，游客导览中，RF收发器收
到信号，导览机即刻播放对应音视频内容

图 2-42　电子导游系统应用示意图

　　在故宫，故宫博物院的电子导游图由资深专家编写、录制
的参观讲解词，可为旅游者提供极为人性化的电子导游和讲
解服务，故宫先后推出不同版本的电子讲解器，已经分别录制
了张家声版、王刚版和鞠萍版 3 种不同风格的讲解，以满足不
同年龄、不同群体的需求，如图 2-43 所示。

　　2）旅游移动导览

　　越来越多的官方机构开始推出自己旅游景点的官版
APP，如"掌上故宫""3D 天坛"等，旅游者只要在自己智能手
机上下载 APP 端程序，就可以精确定位游览景点了。

　　"掌上故宫"是一款能够装进口袋的故宫电子导游，最大
亮点是可以通过 GPS 准确定位你的位置，来提供景点的详细
讲解。APP 精选了 7 条不同风格的游览线路，从 2 小时游到
全天游，或者还可以来一次康熙、慈禧的主题游，如图 2-44
所示。

图 2-43　故宫博物院电子导游图

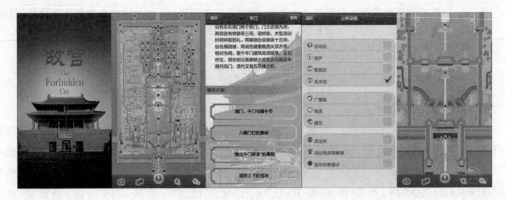

图 2-44　"掌上故宫"APP 截图

"3D 天坛"是另一种风格的导游 APP,它更像一款 3D 游戏。进入界面后,APP 会首先要求你选择一个角色,然后就可以在"天坛"里随意漫步了。软件功能包括语音导游、景点地图等,但是地图无法点击,只能指挥小人"走过去",走动过程中可随时切换方向。由于是全程 3D,"3D 天坛"对于手机的配置及耗电也是个不小的考验,总体看它更像是一款在家"旅行"的软件,如图 2-45 所示。

图 2-45　"3D 天坛"APP 截图

3) 无线团队语音讲解系统

在景区人多嘈杂的环境下,确保团队每位游客都能清楚地听到解说,不同团队之间不会互相干扰,也不会影响到散客的游览环境。可以为导游配备一台发射机,为游客配备接收机,导游通过麦克风讲解,在 100m 范围内的游客都能通过耳机接收清晰的讲解信息。该系统不仅提高了景区服务水平,同时也提升了景区的整体文明形象。图 2-46 所示为无线团队语音讲解系统。

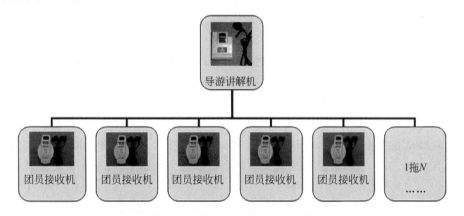

图 2-46　无线团队语音讲解系统

2.9.4　国防军事

"兵马未动,粮草先行",说的是后勤在战争中的重要作用。在很大程度上,交战双方在战场上拼杀的背后,比拼的是各自的工业实力,而这种嵌在战争物资中的工业实力正是通过后勤系统精确地传递到战场上的每一个散兵坑。这种可视化的精准物流是建立在 RFID 技术之上的。

1991 年海湾战争期间,美军向海湾地区运送了约 4 万个集装箱,由于标识不清,造成大量物资在港口堆积如山,美军不得不打开其中的 2.5 万个集装箱,清点登记后,重新加入到物流中。直到战争结束,还有 8000 多个集装箱没有投入使用。据美军估计,如果在这场战争中能够有效地跟踪集装箱的位置和所装载的物品,可节省约 20 亿美元。

"在海湾战争期间,我们对物资的情况简直是一无所知。我们不知道物品的流向,更无法实现资产的可视化。于是,在模糊的需求下,物资进入物流,导致物流系统根本无法跟踪。"海湾战争期间在美军运输司令部负责物流的美国空军上将 Walter Kross 说。

1994 年,美国国防部与 Savi 技术公司签订了多年合同,由 Savi 技术公司提供 RFID 标签、固定/移动/手持的 RFID 读写器以及相关的硬件、软件和专业服务。这些准实时的解决方案促进了美国国防部全资产可视化计划(TAV)的实施。

2003 年第二次海湾战争期间,情况有了彻底的改观。美军通过嵌在集装箱上的 RFID 对发往海湾地区的约 4 万个集装箱进行跟踪,实现了从储备式后勤到配送式后勤的转变,从而显著减少了空运量与海运量,降低了物资储备量,最终节省数十亿美元。

美国陆军装备司令部于 2006 年夏将 LMP 的实施交由业务信息系统项目执行办公室(PEOEIS)负责。PEOEIS 为美国陆军提供信息基础设施和信息管理系统。PEOEIS 掌管着 30 亿美元的年度预算,大约是美国陆军 IT 预算的 35%。

PEOEIS 发布了 2010 年国防系统客户报告——《PEO EIS 目录》。该目录涵盖通信与计算基础设施、后勤、人力资源、财务、收购、医疗和生物统计学等领域。在后勤领域,直接用到 RFID 的有联合自动识别技术(J-AIT)、移动跟踪系统(MTS)。

RFID 在美国陆军后勤系统中的应用对 RFID 领域企业有两点启示:一是物联网市场应该靠应用来拉动;二是美国陆军在军事后勤现代化过程中特意使用成熟的商用软件。

阅读文章 2-1

工信部《物联网发展规划(2016—2020 年)》主要任务摘要

摘自:工信部印发制定信息通信业"十三五"规划物联网分册

一、强化产业生态布局

加快构建具有核心竞争力的产业生态体系。以政府为引导、以企业为主体,集中力量,构建基础设施泛在安全、关键核心技术可控、产品服务先进、大中小企业梯次协同发展、物联网与移动互联网、云计算和大数据等新业态融合创新的生态体系,提升我国物联网产业的核心竞争力。

加快物联网产业集聚。继续支持无锡国家传感网创新示范区的建设发展,提升示范区自主创新能力、产业发展水平和应用示范作用,充分发挥无锡作为国家示范区先行先试的引领带动作用,打造具有全球影响力的物联网示范区。加快推动重庆、杭州、福州等物联网新型工业化产业示范基地的建设提升和规范发展,增强产业实力和辐射带动作用。

推动物联网创业创新。完善物联网创业创新体制机制,加强政策协同与模式创新结合,营造良好创业创新环境。引导各创业主体在设计、制造、检测、集成、服务等环节开展创意和创新实践,促进形成创新成果并加强推广,培养一批创新活力型企业快速发展。

二、完善技术创新体系

加快协同创新体系建设。以企业为主体,加快构建政产学研用结合的创新体系。

突破关键核心技术。研究低功耗处理器技术和面向物联网应用的集成电路设计工艺,开展面向重点领域的高性能、低成本、集成化、微型化、低功耗智能传感器技术和产品研发,提升智能传感器设计、制造、封装与集成、多传感器集成与数据融合及可靠性领域技术水平。

三、构建完善标准体系

完善标准化顶层设计。建立健全物联网标准体系,发布物联网标准化建设指南。

加强关键共性技术标准制定。加快制定传感器、仪器仪表、射频识别、多媒体采集、地理坐标定位等感知技术和设备标准。组织制定无线传感器网络、低功耗广域网、网络虚拟化和异构网络融合等网络技术标准。制定操作系统、中间件、数据管理与交换、数据分析与挖掘、服务支撑等信息处理标准。制定物联网标识与解析、网络与信息安全、参考模型与评估测试等基础共性标准。

推动行业应用标准研制。大力开展车联网、健康服务、智能家居等产业急需应用标准的制定,持续推进工业、农业、公共安全、交通、环保等应用领域的标准化工作。加强组织协调,建立标准制定、实验验证和应用推广联合工作机制,加强信息交流和共享,推动标准化组织联合制定跨行业标准,鼓励发展团体标准。支持联盟和龙头企业牵头制定行业应用标准。

四、推动物联网规模应用

加快物联网与行业领域的深度融合。面向农业、物流、能源、环保、医疗等重要领域,组织实施行业重大应用示范工程,推进物联网集成创新和规模化应用,支持物联网与行业深度融合。

1. 智能制造

面向供给侧结构性改革和制造业转型升级发展需求,发展信息物理系统和工业互联网,推动生产制造与经营管理向智能化、精细化、网络化转变。通过 RFID 等技术对相关生产资料进行电子化标识,实现生产过程及供应链的智能化管理,利用传感器等技术加强生产状态信息的实时采集和数据分析,提升效率和质量,促进安全生产和节能减排。通过在产品中预置传感、定位、标识等能力,实现产品的远程维护,促进制造业服务化转型。

2. 智慧农业

面向农业生产智能化和农产品流通管理精细化需求,广泛开展农业物联网应用示范。实施基于物联网技术的设施农业和大田作物耕种精准化、园艺种植智能化、畜禽养殖高效化、农副产品质量安全追溯、粮食与经济作物储运监管、农资服务等应用示范工程,促进形成现代农业经营方式和组织形态,提升我国农业现代化水平。

3. 智能家居

面向公众对家居安全性、舒适性、功能多样性等需求,开展智能养老,远程医疗和健康管理,儿童看护,家庭安防,水、电、气智能计量,家庭空气净化,家电智能控制,家务机器人等应用,提升人民生活质量。通过示范对底层通信技术、设备互联及应用交互等方面进行规范,促进不同厂家产品的互通性,带动智能家居技术和产品整体突破。

4. 智能交通和车联网

推动交通管理和服务智能化应用,开展智能航运服务、城市智能交通、汽车电子标识、电动自行车智能管理、客运交通和智能公交系统等应用示范,提升指挥调度、交通控制和信息服务能力。开展车联网新技术应用示范,包括自动驾驶、安全节能、紧急救援、防碰撞、非法车辆缉查、打击涉车犯罪等应用。

5. 智慧医疗和健康养老

推动物联网、大数据等技术与现代医疗管理服务结合，开展物联网在药品流通和使用、病患看护、电子病历管理、远程诊断、远程医学教育、远程手术指导、电子健康档案等环节的应用示范。积极推广社区医疗＋三甲医院的医疗模式。利用物联网技术，实现对医疗废物追溯，对问题药品快速跟踪和定位，降低监管成本。建立临床数据应用中心，开展基于物联网智能感知和大数据分析的精准医疗应用。开展智能可穿戴设备远程健康管理、老人看护等健康服务应用，推动健康大数据创新应用和服务发展。

6. 智慧节能环保

推动物联网在污染源监控和生态环境监测领域的应用，开展废物监管、综合性环保治理、水质监测、空气质量监测、污染源治污设施工况监控、进境废物原料监控、林业资源安全监控等应用。推动物联网在电力、油气等能源生产、传输、存储、消费等环节的应用，提升能源管理智能化和精细化水平。建立城市级建筑能耗监测和服务平台，对公共建筑和大型楼宇进行能耗监测，实现建筑用能的智能控制和精细管理。鼓励建立能源管理平台，针对大型产业园区开展合同能源管理服务。

五、完善公共服务体系

打造物联网综合公共服务平台。针对物联网产业公共服务体系做好统筹协调工作，充分利用和整合各区域、各行业已有的物联网相关产业公共服务资源，引导多种投资参与物联网公共服务能力建设，形成资源共享、优势互补的公共服务平台体系。

六、提升安全保障能力

推进关键安全技术研发和产业化。引导信息安全企业与物联网技术研发与应用企业、科研机构、高校合作，加强物联网架构安全、异构网络安全、数据安全、个人信息安全等关键技术和产品的研发，强化安全标准的研制、验证和实施，促进安全技术成果转化和产业化，满足公共安全体系中安全生产、防灾减灾救灾、社会治安防控、突发事件应对等方面对物联网技术和产品服务保障的要求。

建立健全安全保障体系。加强物联网安全技术服务平台建设，大力发展第三方安全评估和保障服务。建立健全物联网安全防护制度，开展物联网产品和系统安全测评与评估。对工业、能源、电力、交通等涉及公共安全和基础设施的物联网应用，强化对其系统解决方案、核心设备与运营服务的测试和评估，研究制定"早发现、能防御、快恢复"的安全保障机制，确保重要系统的安全可控。对医疗、健康、养老、家居等物联网应用，加强相关产品和服务的评估测评和监督管理，强化个人信息保护。

阅读文章 2-2

可穿戴设备

摘自：百度百科《可穿戴设备》

一、发展历程

2012年因谷歌眼镜(见图 2-47)的亮相，被称作"智能可穿戴设备元年"。在智能手机的创新空间逐步收窄和市场增量接近饱和的情况下，智能可穿戴设备作为智能终端产业下一个热点已被市场广泛认同。2013年，各路企业纷纷进军智能可穿戴设备研发，争取在新一轮技术革命中分一杯羹。

二、产品形态

可穿戴设备多以具备部分计算功能、可连接手机及各类终端的便携式配件形式存在，主流的产品形态包括以手腕为支撑的 Watch 类（包括手表和腕带等产品），以脚为支撑的 Shoes 类（包括鞋、袜子或者将来的其他腿上佩戴产品），以头部为支撑的 Glass 类（包括眼镜、头盔、头带等），以及智能服装、书包、拐杖、配饰等各类非主流产品形态。

图 2-47　谷歌眼镜

三、存在问题

（1）价格昂贵。Google Glass 售价高达 1500 美元；Nike＋FuelBand SE 售价为 149 美元；阿迪达斯即将推出的安卓系统智能手表售价 399 美元。

（2）电池续航时间短。普通的智能手表电池使用时间在 24 小时左右，如果开启更多功能耗电量会增加，这样使用者不得不每天充两次电才能正常使用。

（3）不能独立使用或功能不全。很多智能手表的功能需要搭配手机才能够使用，消费者不禁要问：那还用它做什么？

四、解决关键

（1）元器件。元器件的质量、性能、大小、材料等决定着产品的功能与用户体验。

（2）用户体验。视觉感受问题容易解决，困难的是功能问题。随身佩戴产品如手环、手表，没有屏幕的话，体验会很差，不能直接与产品交互，给人感觉这就是个数据收集器，用户想看到相关分析数据，结果必须依赖于手机和电脑，体验不佳。

（3）数据和服务结合。可穿戴设备本身价值并不大，关键在于其获得的数据与提供的服务，越垂直、越深入往往价值越大。用户要的是数据经过分析得出的结果和解决方案，不准确的数据会降低用户的信任感，如果监测慢性疾病的设备，能够通过 CDC 健康认证等，则会大大增加用户的使用信心。

（4）触感技术。触控是人与智能设备自然的连接方法，也是人机交互领域的重要变革。

（5）压力触控。压力触控技术最早进入公众视野是源于 Apple Watch 的发布，通过 Force Touch 设备可以感知轻压以及重压的力度，并调出不同的对应功能，丰富了用户使用手机触控交互的层次及使用体验。

（6）电池创新。要让可穿戴设备变得像智能手机、平板电脑一样流行，电池必须更小，续航时间必须更长，而且它还必须更轻薄、更有弹性。

2.10　练习

1. 名词解释

汽车防碰撞预警系统　车联网　智能家居　智能农业　智能医疗　智能旅游

2. 填空

(1) 物联网将世界的三大系统互联成一个整体，_____是社会的单元与构成体，_____是人类社会发展的动力，_____是人与技术生存的空间。

(2) 工业和信息化部印发制定的《物联网"十二五"发展规划》，将以下九大重点领域作为应用示范工程，分别是 _____、_____、_____、_____、_____、_____、_____、_____、_____。

(3) 随着物联网产业的逐步发展，业界认为其产业链主要包括以下 7 个环节：_____、_____、系统集成商、网络提供商、系统集成商、运营及服务商、_____。

3. 简答

(1) 简述智能电网的定义，并说明其主要特征。
(2) 举例说明物联网在智能电网中有哪些具体的应用。
(3) 简述智能交通的定义，并说明其系统结构和技术构成。
(4) 举例说明物联网在智能交通中有哪些具体的应用。
(5) 简述现代物流的概念、特点及发展趋势。
(6) 简述智能物流需要哪些支撑技术。
(7) 简述智能家居的定义、功能及发展历程。
(8) 国内主要有哪些智能家居企业？
(9) 请查阅有关智能家居企业的典型产品，并制作一份宣传报告。
(10) 简述物联网在我国环境监测方面的应用概况。
(11) 举例说明物联网在环境监测中有哪些具体的应用。

4. 思考

(1) 仔细阅读《工信部"物联网发展规划(2016—2020 年)"》，分析该政策对物联网发展的重要意义。
(2) 为自己构建一个智能家居，写一篇小报告，详细描述其提供的服务功能。

第3章
CHAPTER 3 | 物联网的体系架构

内容提要

前两章中我们已经了解了物联网的具体需求和典型应用领域,本章将深入阐述物联网体系的三层架构,介绍每层架构的功能和关键技术,以及物联网目前的标准体系研究现状等,以便于理解物联网的应用需求和技术需求。

学习目标和重点

- 了解物联网的工作原理和工作步骤;
- 了解物联网标准研究组织及核心技术标准化现状;
- 理解感知层、网络层、应用层和公共技术的功能和关键技术;
- 理解物联网标准研究的角度;
- 掌握物联网的体系架构和物联网的技术体系框架;
- 掌握物联网运行的 3 个维度。

引入案例

智能家居控制系统

以住宅为平台,以家居电器及家电设备为主要控制对象,利用综合布线技术、网络通信技术、安全防范技术、自动控制技术、音视频技术将与家居生活有关的设施高效地集成在一起,构建高效的住宅设施与家庭事务的控制管理系统,提升家居智能、安全、便利、舒适程度,并实现环保节能的综合智能家居网络控制系统平台。智能家居控制系统是智能家居核心,是智能家居控制功能实现的基础。智能家居控制系统,功能强大,用户操作简便,所有本地控制、远程控制、数据配置都可以在用户手机 APP 上实现,视觉和操作体验好。

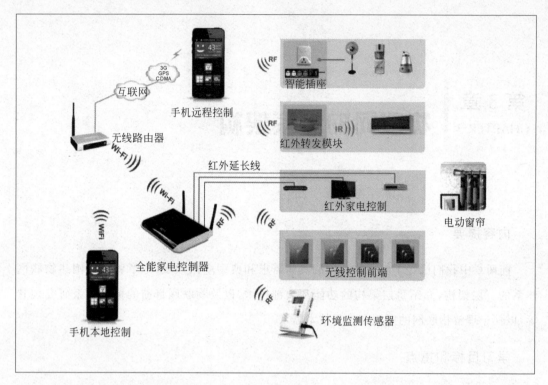

物联网的显著特点是技术高度集成、学科复杂交叉、综合应用广泛。

3.1 物联网的体系架构

物联网体系架构是物联网发展的顶层设计,关系到物联网产业链上下游产品之间的兼容性、可扩展性和互操作性,目前仍处于概念发展阶段。

3.1.1 人对物理世界问题处理的基本方法

研究物联网的体系结构之前,有必要将物联网工作过程与人对于外部客观的物理世界感知和处理过程做一个比较。人的感知器官,如:眼睛能够看到外部世界,耳朵能够听到声音,鼻子能够嗅到气味,舌头可以尝到味道,皮肤能够感知温度。人就是将自己的感官所感知的信息,由神经系统传递给大脑,再由大脑综合感知的信息和存储的知识来做出判断,以选择处理问题的最佳方案。这对于每一个有正常思维的人都是司空见惯的事。但是,如果将人对问题智慧处理的能力形成与物联网工作过程做一个比较,可以看出两者有惊人的相似之处。

人的感官用来获取信息,人的神经用来传输信息,人的大脑用来处理信息,使人具有智慧处理各种问题的能力。物联网处理问题同样要经过 3 个过程:全面感知、可靠传输与智能处理,因此有人将它比喻成人的感官、神经与大脑。

3.1.2 物联网的工作原理

物联网的价值在于让物体拥有了"智慧",从而实现人与物、物与物之间的沟通,物联网的特征在于感知、互联和智能的叠加。

在物联网中,通过安装智能芯片,利用 RFID 技术,让物品能"开口说话",告知其他人或物有关的静态、动态信息。RFID 标签中存储着规范且具有互用性的信息,再通过光电式传感器、压电式传感器、压阻式传感器、电磁式传感器、热电式传感器、光导纤维传感器等传感装置,借助有线、无线数据通信网络将数据自动采集到中央信息系统,实现物品(商品)的识别,进而通过开放性的计算机网络实现信息交换和共享,实现对物品的"透明"管理。

3.1.3 物联网的工作步骤

物联网的规划、设计及研发关键在于 RFID、传感器、嵌入式软件、数据传输计算等领域的研究,物联网的开展具有规模性、广泛参与性、管理性、技术性等特征。

一般来讲,物联网的工作步骤主要如下:

(1)对物联属性进行标识,属性分为静态和动态两种,静态属性可以直接存储在标签中,动态属性需要先由传感器实时探测。

(2)识别设备对物体属性进行读取,并将信息转换为适合网络传输的数据格式。

(3)将物体的属性信息通过网络传输到信息处理中心(处理中心可能是分布式的,如家里的电脑或者手机;也可能是集中式的,如中国移动的 IDC),由处理中心完成物体通信的相关计算。

3.1.4 物联网的体系架构

物联网需要有统一的架构、清晰的分层,支持不同系统的互操作性,适应不同类型的物理网络,适应物联网的业务特性。

1. 物联网体系架构研究现状

物联网作为新兴的信息产业,目前针对物联网体系架构,IEEE、ISO/IEC JTC1、ITU-T、ETSI、GS1 等组织均在进行研究。

2. 物联网的系统架构

物联网打破了地域限制,实现了物物之间按需进行信息获取、传递、存储、融合、使用等服务的网络。一个完整的物联网系统由前端信息生成、中间传输网络及后端的应用平台构成。物联网系统大致有 3 个层次,详见表 3-1。

表 3-1 物联网系统的 3 个层次

层次	特征	具 体 说 明
感知层	全面感知	利用 RFID、传感器、一维/二维码、传感器、红外感应器、全球定位系统等信息传感装置随时随地获取物体的信息,包括用户位置、周边环境、个体喜好、身体状况、情绪、环境温度、湿度、用户业务感受及网络状态等
网络层	可靠传输	通过各种网络融合、业务融合、终端融合、运营管理融合,将物体的信息实时准确地传递出去
应用层	智能处理	利用云计算、模糊识别等各种智能计算技术,对感知层得到的海量数据和信息进行分析和处理,实现物体的智能化识别、定位、跟踪、监控和管理等实际特定应用服务

物联网作为一个系统网络,有其内部特有的架构。在感知层、网络层和应用层之间,信息是多种多样的,且相互之间实现交互和控制等,关键的是物品信息,包括在特定应用系统范围内能唯一标识物品的识别码、静态信息与动态信息,如图 3-1 所示。

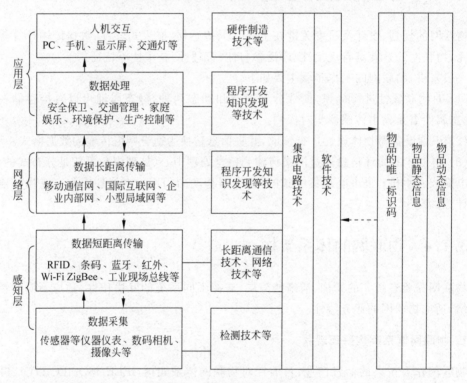

图 3-1 物联网的系统架构

3. 物联网的技术体系框架

物联网涉及感知、控制、网络通信、微电子、计算机、软件、嵌入式系统、微机电等技术领域,其技术体系框架如图 3-2 所示,包括感知层技术、网络层技术、应用层技术以及公共技术。每个层次都有很多相对的技术支撑,并随着科技发展不断涌现新技术,掌握这些技术,会促进物联网更快地发展。

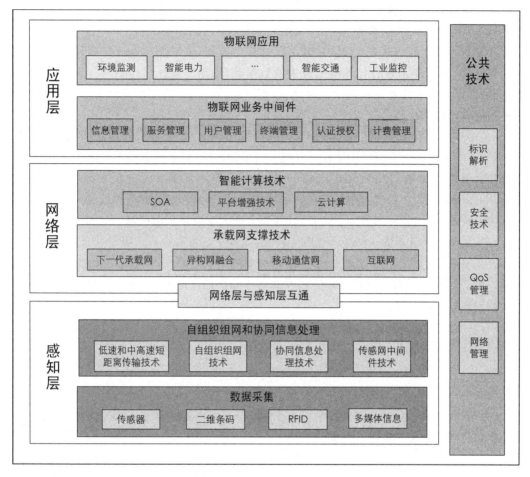

图 3-2 物联网技术体系框架

3.1.5 物联网的技术特征

发展物联网,包括一个核心(网络基础设施)、两个基本点(泛在感知、超级智能),最终目标是将人类从人机接口的体力劳动、繁重的脑力劳动和信息爆炸中解放出来,达到现实世界(人类社会和自然)和信息世界的统一。物联网的技术特征主要表现在以下几个方面。

1. 物联网的智能物体具有感知、通信与计算能力

"智能物体"是对连接到物联网中的人与物的一种抽象。物联网中的"物体"(Thing)或"对象"(Object)指的是物理世界中的人或物,增加了"感知""通信"与"计算"能力。智能物体可以是小到肉眼几乎看不见的物体或大的建筑物、固定的或移动的、有生命的或无生命的、人或动物等。

智能感知的共同点:智能物体都通过配置 RFID 或各种传感器,具有感知、通信和计算能力,所选用的传感器或 RFID 类型决定了同时能感知到一种或几种参数。

通信能力差异表现在:可以主动发送数据,也可以被动地由外部读写器来读取数据;

可以是有线通信方式,也可以是无线通信方式;可以采用微波信道通信,也可以采用红外信道通信;可以进行远距离通信,也可以在几米范围内实现近距离通信。

计算能力的差异表现在:可能只是简单地产生数据,也可能是进行计算量比较小的数据汇聚计算,也可能是进行计算量比较大的数据融合、路由选择、拓扑控制、数据加密与解密、身份认证计算;具有正确判断控制命令的类型与要求,并能够决定是否应该执行、什么时候执行以及如何执行命令等。

物联网标识符:物联网中要实现全球范围智能物体之间的互联与通信必须解决物体标识问题,其中 RFID 标签编码还没有形成统一的国际标准,目前影响最大的两个标准是欧美支持的电子产品编码(Electronic Product Code,EPC)与日本支持的泛在识别(Universal Identification,UID)。物联网中的节点一般使用地址空间较大的 IPv6 地址。

综上所述,智能物体的感知、通信与计算能力的大小应该根据物联网应用系统的需求来确定;智能物体都应该是一种嵌入式电子装置,或者是装备有嵌入式电子装置的人、动物或物体。其中的嵌入式电子装置可能是功能很简单的 RFID 芯片,也可能是一个功能复杂的无线传感器节点;可能使用简单的微处理器芯片和小的存储器,也可能使用功能很强的微处理器芯片和大的存储器。

【知识链接 3-1】

"物"的含义

物联网中的"物"要满足以下 7 个条件,才能够被纳入"物联网"的范围:有数据传输通路;有一定的存储功能;有 CPU;有操作系统;有专门的应用程序;遵循物联网的通信协议;在世界网络中有可被识别的唯一编号。

2. 物联网可以提供所有对象在任何时间、任何地点的互联

国际电信联盟(ITU)在泛在网基础上增加了"任何物体连接",从时间、地点与物体 3 个维度对物联网的运行特点做出分析,如图 3-3 所示。物联网中任何一个合法的用户(人或物)可以在任何时间(Anytime)、任何地点(Anywhere)与任何一个物体(Anything)通信,交换和共享信息协同完成特定的服务功能。

要实现以上通信要求,需要研究和解决的问题:不同物体的连接,不同物体之间的通信,物联网的通信模型建立,物联网的服务质量保障,物联网中物体的命名、编码、识别与寻址的实现,物联网的信息安全与个人隐私的保护。

3. 物联网的目标是实现物理世界与信息世界的融合

物联网的目标是帮助人类对物理世界具有"透彻的感知能力、全面的认知能力和智慧的处理能力"。帮助人类在提高劳动生产力、生产效率的同时,进一步改善人类社会发展与地球生态和谐、可持续发展的关系。因此,将计算机与信息技术拓展到整个人类社会生活与生存环境之中,使人类的物理世界与网络虚拟世界相融合,已经成为人类必须面对的问题。

现实社会中物理世界与网络虚拟世界是分离的,物理世界的基础设施与信息基础设施是分开建设的。一方面,需要设计和建设新的建筑物、高速公路、桥梁、机场与公共交通设

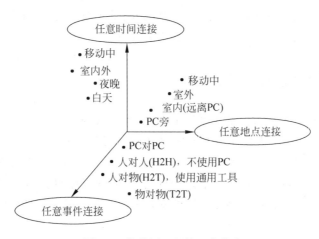

图 3-3　物联网运行的 3 个维度

施,完善物理世界;另一方面,需要通过不断铺设光纤,购买路由器、服务器和计算机,组建宽带网络,建立数据中心,开发各种网络服务系统,架设无线基站,发展移动通信产业,建设信息世界,实现社会信息化建设。

3.2　感知层

3.2.1　感知层概述

物联网的感知层:全面感知,无处不在。

感知层是物联网发展和应用的基础,主要目标是实现对客观世界的全面感知,核心是解决智能化、小型化、低功耗、低成本的问题,包括传感器等数据采集设备,以及数据接入到网关之前的传感器网络。感知节点有 RFID、传感器、嵌入式系统、IC 卡、磁卡、一维或二维的条形码等。

> **【知识链接 3-2】**
>
> **末端感知网络**
>
> 　末端感知网络类比为物联网的末梢神经,是指该网络处于网络的末端位置,即只产生数据,且通过与之互联的网络传输出去,自身并不承担转发其他网络数据的作用。

3.2.2　感知层功能

物联网的感知层解决的是人类世界和物理世界的数据获取问题,包括各类物理量、标识、音频、视频数据。

物联网的感知层相当于人类眼睛、鼻子、耳朵、嘴巴、四肢的延伸,融合了视觉、听觉、嗅觉、触觉等器官的功能。一般包括数据采集和数据短距离传输两部分,即通过传感器、摄像头等设备采集外部物理世界的数据,通过蓝牙、红外、ZigBee、工业现场总线等短距离有线或无线传输技术进行协同工作或者传递数据到网关设备。

3.2.3　感知层关键技术

感知层所需要的关键技术包括检测技术、中低速无线或有线短距离传输技术等。具体来说,感知层综合了传感器技术、嵌入式计算技术、智能组网技术、无线通信技术、分布式信息处理技术等,能够通过各类集成化的微型传感器的协作实时监测、感知和采集各种环境或监测对象的信息。通过嵌入式系统对信息进行处理,并通过随机自组织无线通信网络以多跳中继方式将所感知的信息传送到接入层的基站节点和接入网关,最终达到用户终端,从而真正实现"无处不在"的物联网理念。

(1) 传感器技术。传感器是指能感受规定的被测量件,并按照一定的规律转换成可用输出信号的器件或装置,是构成物联网的基础单元。具体来说,传感器是一种能够对当前状态进行识别的元器件,当特定的状态发生变化时,传感器能够立即察觉出来,并且能够向其他的元器件发出相应的信号,用来告知状态的变化。

(2) RFID 技术。RFID 技术通过射频信号自动识别目标对象并获取相关数据,是一种非接触式的自动识别技术。

(3) 条码识别技术。条码包括一维码和二维码,是最经济、最实用的一种自动识别技术,具有输入速度快、可靠性高、采集信息量大和灵活实用等优点,广泛应用于各个领域。

(4) EPC 编码。EPC 码(产品电子代码)编码容量非常大,能够实现物联网"一物一码"的要求,且能远距离识读,其目标是通过统一的、规范的编码体系建立全球通用的信息交换语言。

(5) GPS 技术。GPS 是 20 世纪 70 年代由美国陆、海、空三军联合研制的新一代空间卫星导航定位系统。主要目的是为陆、海、空三大领域提供实时、全天候和全球性的导航服务。要实现 GPS 功能,必须具备 GPS 终端、传输网络和监控平台 3 个要素,通过这 3 个要素,可以提供车辆防盗、反劫、行驶路线监控及呼叫指挥等功能。

(6) 短距离无线通信技术。短距离无线通信技术具有通信距离短、对等通信、成本低廉、节省布线资源等特性。如 ZigBee、蓝牙、Wi-Fi 等不同的传输技术。

(7) 信息采集中间件技术。信息采集中间件技术采用标准的程序接口和协议,针对不同的操作设备和硬件接收平台,将采集到的物品信息准确无误地传输到网络节点上。

3.3　网络层

3.3.1　网络层概述

物联网的网络层:智慧连接,无所不容。

物联网网络层是在现有网络(移动通信网和互联网)的基础上建立起来的,由汇聚网、接入网、承载网等组成,承担着数据传输的功能。要求能够把感知层感知到的数据无障碍、高可靠性、高安全性地进行传送,解决了感知层所获得的数据在一定范围,尤其是远距离传输的问题。

3.3.2　网络层功能

物联网的网络传输层位于感知层和应用层之间,主要作用是将感知层收集的数据信息经过无线汇聚、网络接入及承载传输给应用层,使得应用层可以方便地对信息进行分析管理,从而实现对客观世界的感知及有效控制。网络层的主要功能包括网络接入、网络管理和网络安全等。

3.3.3　网络层技术

物联网网络层可分为汇聚网、接入网和承载网 3 部分,如图 3-4 所示。

1. 汇聚网技术

汇聚网主要采用短距离通信技术,如 ZigBee、蓝牙、Wi-Fi 等技术,实现小范围感知数据的汇集。

（1）蓝牙(Bluetooth)。一种短距离通信的无线电技术,以低成本的近距离无线连接为基础,为固定与移动设备的通信环境建立一个特别连接的短程无线电技术。

图 3-4　物联网网络层结构

（2）ZigBee 无线技术。一种全球领先的低成本、低速率、小范围无线网络标准,主要用于近距离无线连接。适用于自动控制和远程控制领域,可以嵌入各种设备,同样也可以应用在物联网的无线传输中。

（3）Wi-Fi(Wireless Fidelity)。一种可以将个人计算机、手持设备(如 PDA、手机)等终端以无线方式互相连接的短程无线传输技术。该技术使用的是 2.4GHz 附近的频段,该频段无须申请。

2. 接入网技术

接入网主要采用 6LoWPAN 及 M2M 架构实现感知数据从汇聚网到承载网的接入。

（1）IPv6。国际公认的下一代互联网标准,可以实现物联网“一物一地址,万物皆在线”的目的,IPv6 可以满足对大量地址的需求,还可以提供地址自动配置,便于即插即用。

（2）6LoWPAN。一种在物理层和 MAC 层上基于 IEEE 802.15.4 实现 IPv6 协议的通信标准,是物联网无线传感器网络的重要技术。6LoWPAN 面向的对象一般为短距离、低速率、低功耗的无线通信过程。

（3）M2M。一种为客户提供机器到机器的无线通信服务类型,使所有机器设备都具有联网和通信能力,旨在通过通信技术来实现人、机器和系统三者之间的智能化、交互式无缝连接。

3. 承载网技术

承载网主要是指各种成熟或者在发展中的核心承载网络,如无线通信网络中的 GSM、GPRS、3G/4G、WLAN、光纤通信等。

(1) 三网融合。指电信网、广电网、互联网 3 个网络的深度融合,使得信息产业结构重新组合,管理机制及政策法规相应变革,信息传播和通信服务方式发生变化,个人消费及企业应用的模式产生质的变化。

(2) 移动通信网。特别是下一代移动通信网络技术"全面、随时、随地"传输信息,让人们更加灵活地沟通交流,将物联网系统从固定网络中解放出来,实现无处不在的感知识别。

(3) 光纤通信技术。一种以光波为载体、光纤为传输介质的通信系统。光纤通信具有通信容量大、距离长、损耗小、误码率低、抗干扰等特点。

【知识链接 3-3】

未来趋势——网络融合

未来,网络融合成为趋势,对业务整合、降低成本、提高行业整体竞争力等都有很大益处,并为信息产业的发展做准备。网络融合包括三网融合(电信网、互联网、广电网)、网络与计算机的融合(云计算)、4G 融合(电信、计算机、消费电子、数字内容)、网络空间与物质世界融合等。

3.4 应用层

3.4.1 应用层概述

物联网的应用层:广泛应用,无所不能。

应用层包括各类用户界面显示设备以及其他管理设备等,这也是物联网体系结构的最高层,实现了物联网的最终目的——将人与物、物与物紧密地结合在一起。应用是物联网发展的驱动力和目的,旨在解决信息处理和人机界面的问题,软件开发、智能控制技术将为用户提供丰富多彩的物联网应用。

物联网的应用层利用经过分析处理的感知数据为用户提供丰富的特定服务,包括制造领域、物流领域、医疗领域、农业领域、电子支付领域、环境监测领域、智能家居领域等,可分为监测型(物流监控、污染监控)、查询型(智能检索、远程抄表)、控制型(智能交通、智能家居、路灯控制)、扫描型(手机钱包、高速公路不停车收费)等应用类型。

3.4.2 应用层功能

物联网的应用层主要解决计算、处理和决策的问题,是物联网与行业专业技术的深度融合,与行业需求结合,实现广泛智能化。应用层的主要功能是把感知和传输来的信息进行分析和处理,做出正确的控制和决策,实现智能化的管理、应用和服务。

3.4.3 应用层技术

应用层包括物联网应用的支撑平台子层和应用服务子层,其中应用支撑平台子层用于支撑跨行业、跨应用、跨系统之间的信息协同、共享、互通的功能,主要包括公共中间件、信息开放平台、云计算平台和服务支撑平台;应用服务子层包括智能交通、供应链管理、智能家居、工业控制等行业应用。

(1)公共中间件。应用支撑平台子层中的公共中间件,是操作平台和应用程序之间通信服务的提供者,让平台(包括操作系统和硬件系统)与应用连接不会因为接口标准不同等问题导致无法通信。

(2)云计算。由 Google 提出,是网络计算、分布式计算、并行计算、效用计算、网络存储、虚拟化、负载均衡等传统计算机技术和网络技术发展融合的产物,核心思想是对大量用网络连接的计算机资源统一管理和调度,构成一个计算机资源池向用户提供相应服务。

(3)人工智能(AI)。研究如何应用计算机的软硬件来模拟人类某些智能行为的基本理论、方法和技术。

(4)数据挖掘。从数据库、数据仓库或其他信息库的大量数据中,通过算法搜索获取有效、新颖、潜在有用、最终可理解的信息发现过程。

(5)专家系统。智能计算机程序系统,含有大量某领域专家水平的知识与经验,能够利用人类专家的知识和解决问题的方法来处理该领域的问题。

3.5 公共技术

公共技术不属于物联网技术框架中的某个特定层面,与感知层、网络层和应用层都有关系,能够保证整个物联网安全、可靠地运行。它包括标识与解析、安全技术、网络管理和服务质量(QoS)管理。

1. 标识与解析技术

标识,就是对物体进行编码实现唯一识别。同时,新的物联网编码体系应该尽量兼容现有的大规模使用的编码体系。

解析,就是根据标签的 ID,由解析服务系统解析出其对应的网络资源地址的服务。例如,用户需要获得商品标签 ID 为"0218……"的详细信息,解析服务系统将商品 ID 号转换成资源地址,在资源服务器上就可以查看物品的详细信息。

2. 安全技术

移动网络中的认证、加密等大部分机制也适用于物联网,并能够提供一定的安全性。认证就是身份鉴别,包括网络层的认证和业务层的认证。

3. 网络管理和服务质量(QoS)管理

网络管理包括向用户提供能提高网络性能的网络服务、增加网络设备、提供新的服务类型、网络性能监控、故障报警、故障诊断、故障隔离与恢复的网络维护和网络线路、网络设备利用率的采集和分析、提高网络利用率的控制等。网络管理实现了配置管理、故障管理、性能管理、安全管理和记账管理等功能。

网络资源总是有限的,业务之间抢夺网络资源时,就会出现服务质量的要求,主要包括网络传输的带宽、传送的时延、数据的丢包率等。服务质量管理就是利用流分类、流量监管、流量整形、接口限速、拥塞管理、拥塞避免等 QoS 技术保证传输的带宽、降低传送的时延、降低数据的丢包率,提高服务质量。

3.6 物联网标准

目前物联网没有形成统一标准,各个企业、各个行业都根据自己的特长制定标准,并根据自己企业或行业的标准进行产品生产,这对物联网形成统一的端到端标准体系造成了很大障碍。

3.6.1 物联网的标准体系

为物联网制定标准,应从以下几个方面展开。

1. 从物联网标准化对象角度分析

物联网标准涉及的标准化对象可为相对独立、完整、具有特定功能的实体,也可以是具体的服务内容,可大至网络、系统,小至设备、接口、协议。各个部分根据需要,可以制定技术要求类标准和测试方法类标准,如表 3-2 所示。

表 3-2　物联网标准化对象

物联网标准体系	标准分类	标准化对象
总体标准	体系结构和参考模型	通用系统体系结构;技术参考模型;数据体系结构设计;通用数据资源规划
	术语和需求分析	物联网术语;标准需求分析;元数据注册;业务模式分析
感知控制层标准	数据采集	传感器;射频识别;二维码;数据采集接口
	短距离传输和自组织组网	低速短距离传输;中速短距离传输;自组织组网和路由;网关接入等
	协同信息处理和服务支持	协同信息处理;节点中间件;服务支持;支持服务接口等
网络传输层标准	承载网	互联网;移动通信网;异构网融合;M2M 无线接入等

续表

物联网标准体系	标准分类	标准化对象
服务支撑标准	智能计算	基础标准；支撑技术；建设和工程实施；质量测评；运营服务标准等
	海量存储	磁盘阵列；网络存储；存储服务质量；存储容灾等
	数据挖掘	仓库中的数据提取；数据关联分析；聚类分析和分类；预测与偏差分析等
应用服务层标准	业务中间件	服务管理；用户管理；认证授权；计费管理；终端管理等
	行业应用	环境监测；智能电力；工业监控；智能家居等
共性支撑标准	共性技术	标识管理；安全技术；QoS 管理；网络管理

2. 从物联网学术研究角度分析

标准体系的建立应遵照全面成套、层次恰当、划分明确的原则。物联网标准体系可以根据物联网技术体系的框架进行划分，分为感知控制层标准、网络传输层标准、应用服务层标准和共性支撑标准，详见表 3-3。其中物联网应用服务层标准涉及的领域广阔、门类众多，并且应用子集涉及行业复杂，服务支撑子层和业务中间件子层在国际上尚处于标准化研究阶段，还未制定出具体的技术标准。

表 3-3　物联网标准体系

物联网标准体系	标准分类	示　　例
应用服务层标准	行业应用类标准	智能交通、智能电力、智能环境等相关系列标准
	公众应用类标准	智能家居总体技术标准、智能家居联网技术标准、智能家居设备控制协议技术标准等
	应用中间件平台标准	物联网信息开放控制平台基本能力标准、物联网信息开放控制平台总体功能架构标准、信息服务发展平台标准、信息处理和策略平台标准等
网络传输层标准	物物通信无线接入标准	面向物物通信，增强系统设备和接口的技术和测试标准等
	电信网增强标准	面向物物通信，针对移动核心网络增强的技术标准等
	网络资源虚拟化标准	网络资源虚拟化调用技术标准、网络资源虚拟化的管理技术标准、网络虚拟化核心设备技术和测试标准等
	环境感知标准	认知无线电系统的技术标准，包括关键技术、未来应用、频谱管理的标准等
	异构网融合标准	不同无线接入网层面融合标准、不同无线接入技术在核心网层面融合标准等
感知控制层标准	短距离无线通信相关标准	基于 NFC 技术的接口和协议标准、低速物理层和 MAC 层增强技术标准、基于 ZigBee 的网络层和应用层标准等
	RFID 相关标准	空中接口技术标准、数据结构技术标准、一致性测试标准等
	无线传感网相关标准	传感器到通信模块接口技术标准、节点设备技术标准等

续表

物联网标准体系	标准分类	示 例
共性支撑标准	网络架构	物联网总体框架标准等
	标识解析	物联网络标识、解析与寻址体系标准等
	网络管理	物联网络管理平台标准、物联网络延伸网络端远程管理技术标信等
	安全	物联网安全防护系列标准、物联网安全防护评估测试标准等

3.6.2 物联网标准研究组织及进展

物联网技术内容众多,所涉及的标准组织也较多,不同的标准组织基本上都按照各自的体系进行研究,采用的概念也各不相同。物联网覆盖的技术领域非常广泛,涉及总体架构、感知技术、通信网络技术、应用技术等各个方面。

目前介入物联网领域主要的国际标准组织有 IEEE、ISO、ETSI、ITU-T、3GPP、3GPP2 等,具体研究方向和进展如表 3-4 所示。

表 3-4 物联网标准研究组织及进展

研究组织	物联网标准研究进展
IEEE 美国电气及电子工程师学会	主要研究物联网的感知层领域。目前无线传感网领域用得比较多的 ZigBee 技术就是基于 IEEE 802.15.4 标准。在 IEEE 802.15 工作组内有 5 个任务组,分别制定适合不同应用的标准。这些标准在传输速率、功耗和支持的服务等方面存在差异。其中中国参与了 IEEE 802.15.4 系列标准的制定工作,并且 IEEE 802.15.4c 和 IEEE 802.15.4e 主要由中国起草
ETSI 欧洲电信标准化协会	采用 M2M 的概念进行总体架构方面的研究,相关工作的进展非常迅速,是在物联网总体架构方面研究得比较深入和系统的标准组织,也是目前在总体架构方面最有影响力的标准组织。其主要研究目标是从端到端的全景角度研究机器对机器通信,并与 ETSI 内 NGN 的研究及 3GPP 已有的研究展开协同工作
ITU-T 国际电信联盟	2005 年开始进行泛在网的研究,研究内容主要集中在泛在网总体框架、标识及应用 3 方面。对于泛在网的研究已经从需求阶段逐渐进入到框架研究阶段,但研究的框架模型还处在高层层面。在标识研究方面和 ISO(国际标准化组织)合作,主推基于对象标识的解析体系;在泛在网应用方面已经逐步展开了对健康和车载方面的研究
3GPP 和 3GPP2 第三代合作伙伴计划	采用 M2M 的概念进行研究。作为移动网络技术的主要标准组织,3GPP 和 3GPP2 关注的重点在于物联网网络能力增强方面,是在网络层方面开展研究的主要标准组织。研究主要从移动网络出发,研究 M2M 应用对网络的影响,包括网络优化技术等。3GPP 对 M2M 的研究在 2009 年开始加速,目前基本完成了需求分析,已转入网络架构和技术框架的研究

研究组织	物联网标准研究进展
WGSN 传感器网络标准工作组	2009 年 9 月成立,主要研究传感器网络层面。其宗旨是促进中国传感器网络的技术研究和产业化的迅速发展,加快开展标准化工作,认真研究国际标准和国际上的先进标准,积极参与国际标准化工作,建立和不断完善传感网标准化体系,进一步提高中国传感网技术水平
CCSA 中国通信标准化协会	2002 年 12 月成立,研究通信网络和应用层面。主要任务是为了更好地开展通信标准研究工作,把通信运营企业、制造企业、研究单位、大学等关心标准的企事业单位组织起来,进行标准的协调、把关。2009 年 11 月,CCSA 新成立了泛在网技术工作委员会(即 TC10),专门从事物联网相关的研究工作

目前,物联网标准工作仍处于起步阶段,各标准工作组比较重视应用方面的标准制定。在智能测量、城市自动化、汽车应用、消费电子应用等领域均有相当数量的标准正在制定中,这说明"物联网是由应用主导"的观点在国际上已经成为共识。

3.6.3 核心技术标准化现状

1. 物品分类与编码标准化

GSI 系统建立了一整套标准的全球统一的编码(标识代码)体系,对物流供应链上的物流参与方、贸易项目、物流单元、物理位置、资产、服务关系等进行编码,为采用高效、可靠、低成本的自动识别和数据采集技术奠定了基础。

为了确保正确而且规范地对产品进行分类,全球数据同步网络 GDSN 运用 GSI 全球产品分类(GPC),这是一个分类体系,它给世界上任何地方的买卖双方提供一种以相同的方式对产品分组的共同语言。GPC 现在支持 36 个类别,拥有更多的种类,提高了全球数据协同网络的数据准确性和集成性,增强了供应链对客户需求快速反应的能力,而且有助于打破语言障碍。GSI 已经建立起 GPC 和联合国标准产品与服务分类 UNSPSC 系统的互操作。用户可以使用一个在线的映射工具在两个系统中轻松匹配分类信息。GPC 是 GSI 系统在 21世纪推出的重大技术标准,是目前全球最完整、最科学、最权威的分类体系。国际上通用的且对经济发展影响较大的物品分类、编码标准还有《产品总分类》《商品名称及编码协调制度》等。

EPC 编码体系是新一代的与 GTIN 兼容的编码标准,它是全球统一标识系统的延伸和扩展,是全球统一标识系统的重要组成部分,是 EPC 系统的核心与关键。当前的 GTIN 编码体系标准在未来将整合到以 EPC 为主导的"网络化实体世界"中。

1) EPC 概述

EPC(Electronic Product Code)称为产品电子代码,又称产品电子编码。1998 年麻省理工学院的两位教授提出以射频识别技术(RFID)为基础,对所有的货品或物品赋予唯一的编号方案(采用数字编码),以此编码对货品或物品进行唯一的标识。通过物联网来实现对物品信息的进一步查询。这一设想催生了 EPC 概念的提出。2003 年 9 月 EAN(国际物品编码协会)和 UCC(美国统一代码协会)联合成立了非营利性组织 EPC Global,将 EPC 纳入全球标识系统,实现了全球统一系统中的 GTIN 编码体系与 EPC 概念的完美结合。利用数字编码,通过一个开放的、全球性的标准体系,借助于低价位的电子标签,经由互联网来实现物品信息的追踪和即时交换处理,在此基础上进一步加强信息的收集、整合和互换,并用于生产和物流决策。

2)EPC 编码原则

(1)编码的唯一性。EPC 码的编码容量非常大,能够为每一个物理对象提供唯一的标识。真正实现"一物一码"。

(2)编码使用的周期性。编码的使用周期和物理对象的生命周期一致,不能重复使用或分配给其他商品。

(3)编码的简单性。编码标准全球协商一致,结构简单,容易使用和维护。

(4)编码的可扩展性。EPC 码有多个版本,留有备用空间,具有可扩展性,可以满足产品种类和数量的增加。

(5)编码的安全性和保密性。EPC 码与加密技术易于结合,利于实现安全的传输、存储和 EPC 系统的大规模应用。

3)EPC 编码体系

EPC 编码体系是新一代的与 GTIN 兼容的编码标准,它是全球统一标识系统的延伸和拓展,是全球统一标识系统的重要组成部分,是 EPC 系统的核心和关键。

EPC 代码是由标头、厂商识别代码、对象分类代码、序列号等数据字段组成的一组数字,具体结构如表 3-5 所示。

表 3-5　EPC 编码结构

标头	厂商识别代码	对象分类代码	序列号
8	28	24	36

4)EPC 系统构成

EPC 系统是一个非常先进的、综合性的复杂系统,其最终目标是为每一单品建立全球的、开放的标识标准。它由全球产品电子代码(EPC)编码体系、射频识别系统及信息网络系统 3 部分组成,主要包括 6 个方面,如表 3-6 所示。

表 3-6　EPC 系统构成

系统构成	名　称	说　明
EPC 编码体系	EPC 代码	用来标识目标的特定代码
射频识别系统	EPC 标签	贴在物品之上或者内嵌在物品之中
	读写器	识读 EPC 标签
信息网络系统	EPC 中间件	EPC 系统的软件支持系统
	对象名称解析服务(ONS)	
	EPC 信息服务(EPC IS)	

5)EPC 系统工作流程

识读器读出产品标签上的 EPC 代码给出信息参考,通过互联网找到 IP 地址并获取该地址关联的物品信息,采用 EPC 中间件处理从识读器读取的一连串 EPC 信息。由于标签上只有一个 EPC 代码,计算机需要知道与之匹配的其他信息,需要 ONS 提供自动网络数据库服务,EPC 中间件将 EPC 传给 ONS,ONS 指示 EPC 中间件到存储产品文件的 EPCIS 服务器中查询,该产品文件可由 EPC 中间件复制,因而文件中的产品信息就能传到各相关应用上,如图 3-5 所示。

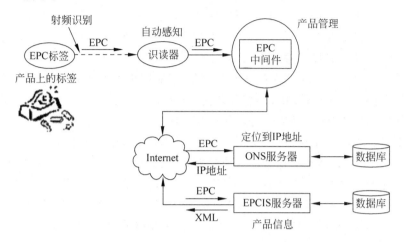

图 3-5　EPC 系统的工作流程示意图

2. 自动识别技术标准化

对于 RFID 技术,由于标准化工作的支离破碎拖延了它的发展。它的标准化聚焦于几个主要方面:RFID 频率和识读器-标签(标签-识读器)通信协议、标签中的数据格式。EPC Global、ETSI 和 ISO 是解决 RFID 系统标准化问题的主要标准化机构。

ETSI 对于 RFID 标准化进程最具影响力的事件无疑是名为"RFID 实施非正式工作组"的正式设立,由利益相关方组成(包括行业、运营商、欧洲标准组织、公民社会组织、数据保护机构)。

ISO 专注于技术问题,如利用的频率、调制方案以及防撞协议,ISO/IEC JTCI SC31 负责自动识别与数据采集标准化工作,主要是 RFID、实时定位、条码、OCR、IEEE 802.15.4 等方面的标准化;SC17 是卡和身份识别分委会,制定了 13.56MHz 非接触集成电路卡标准。

全国信息技术标准化技术委员会成立了电子标签工作组,下设不同的小组,开展标签与读写器、频率与通信、数据格式、信息安全等方面的标准化工作。

3. 传感技术标准化

ISO/IEC 传感器网络工作组(JTC1 WG7)负责开展传感器网络的标准化工作。传感器网络工作组关注的关键技术包括参考架构(技术、运营、系统等)、实体模型及实体定义、实体之间详细的接口定义、应用子集的场景及用例分析、互操作性问题等。

在 ETSI 内部,为了开展与机器到机器系统以及传感器网络有关的标准化活动,成立了机器到机器(M2M)技术委员会,委员会的目标包括:M2M 端到端结构的开发和维护,强化有关 M2M 的标准化工作,包括传感器网络集成、命名、寻址、定位、服务质量、安全、充电、经营管理、应用和硬件接口。组建了低功率无线个人局域网(LoWPAN)之上的下一代互联网技术(IPv6)IETF 小组。6LoWPAN 正在定义一组能够用于把传感器节点集成到下一代互联网技术网络的协议。

IETF 工作组叫作低功耗及有损网络路由(ROLL)小组,提出 RPL 路由协议草案,是包括 6LoWPAN 在内的低功耗及有损网络路由的基础。

ITU SGII 组成立有专门的 Question 12"NID 和 USN 测试规范",主要研究 NID 和 USN 的测试架构,HIRP 测试规范以及 X. oid-res 测试规范;SG13 主要从 NGN 角度展开泛在网相关研究;基于 NGN 的泛在网络/泛在传感器网络需求及架构研究、支持标签应用的需求和架构研究、身份管理(IDM)相关研究;SG16 组成立专门的 Question 展开泛在网应用相关的研究,集中在业务和应用、标识解析方面。

IEEE 在这方面的工作包括:IEEE 1451"Smart Transducer Interface for Sensors And Actuators"小组,它是智能传感器接口模块标准簇,它提供了将传感器和变送器连接到网络的接口标准,主要用于实现传感器的网络化;针对传感器、控制器等成立的 IEEE 1888 "Ubiquitous Green Community Control Network Protocol"工作组,是物联网领域首个由中国企业发起和成立的国际标准,主要研究对下一代互联网和传感器技术,特别是 IPv6 和无线传感器技术的利用。

CCSA TC3"网络与交换组"开展了泛在网的需求和架构、M2M 业务相关标准工作;TC5"无线通信技术委员会"开展了 WSN 与电信网结合的总体技术要求、TD 网关设备要求相关的标准工作;TCS"网络与信息安全工作委员会"开展了机器类通信安全相关的标准工作;TC10 是泛在网技术工作委员会,包括总体工作组、应用工作组、网络工作组、感知延伸工作组,专门研究泛在网相关标准工作。

WGSN 关注的关键技术包括数据采集、传输和组网、网络融合、协同信息处理、信息资源和服务描述处理、数据管理、安全技术。WGSN 目前还代表中国积极参加 ISO、IEEE 等国际标准组织的标准制定工作。具体分工如下:PG2 工作组负责传感器网络的总则和术语标准化;PG3 工作组负责传感器网络的通信与信息交互标准化;PG4 工作组负责传感器网络的接口标准化;PG5 工作组负责传感器网络标识标准化;PG6 工作组负责传感器网络安全标准化;HPG1 工作组负责机场围界传感器网络防入侵系统技术要求;HPG2 工作组负责面向大型建筑节能监控的传感器网络系统技术要求;PG9 工作组负责传感器网络网关技术要求标准化,等等。

4. 其他已有标准

ETSI M2M TC 负责统筹 M2M 研究,旨在制定一个水平化的、不针对特定 M2M 应用的端到端解决方案的标准。具体内容如下:TS 102 690"M2M Functional Architecture"描述 M2M 的功能架构;TR 102 725"M2M Definitions"对 M2M 的术语进行定义;TS 102 921"M2M mia-dia and mid interfaces"主要完成协议/API、数据模型和编码等工作;TS 102 689"M2M Service Requirements"定义支持 M2M 通信业务所需的能力,描述端到端的系统需求;TR 103 167"Threat analysis and counter measures to M2M service layer"分析 M2M 业务层安全威胁,并提出业务层安全需求及对策;TR 101 531"Reuse of Core Network Functionality by M2M Service Capabilities"研究核心网功能在支撑 M2M 业务中的重用,等等。

3GPP 针对 M2M 的研究主要从移动网络出发,研究 M2M 应用对网络的影响,包括网络优化技术等。只讨论移动网的 M2M 通信;只定义 M2M 业务,不具体定义特殊的 M2M 应用;只讨论无线侧和网络侧的改进。3GPP 重点研究的支持 MTC 通信网络优化技术包括体系架构、拥塞和过载控制、标识和寻址、签约控制、时间控制特性、MTC 监控、安全。具体内容如下:GERAN "FS_NIMTC_GERAN"研究 GERAN 系统针对机器类型通信的增强;RAN "FS_NIMTC_RAN"研究支持机器类型通信对 3G 的无线网络和 LTE 无线网络的增强要求;SA"NIMTC_SA1"负责机器类型通信业务需求方面的研究;"FS_ AMTC-SA1"支持机器类型通信的增强研究;"FS AMTC_SA1"研究寻找 E. 164 的替代,用于标识机器类型终端以及终端之间的路由消息;"SIMTC-SA1"支持机器类型通信的系统增强研究,研究 R10 阶段 NIMTC 的解决方案的增强型版本;"NIMTC-SA2"负责支持机器类型通信的移动核心网络体系结构和优化技术的研究;"NIMTC-SA3"负责安全性相关研究。CT "NIMTC-TC1"重点研究 CT1 系统针对机器类型通信的增强;NIMTC-TC3 重点研究 CT3 系统针对机器类型通信的增强;NIMTC-TC4 重点研究 CT4 系统针对机器类型通信的增强,等等。

IEEE 802.11"Wireless Local Area Networks"小组,是 IEEE 最初制定的一个无线局域网标准,主要用于解决办公室局域网和校园网中,用户与用户终端的无线接入问题;IEEE 802.15 专门从事 WPAN 标准化工作,它的任务是开发一套适用于短程无线通信的标准,通常称为无线个人局域网。其中 IEEE 802.15.1 标准是蓝牙无线通信标准;IEEE 802.15.2 标准研究 IEEE 802.15.1 标准与 IEEE 802.11 标准的共存;IEEE 802.15.3 标准研究超宽带(UWB)标准;IEEE 802.15.4 标准研究低速无线个人局域网(WPAN);IEEE 802.15.5 标准研究无线个人局域网(WPAN)的无线网状网(MESH)组网。ZigBee 定义了基于 IEEE 802.15.4 的网络层和应用层规范,ZigBee 协议栈规范有 ZigBee 1.0(或 ZigBee 2004)规范、ZigBee 2006 规范、ZigBee 功能命令集等。

阅读文章 3-1

区块链技术应用

区块链最早作为比特币的底层"账本"记录技术,起源于 2009 年。经过几年的发展和改进,逐渐成为了一种新型的分布式、去中心化、去信任化的技术方案。特别是近两年以来,区块链已逐步脱离比特币,独立地成为技术创新的热点,开创了一种新的数据分布式存储技术,引导了系统与程序设计理念的变化,并可能颠覆现在商业社会的组织模式,其应用受到了越来越多的关注。

一、概述

2008 年一位化名为"中本聪"的研究者(或研究团体)在 Cryptography 邮件列表中发表了比特币规范及其概念证明以来,区块链作为比特币交易系统中最核心的技术受到了越来越广泛的重视。

比特币狭义上可以理解为一种全新的数字货币,广义上则被认为是一种去中心化的数字货币支付系统。"中本聪"发明并采用了一种名为区块链的技术方案来记录和维护比特币的交易账本。比特币的区块链技术革命性地解决了"拜占庭将军问题",具有不可更改、不可伪造、完全可追溯的安全特性,实现了一种无信任的共识网络系统。这种无须信任某个中心节点的共识网络系统,从根本上与当今人类社会和互联网络系统的组织结构不同,是一种更贴近自然界与人性的组织结构。越来越多的科技巨头、研究机构和技术团体已认识到区块链技术的颠覆性,并参与到区块链的研究中。

二、区块链技术的应用

区块链虽因数字货币而生,但因其实现了去中心化的共识,同时具有优异的安全特性,有着非常广泛的应用前景,如表 3-7 所示,可以说,涉及记"账"、分"账"、转"账"的各个方面都可以使用区块链实现。这里所说的"账"并不只是单一的"账单",而可以理解为用于某种事实证明的数据。

表 3-7　区块链应用场景

分　类	实　例
金融保险	股票交易、股权管理、债券、集资、跨机构清算/结算、基金保管、保险证明等
产权证明	实物产权(如房产证明、车辆登记、租赁等)、无形资产(例如专利、商标等)
身份验证	身份证明、护照、电子签名等
社会生活	公证证明、遗嘱、彩票、投票等
其他	分布式数据库、物联网、自治组织、物品溯源等

三、区块链的优势与不足

区块链具有去中心化、去信任化、数据防篡改的优势,在匿名的同时又具有数据透明的特点,但并不意味着区块链技术不存在局限性。例如,区块容量限制、确认时间长、基于工作量证明的共识机制能耗大等问题,限制了其在商业上的大规模应用。同时,其数据透明性造成的隐私泄露、如何与现有系统平滑接轨、法律及监管等问题,还需要不断地研究和解决,如同任何新技术一样,区块链技术的突破,还需要较长时间的积累。

阅读文章 3-2

物联网的三维体系结构

摘自:沈苏彬等的《物联网概念模型与体系结构》

比较具有代表性的物联网体系结构有:得到欧美支持的 EPC Global 物联网体系结构和日本的 Ubiquitous ID(UID)物联网系统体系结构,我国学者沈苏彬等从物联网系统功能角度提出了物联网三维体系结构。

1. 三维体系结构概念

物联网体系结构与传统网络体系结构不同,不能简单采用分层网络体系结构描述。物联网系统本身是由三个维度构成的一个系统,如图 3-6 所示,这三个维度是信息物品、自主网络、智能应用。自主网络表示这类网络具有自配置、自愈合、自优化、自保护能力,智能应用表示这类应用具有智能控制和处理能力,信息物品表示这些物品是可以标识或感知其自身信息的。

2. 三类功能部件的关系

物联网的三个功能维度就是物联网系统的三类组成部件,这些组成部件通过具体的物联网系统相互关联,例如通过智能交通系统或者智能电网可以关联这三类组成部件,这样整个物联网的体系结构实际上构成了一个立体的结构,如图 3-7 所示。三类物联网组成部件

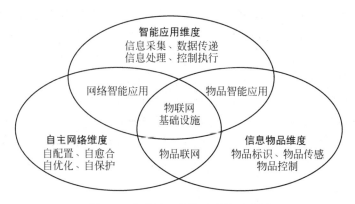

图 3-6　物联网三维体系结构示意图

采用三个立柱表示,三个立柱的每个水平层面代表了一个具体的物联网系统,三个立柱重叠的公共部分就是贯通各个具体物联网系统的物联网基础设施。图 3-8 表示了智能交通系统的层面和智能电网的层面,这两个系统都是具体的物联网系统,各自具有信息物品、自主网络与智能应用三个维度的组成部件。

图 3-7　物联网与具体物联网系统

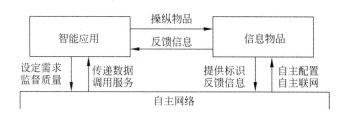

图 3-8　物联网三类功能部件的交互关系

从以上对物联网体系结构组成的三类功能部件的相互之间关系可以看出,物联网体系结构具有如下特征:物品可标识、应用智能化、网络自主化。

3. 物联网基础设施类技术

利用前面提出的物联网体系结构,可以研究物联网基础设施类技术,它属于物联网的核心技术,是各类具体物联网系统的支撑系统,可以构成物联网的标准技术架构。

物联网基础设施类技术目前是物联网研究中尚未开垦的处女地,这方面存在诸多的理论问题和技术难点。物联网基础设施类技术包括:

(1)物品的统一标识和标准网络接入技术,包括全球统一的、面向各个应用领域的、物品统一标识技术以及标准的网络接入技术,信息物品是这类技术的主要载体,标准的网络接入技术需要依赖于自主网络。

(2) 物理化网络系统技术,包括支持现实世界空间坐标系的网络接入和网络互联技术,支持现实世界统一时间体系的网络操作技术等,自主网络是这类技术的主要载体。

(3) 自主网络技术,包括网络系统的自配置、自愈合、自优化和自保护的技术,自主网络是这类技术的主要载体。

(4) 网络化物理系统技术,包括联网嵌入式软件的实时处理技术、可靠处理技术,这类技术的载体是智能应用,属于智能应用的物理装置端技术。

(5) 网络数据融合和决策技术,包括网络环境下多种数据的融合,多类数据的实时挖掘和实时决策技术,这类技术的载体是智能应用,属于智能应用的网络侧技术。

3.7　练习

1. 名词解释

蓝牙　ZigBee　EPC

2. 填空

(1) 物联网打破了_____限制,实现了_____之间按需进行信息获取、传递、存储、融合、使用等服务的网络。

(2) 物联网系统公认有 3 个层次:_____、_____和_____。

(3) 物联网的技术体系框架包括_____、_____、_____、_____。

(4) 物联网的智能物体具有感知、通信与计算能力,物联网中任何一个合法的用户(人或物)可以在任何_____、任何_____与任何一个_____通信,交换和共享信息协同完成特定的服务功能。

(5) 物联网网络层可分为_____网、_____网和_____网 3 部分。

3. 简答

(1) 简述物联网中"物"的含义。

(2) 简述感知层的功能及关键技术。

(3) 简述物联网的应用层为用户提供的丰富特定服务。

(4) 物联网领域主要的国际标准组织有哪些?

(5) EPC 的编码原则有哪些?

4. 思考

(1) 教材中短距离无线通信技术,在感知层和网络层都有提到,那么 ZigBee、蓝牙技术应该归为感知层还是网络层? 请查阅相关文献资料,谈谈你的看法。

(2) 为什么要制定物联网标准? 请阐述其对物联网发展的意义。

第 4 章
CHAPTER 4

自动识别技术

内容提要

自动识别技术是将信息数据自动识别与自动输入计算机的重要方法和手段。在物联网中,自动识别系统可以对物品进行标识和自动识别,并能够将数据实时更新,是物联网的基础。本章主要介绍自动识别技术的背景和基本概念、条码识别技术、射频识别技术、卡类识别技术、机器视觉识别技术和生物特征识别技术等。

学习目标和重点

- 了解自动识别技术的含义;
- 了解自动识别技术的分类方法;
- 理解卡类识别技术的分类及应用;
- 理解机器视觉识别的典型结构及应用;
- 理解生物特征识别的常用技术;
- 理解射频识别技术的组成与原理;
- 掌握一维条码和二维条码的区别;
- 掌握 RFID 射频识别系统及应用。

引入案例

车牌识别＋微信支付

车牌识别技术已经成为车辆身份识别的主要手段,过往车辆通过道口时无须停车,即能够实现车辆身份自动识别。在停车场管理中,为提高出入口车辆通行效率,建设无人值守的快速通道,车牌识别系统搭配上微信支付,正改变出入停车场的管理模式。

车牌识别技术要求将运动中的汽车牌照从复杂背景中提取并识别出来,通过车牌提取、图像预处理、特征提取、车牌字符识别等技术,识别车辆牌号、颜色等信息,目前最新的技术水平为字母和数字的识别率可达到 99.7%,汉字的识别率可达到 99%。

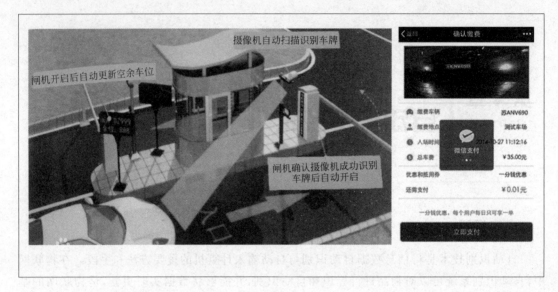

在经济全球化、贸易国际化、信息网络化的推动下,在现代高效快捷的社会生活里,自动识别技术与每个人的联系日益紧密,无论是到超市采购商品、乘坐公交车刷卡,还是你所使用的银行卡以及身份证,都有自动识别技术的应用,这项技术已经渗透到现代社会生活的各个领域,如商业流通、物流、邮政、交通运输、医疗卫生、航空、图书管理、电子商务、电子政务等。自动识别技术已经成为物联网的主要支撑技术之一。

4.1 自动识别技术概述

自动识别技术是信息数据自动识读、自动输入计算机的重要方法和手段,它是以计算机技术和通信技术的发展为基础的综合性科学技术。近几十年在全球范围内得到了迅猛发展,初步形成了一个包括条码技术、磁条(卡)技术、光学字符识别、系统集成化、射频技术、声音识别及视觉识别等集计算机、光、机电、通信技术于一体的高新技术学科,如图 4-1 所示为各类自动识别技术。自动识别是将信息编码进行定义、代码化,并装载于相关载体中,借助特殊的设备,实现定义信息的自动识别、采集,并输入信息处理系统的过程。

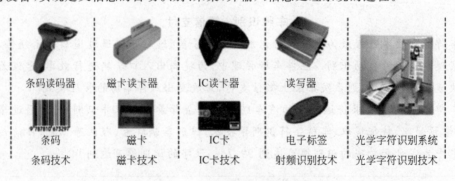

图 4-1 各类自动识别技术

4.1.1　自动识别技术的发展背景

在现实生活中,各种各样的活动或者事件都会产生这样或者那样的数据,这些数据包括人的、物质的、财务的,也包括采购的、生产的和销售的,这些数据的采集与分析对于我们的生产或者生活决策来讲是十分重要的。

在计算机信息处理系统中,数据的采集是信息系统的基础,这些数据通过数据系统的分析和过滤,最终成为影响我们决策的信息。

在信息系统早期,相当部分数据的处理都是通过人手工录入,不仅数据量庞大,劳动强度大,而且耗时长,从而失去了实时的意义,并且数据误码率较高。为了解决这些问题,人们研究和发展了各种各样的自动识别技术,将人们从繁重的手工劳动中解放出来,提高了系统信息的实时性和准确性,从而为生产的实时调整、财务的及时总结以及决策的正确制定提供正确的参考依据。

自动识别技术在国民经济发展过程中的应用将成为我国信息产业的一个重要的有机组成部分,具有广阔的发展前景。

4.1.2　自动识别技术的基本概念

1. 识别

识别是人类参与社会活动的基本要求。人们认识和了解事物的特征及信息就是一种识别,为有差异的事物命名是一种识别,为便于管理而为一个单位的每一个人或一个包装箱内部的每一件物品进行编码也是一种识别。因此,识别是一个集定义、过程与结果于一体的概念。

2. 自动识别技术

自动识别(Automatic Identification,Auto-ID)技术是指通过非人工手段获取被识别对象所包含的标识信息或特征信息,并且不使用键盘即可实现数据实时输入计算机或其他微处理器控制设备的技术。它是信息数据自动识读、自动输入计算机的重要方法和手段,是一种高度自动化的信息或者数据采集技术。

3. 自动识别技术的特点

(1) 准确性:自动数据采集,彻底消除人为错误。
(2) 高效性:信息交换实时进行。
(3) 兼容性:自动识别技术以计算机技术为基础,可与信息管理系统无缝连接。

4.1.3　自动识别技术分类

1. 按照国际自动识别技术的分类

自动识别技术根据识别对象的特征、识别原理和方式分为两大类:数据采集技术和特征提取技术,这两大类的基本功能都是完成物品的自动识别和数据的自动采集,具体情况如表 4-1 所示。

表 4-1   自动识别技术分类

大　　类	小　　类	基 本 特 征
数据采集技术	光存储器	需要被识别物体具有特定的识别特征载体(如标签等,仅光学字符识别例外)
	磁存储器	
	电存储器	
特征提取技术	静态特征	根据被识别物体本身的行为特征来完成数据的自动采集
	动态特征	
	属性特征	

2. 按照具体应用的分类标准

自动识别技术可分为条码识别技术、射频识别技术、卡类识别技术、机器视觉识别技术、生物特征识别技术等。4.2~4.6 节将分别详细讲解。

4.1.4   自动识别技术的一般性原理

自动识别系统是一个以信息处理为主的技术系统,它是传感器技术、计算机技术、通信技术综合应用的一个系统,它的输入端是被识别信息,输出端是已识别信息。

自动识别系统中的信息处理是指为达到快速应用目的而对信息所进行的变换和加工。抽象概括自动识别技术系统的工作过程如图 4-2 所示。

被识别信息 → 获取信息 → 信息处理 → 识别信息 → 已识别信息

图 4-2   自动识别技术信息处理系统的模型框图

4.1.5   自动识别技术的发展现状

20 世纪 50 年代,伴随着雷达技术的研究和应用不断深入,射频识别技术应运而生,为自动识别技术的研究和发展奠定了理论基础。经过十多年的实验研究探索阶段,到 20 世纪 70、80 年代,自动识别技术与产品研发如火如荼,加速了自动识别技术的测试,并相继进入商业应用阶段。但由于自动识别技术标准混乱,一直无法大规模生产。直到 2000 年,随着自动识别产品种类的增加,标准化问题逐渐引起了业界的关注,有源电子标签、无源电子标签及半无源电子标签均得到发展,标签成本不断降低,规模应用行业扩大,自动识别技术才得以广泛应用,真正走进千家万户。

目前,世界上从事自动识别技术及其系列产品的开发、生产和经营的厂商多达一万多家,开发经营的产品可达数万种,成为具有相当规模的高新技术产业。

【知识链接 4-1】

自动识别技术标准化工作近况

标准化工作是未来产业发展的重要基础之一。而技术层面的标准化占据其首要位置，为产品的开发提供了重要的支持；产品的标准化在应用层面提供了支撑。技术层面、产品层面和应用层面的标准化是一个塔形结构，技术层面的标准化位于最高端，应用层面的标准化与具体的应用相关联，具有众多的标准化需求。目前，企业的需求成为标准制定的重要动力，在全球范围内，已经形成标准化组织与企业共同制定相关技术标准的格局。

4.2　条码识别技术

4.2.1　条码识别技术概述

条码技术起源于 20 世纪 20 年代，是迄今为止最经济、实用的一种自动识别技术，它通过条码符号保存相关数据，并通过条码识读设备实现数据的自动采集。通常用来对物品进行标识，就是首先给某一物品分配一个代码，然后以条形码的形式将这个代码表示出来，并且标识在物品上，以便识读设备通过扫描识读条形码符号对该物品进行识别，是广泛用于商业、邮政、图书管理、仓储、工业生产过程控制、交通等领域的一种自动识别技术，具有输入速度快、准确度高、成本低、可靠性强等优点，在当今的自动识别技术中占有重要的地位。

所谓条码，是由一组规则排列的条、空以及对应的字符组成的标记，"条"指对光线反射率较低的部分，"空"指对光线反射率较高的部分，这些条和空组成的数据表达一定的信息，并能够用特定的设备识读获取条码信息，转换成与计算机兼容的二进制和十进制信息。

1. 条码的编码

条码是利用"条"和"空"构成二进制的 0 和 1，并以它们的组合来表示某个数字或字符，以反映某种信息的。不同码制的条码在编码方式上有所不同，一般有以下两种不同的编码方式。

1) 宽度调节编码法

宽度调节编码法，即条码符号中的条和空由宽、窄两种单元组成的条码编码方法。按照这种方式编码时，是以窄单元(条或空)表示逻辑值 0，宽单元(条或空)表示逻辑值 1，其中，宽单元通常是窄单元的 2~3 倍，如图 4-3 所示。

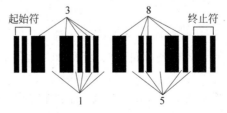

图 4-3　宽度调节法条码符号结构

2）模块组配编码法

模块组配编码法,即条码符号的字符由规定的若干个模块组成的条码编码方法。按照这种方式编码,条与空是由模块组合而成的,一个模块宽度的"条"模块,表示二进制的 1；而一个模块宽度的"空"模块,表示二进制的 0,如图 4-4 所示。

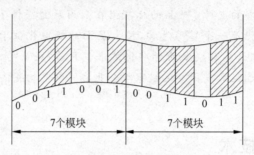

图 4-4　模块组配法条码符号结构

2. 条码的符号结构

条码符号通常由左侧空白区、起始字符、数据字符、中间分隔符、校验字符、终止字符、右侧空白区条码部分及供人识读字符等组成,如图 4-5 所示。

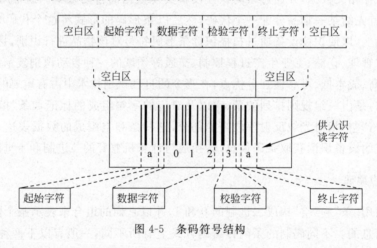

图 4-5　条码符号结构

（1）左侧空白区：位于条码左侧无任何符号的空白区域,主要用于提示扫描器准备开始扫描。

（2）起始字符：条码字符的第一位字符,用于标识一个条码符号的开始,扫描器确认此字符存在后,开始处理扫描脉冲。

（3）数据字符：位于起始字符右侧,用来标识一个条码符号的具体数值,允许双向扫描。

（4）检验字符：用来判断此次扫描是否有效的字符,通常是一种算法运算的结果。扫描器读入条码进行解码时,对读入的各字符进行运算,如果运算结果与检验码相同,则判断此次识读有效。

（5）终止字符：位于条码符号右侧,表示信息结束的特殊符号。

（6）右侧空白区：在终止字符之外的无印刷符号的空白区域。

3. 条码识别技术的优点

条码中的"条"和"空"可以有各种不同的组合方法,构成不同的图形符号,即各种符号体系,也称码制,适用于不同的应用场合。条码具有许多优点,如表 4-2 所示。

表 4-2　条码识别技术的优点

优　点	说　明
信息采集速度快	与键盘相比,条码输入的速度是键盘输入的 5 倍以上,并能实现"即时数据输入"
可靠性高	键盘输入数据的出错率为 1/300,利用光学字符识别技术的出错率为 1/10 000,而采用条码技术的误码率低于 1/1 000 000
采集信息量大	一维条码一次可采集几十位字符的信息,二维条码可以携带数千个字符的信息,并具有一定的自动纠错能力
灵活实用	条码识别既可以作为一种识别手段单独使用,也可以和有关识别设备组成一个系统来实现自动化识别,还可以和其他控制设备连接起来实现自动化管理。同时,在没有自动识别设备时,也可实现手工键盘输入
简单	条码制作容易,条码符号识别设备操作容易,无须专门训练
成本低	与其他自动化识别技术相比较,一个条码符号成本通常在几分钱之内,大批量印刷就更加经济,其识别符号成本及设备成本都非常低

【知识链接 4-2】

条码的印刷

条形码的印刷与一般图文印刷的区别在于,其印刷必须符合条码国家标准中有关光学特性和尺寸精度的要求,这样才能使条码符号被正确地识别。条码印刷一般分为现场印刷和非现场印刷两种。

(1) 现场印刷。由专用设备在需要使用条码标识的地方,即时生成所需的条码标识,一般采用图文打印机和专用条码打印机。现场印刷适合于印刷数量少、标识种类多或应急用的条码标识,如超市生鲜称重后的条码标签采用的就是现场打印的方式。

(2) 非现场印刷。主要是在专业印刷厂进行的,预先印刷好条码标识以供企业使用,成本较低、印刷质量可靠,被大多数企业采用。非现场印刷主要用于大批量使用、代码结构稳定、标识相同或标记变化有规律(如序列流水号等)条码标识的印刷。

4.2.2　一维条码

一维条码信息容量很小,使用过程中仅作为识别信息,描述商品信息只能依赖于后台数据库的支持,需要预先建立数据库,通过在计算机系统的数据库中提取相应的信息实现。

一维条码广泛应用于工业、商业、国防、交通运输、金融、医疗卫生、邮电及办公自动化等领域。按其应用可分为物流条码和商品条码,物流条码包括 25 码、交叉 25 码、39 码、库德巴码等;商品条码包括 EAN 码和 UPC 码。

1. 25 码

25 码是一种只有条表示信息的非连续型条码,每一个条码字符由规则排列的 5 个条组成,其中有 2 个条为宽单元,其余的条和空,以及字符间隔是窄单元,故称为"25 码"。主要用于包装、运输和国际航空系统为机票进行顺序编号等。

25 码的字符集为数字字符 0～9。25 条码由左侧空白区、起始字符、数据字符、终止字符及右侧空白区构成。空不表示信息,宽条的条单元表示二进制的 1,窄条的条单元表示二进制的 0,起始字符用二进制 110 表示(2 个宽条和 1 个窄条),终止字符用二进制 101 表示(中间是窄条,两边是宽条),如图 4-6 所示。

2. 交叉 25 码

交叉 25 码是在 25 码的基础上发展起来的,由美国的 Intermec 公司于 1972 年发明。交叉 25 码弥补了 25 码的许多不足之处,不仅增大了信息容量,而且由于自身具有的校验功能,还提高了可靠性。起初广泛应用于运输、仓储、工业生产线、图书情报等领域的自动识别管理。

交叉 25 码的字符集为数字 0～9,是一种条、空均表示信息的连续性、非定长、可自校验的双向条码。每个条码数据符由 5 个单元组成:2 个宽单元,其余为窄单元。条码符号从左到右,奇数位条码数据符用条组成,偶数位字符由空组成,组成条码字符个数为偶数,当要表示的字符个数为奇数时,应在字符串左端加 0,起始字符为"两窄条两窄空",终止字符为"宽条窄空窄条",如图 4-7 所示。

图 4-6　25 码　　　　　　　　　　　　图 4-7　交叉 25 码

3. 39 码

39 码是 1975 年由美国 Intermec 公司研制的一种条码,它能够对数字、英文字母及其他字符等 44 个字符进行编码。由于具有自检功能,使得 39 码具有误读率低等优点,39 码首先在美国国防部得到应用,广泛应用在汽车、材料管理、经济管理、医疗卫生和邮政、储运等领域。

39 码是一种条、空均表示信息的非连续性、非定长、可自校验的双向条码。39 码的每 1 个条码字符由 9 个单元组成(5 个条单元和 4 个空单元),其中 3 个单元是宽单元(用二进制 1 表示),其余是窄单元(用二进制 0 表示),故称为"39 码",如图 4-8 所示。

4. 库德巴码

库德巴码是于 1972 年研制出来的,广泛地应用于医疗卫生和图书馆行业,也用于邮政快件上。美国输血协会将库德巴码规定为血袋标识的代码,以确保操作准确,保护人类生命的安全。

库德巴码是一种条、空均表示信息的非连续性、非定长、可自校验的双向条码。由左侧空白区域、起始字符、数据字符、终止字符及右侧空白区构成。它的每一个字符由 7 个单元组成(4 个条单元和 3 个空单元),其中 2 或 3 个是宽单元(用二进制 1 表示),其余是窄单元(用二进制 0 表示)。起始符和终止符只能是 ABCD 中的任何一个,数据的中间不能出现英文字母,如图 4-9 所示。

图 4-8 39 码

图 4-9 库德巴码

5. EAN/UCC-13 码

商品标识代码是由国际物品编码协会(EAN)和美国统一代码委员会(UCC)规定的、用于标识商品的一组数字。EAN/UCC-13 码的标准码共 13 位数,由"国家代码""厂商代码""产品代码"以及"校正码"组成,具体结构说明见表 4-3 和表 4-4。EAN/UCC-13 码主要应用于超级市场和其他零售业。

表 4-3 EAN/UCC-13 码的结构

结构种类	厂商识别代码	商品项目代码	校正码
结构一	X13X12X11X10X9X8X7	X6X5X4X3X2	X1
结构二	X13X12X11X10X9X8X7X6	X5X4X3X2	X1
结构三	X13X12X11X10X9X8X7X6X5	X4X3X2	X1

表 4-4 EAN/UCC-13 码的结构说明

名称	描 述	备 注
国家代码 (前缀码)	由 2 或 3 位数字(X13X12 或 X13X12X11)组成	EAN 已经将 690~695 分配给中国使用
厂商代码	由 7~9 位数字组成	由中国物品编码中心负责分配和管理,统一分配、注册,因此,编码中心有责任确保每个厂商的识别代码在全球范围内是唯一的
产品代码	由 3~5 位数字组成	由厂商负责编制,如:3 位数字组成的商品项目代码有 000~999,共有 1000 个编码容量,可标识 1000 种商品
校正码 (校验位)	根据编码规则计算得出	

4.2.3 二维条码

二维条码是用某种特定的几何图形按一定规律在平面(二维方向)分布的黑白相同的图形记录数据符号信息的;在代码编制上巧妙地利用构成计算机内部逻辑基础的 0、1 比特流的概念,使用若干个与二进制相对应的几何形体来表示文字数值信息,通过图像输入设备或光电扫描设备自动识读以实现信息自动处理。它具有条码技术的一些共性——每种码制有其特定的字符集,每个字符占有一定的宽度,具有一定的校验功能,对不同行的信息自动识别,处理图形旋转变化等。

1. 二维码的码制

二维条码有许多不同的编码方法,或称码制。根据码制的编码原理,通常可以分为 3 种类型,如表 4-5 所示。

表 4-5 二维码分类

类 别	描 述	典型码制
线性堆叠式二维码	在一维条码编码原理的基础上,将多个一维码在纵向堆叠而产生	Code 16K 码、Code 49 码、PDF417 码、Stacked 码等
矩阵式二维码	在一个矩形空间通过黑、白像素在矩阵中的不同分布进行编码,矩阵代码标签可以做得很小,甚至可以做成硅晶片的标签,因此适用于小物件	Aztec、Maxi 码、QR 码、DM 码等
邮政编码	通过不同长度的条进行编码,主要用于邮件编码,属于专用领域	Postnet、BPO 4-State

2. 世界各国二维码的技术选择

目前全球一维码、二维码超过 250 种,其中常见的有 20 余种。目前国内二维码产品大多源自于国外的技术,如美国的 PDF417 码、日本的 QR 码、韩国的 DM 码,我国自行研发的有 GM 码和 CM 码,如图 4-10 所示。

DM码 　　 Maxi码 　　 AZtec码 　　 QR码 　　 Vericode

PDF417码 　　 Ultracode 　　 Code 49 　　 Code 16K

图 4-10　常见的几种二维条码

(1) 美国——以 PDF417 码为主。全称为 Portable Data File,意为"便携数据文件",PDF 码是美国讯宝科技公司(Symbo)研发并推广的堆叠式二维码标准。

(2) 日本——以 QR 码为主。全称为 Quick Response Code,意思是快速响应码。QR 码是日本 Denso 公司于 1994 年 9 月研制的一种矩阵二维码符号,是日本主流的手机二维码技术标准,除可表示日语中假名和 ASCII 码字符集外,还可高效地表示汉字。由于该码的发明企业放弃其专利权而供任何人或机构任意使用,现已成为全球使用面最广的一种二维码。

(3)韩国——以 DM 码为主。全称为 Data Matrix,即数据矩阵之意。DM 采用了复杂的纠错码技术,使得该编码具有超强的抗污染能力。DM 码由于其优秀的纠错能力成为韩国手机二维码的主流技术。

(4)中国——GM 和 CM。GM 和 CM 二维条形码标准由原中国信息产业部于 2006 年5 月作为行业推荐标准发布。

GM 码为网格矩阵码(Grid Matrix Code)是一种正方形的二维码码制,网格码可以编码存储一定量的数据并提供 5 个用户可选的纠错等级,如图 4-11 所示。

CM 码为紧密矩阵(Compact Matrix)码。码图采用齿孔定位技术和图像分段技术,通过分析齿孔定位信息和分段信息可快速完成二维条形码图像的识别和处理,如图 4-11所示。

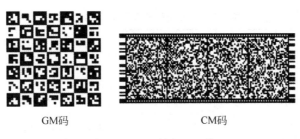

GM 码　　　　　　　　CM 码

图 4-11　GM 码和 CM 码

3. QR 码的基本结构

QR 码的解码速度快,其基本结构如图 4-12 所示。

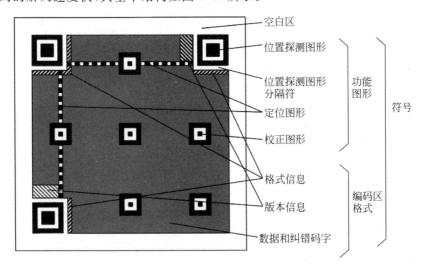

图 4-12　QR 码的基本结构

(1)位置探测图形、位置探测图形分隔符、定位图形:用于对二维码的定位,对每个 QR码来说,位置都是固定存在的,只是大小规格会有所差异。

(2) 校正图形：规格确定，校正图形的数量和位置也就确定了。

(3) 格式信息：表示该二维码的纠错级别，分为 L、M、Q、H。

(4) 版本信息：即二维码的规格，QR 码符号共有 40 种规格的矩阵(一般为黑白色)，从 21×21(版本 1)，到 177×177(版本 40)，每一版本符号比前一版本每边增加 4 个模块。

(5) 数据和纠错码字：实际保存的二维码信息和纠错码字(用于修正二维码损坏带来的错误)。

4.2.4 一维条码和二维条码的比较

一维条码和二维条码的原理都是用符号来携带资料，完成资料的自动辨识；但是从应用的观点来看，一维条码偏重于"标识"商品，二维条码偏重于"描述"商品，对二者从多方面进行比较，如表 4-6 所示。

表 4-6 一维条码和二维条码的比较

项目	一维条形码	二维条形码
外观	由纵向黑条和白条组成，黑白相间，且条纹的粗细也不同，通常条纹下还会有英文字母或阿拉伯数字	通常为方形结构，不单由横向和纵向的条码组成，而且码区内还会有多边形的图案，纹理为黑白相间，粗细不同，二维条码是点阵形式
作用	可以识别商品的基本信息，例如商品代码、价格等，但不能提供更详细的信息，如果要调用更多的信息，需要计算机数据库的进一步配合	不但具备识别功能，而且可显示更详细的商品内容(例如一件衣服的二维条码，不但可以显示衣服的名称和价格，还可以显示采用材料、每种材料的百分比、衣服尺寸大小及一些洗涤注意事项等)，无须计算机数据库的配合，简单方便
优缺点	技术成熟，使用广泛，信息量少，只支持英文或数字；设备成本低廉，需与计算机数据库结合	点阵图形，信息密度高，数据量大，具备纠错能力。编码有专利权、需支付费用；生成后不可更改，安全性高；支持多种文字，包括英文、中文、数字等
容量	密度低，容量小	密度高，容量大
纠错能力	可以通过检验码进行错误侦测，但没有错误纠正能力	有错误检验及错误纠正能力，并可根据实际应用来设置不同的安全等级
方向性	不储存资料，垂直方向的高度是为了识读方便，并弥补印刷缺陷或局部损坏	携带资料，对印刷缺陷或局部损坏等问题可以通过错误纠正机制来恢复资料
用途	主要用于对物品的标识	用于对物品的描述
依赖性	多数场合须依赖资料库及通信网络的存在	可不依赖资料库及通信网络的存在而单独应用
识读设备	用线性扫描器识读，如光笔、线性 CCD、激光枪等	对于堆叠式可用线性扫描器的多次扫描来识读，或可用图像扫描仪识读。矩阵式仅能用图像扫描仪识读

4.2.5 条码的识读

条码符号是图形化的编码符号,对条码符号的识读就是要借助一定的专用设备,将条码符号中含有的编码信息转换成计算机可识读的数字信息。

1. 条码识读系统

条码识读系统是条码系统的组成部分,它由扫描系统、信号整形系统、译码系统 3 部分组成,如图 4-13 所示。

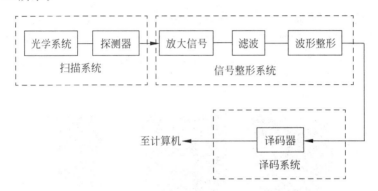

图 4-13　条码识读系统

(1) 光学系统:产生并发出一个光点,在条码表面扫描,同时接收反射回来(有强弱、时间长短之分)的光。

(2) 探测器:将接收到的信号不失真地转换成电信号(完全不失真是不可能的)。

(3) 整形电路:将电信号放大、滤波、整形,并转换成脉冲信号。

(4) 译码器:将脉冲信号转换成 0、1 码形式,之后将得到的 0、1 码字符串信息存储到指定位置。

2. 条码常用识读设备

条形码常用识读设备有激光扫描器、CCD 扫描器、光笔与卡槽、全向扫描平台和数据采集器等。

(1) 光笔。最早出现的一种手持接触式条码扫描器,使用时需将光笔接触到条码表面,匀速划过。光笔的优点是重量轻,条码长度不受限制;但对操作人员要求较高,对条码容易产生损坏,首读成功率低,误码率较高。

(2) CCD(电子耦合器件)手持式条码扫描器。比较适合近距离识读条码,价格比手持式激光条码扫描器便宜,内部没有移动器件,可靠性高;但是受阅读景深和宽度的限制,对条码尺寸和密度有限制,并且在识读弧形表面的条码时,会有一定困难。

(3) 激光扫描器。各项功能指标最高,被广泛应用,可以远距离识读条码,阅读距离超过 30cm,首读识别率高,识别速度快,误码率极低,对条码质量要求不高,但产品价格较贵。

(4) 影像型红光条码阅读器。可替代激光条码扫描器,扫描景深达 30cm,配合高达 300 次/秒的扫描速度,具有优异的读码性能,独特的影像式设计令其解码能力极强,如图 4-14 所示。

图 4-14　影像型红光条码阅读器

（5）固定式条码扫描器。又称为平板式条码扫描器、台式条码扫描器。目前商场使用的大部分是固定式条码扫描器，再配以手持式条码扫描器。这类扫描器的光学分辨率在300～8000dpi，色彩位数为 24～48 位，扫描幅面一般为 A3 或 A4。常见的固定式条码扫描器如图 4-15 所示。

图 4-15　固定式条码扫描器

（6）条码数据采集器。把条码识读器和具有数据存储、处理、通信传输功能的手持数据终端设备结合在一起，成为条码数据采集器，它是手持式扫描器和掌上电脑功能的结合体，常见的条码数据采集器如图 4-16 所示。

图 4-16　条码数据采集器

3. 条码扫描器的选择标准

在条码扫描器的具体选择过程中，可考虑以下指标，综合选择：

（1）与条码符号相匹配（条码密度、长度）。若条码符号是彩色的，最好选用波长为633nm 的红光，以避免对比度不足。

（2）首读率。在一些无人操作的工作环境中，首读率尤为重要。

（3）工作空间。工作空间决定着工作距离和扫描景深，一些特殊场合，如仓库、车站、物流系统,对空间的要求比较高。

4. 条码识读

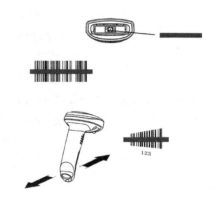

条码的识读设备选好后,可以仔细查看设备说明,根据说明书要求,尝试条码识读器的具体操作,下面是红光一维扫描枪的操作过程:

（1）确保条码扫描器、数据线、数据接收主机和电源等已正确连接后开机。

（2）按住扫描器的触发键不放,照明灯被激活,出现红色照明线,将红色照明线对准条码中心,移动条码扫描器调整识读器与条码之间的距离,来找到最佳识读距离,如图 4-17 所示。

图 4-17　手持式扫描器的正确扫描方式

（3）听到成功提示音响起,同时红色照明线熄灭,则读码成功,条码扫描器将解码后的数据传输至主机。

【知识链接 4-3】

条码是否一定是黑白颜色?

条码是靠条与空对光的反射率的不同来识读,条与空的反射率的差别越大,越容易识别。黑色和白色对光的反射率差别最大,因此是最安全的颜色搭配,俗话说:"黑白搭配,扫描不累。"

经过大量试验证明,以下几种颜色印刷的条码均可以正确识读。可以做条的颜色有黑色、蓝色、深绿色、深棕色;可以做空的颜色有白色、黄色、橙色、红色。其中红色是比较特殊的颜色,表面上看起来并不是浅色调,由于各类可见光扫描器所使用的光源均是波长在 $630\sim670\mathrm{nm}$ 的红光,而红色对红光具有较强的反射作用,类似于白色的阳光照到白纸上,因此,红色可以用来做空的颜色,但绝对不能做条的颜色。

4.3　RFID 射频识别系统

RFID(Radio Frequency Identification,无线射频识别技术)在北美、欧洲、大洋洲、亚太地区及非洲南部被广泛应用于工业自动化、商业自动化、交通运输控制管理等众多领域,如汽车、火车等交通监控,高速公路自动收费系统,停车场管理系统,物品管理,流水线生产自动化,安全出入检查,仓储管理,动物管理,车辆防盗等,在很多应用领域作为条形码等识别技术的升级换代产品。

4.3.1　RFID 概述

1. 简介

第二次世界大战期间,射频识别技术最早应用于跟踪技术,作为全新的无线通信技术,利用射频方式进行非接触双向通信，以达到自动识别目标对象并获取相关数据的目的。

RFID 可以通过无线电信号识别特定目标并获取相关的数据信息，即无须在识别系统与特定目标之间建立机械或光学接触，利用射频信号通过空间耦合（交变磁场或电磁场）实现无接触信息传递，并通过所传递的信息达到识别目的的技术；是一种无需人工干预的非接触式的自动识别技术；是自动识别技术的高级形式。

一般来说，射频识别系统主要由射频标签（Tag）、阅读器（Reader）以及数据交换与管理系统（Processor）三大部分组成。从信息的传递方式来看，RFID 技术存在两种耦合方式：在低频段 RFID 采用变压器耦合模型（在初、次级线圈之间传递能量及信号），RFID 技术在高频段则采用雷达探测目标的空间耦合模型（电磁波在空间的发射在碰到目标后携带目标信息返回到雷达）。

RFID 的主要核心部件是电子标签，通过相距几厘米到几米距离的读写器发射的无线电波，可以读取电子标签内储存的信息，识别电子标签代表的物品、人和器具的身份。由于 RFID 标签的存储容量可以达到 2^{96} 以上，它彻底抛弃了条形码的种种限制，使世界上的每一种商品都可以拥有独一无二的电子标签。况且，贴上这种电子标签之后的商品，从它在工厂的流水线上开始，到被摆上商场的货架，再到消费者购买后结账，甚至到标签最后被回收的整个过程都能够被追踪管理。

RFID 在国外发展非常迅速，射频识别产品种类繁多。在国外的应用中，已经形成了从低频到高频，从低端到高端的产品系列和比较成熟的 RFID 产业链。在国内，低频 RFID 技术和应用方面比较成熟，高频 RFID 技术水平也在提高，应用也有相当的规模。随着市场的不断拓展，RFID 标签向多元化、多功能、多样式、低成本、高内存、高安全性等方向发展，形成新的物联网应用。我国射频标签应用最大的项目是第二代公民身份证，由于我国射频识别技术起步较晚，目前主要应用于公共交通、地铁、校园、社会保障等方面。

总之，射频识别技术发展中不断结合其他高新技术，如 GPS、生物识别等技术，由单一识别向多功能识别方向发展的同时，也将结合现代通信及计算机技术，实现跨地区、跨行业应用。

2. 特点

RFID 是一项易于操控、简单实用且特别适合用于自动化控制的灵活性应用技术，RFID 系统主要特点有：

（1）读取方便快捷。数据的读取无需光源，甚至可以透过外包装来进行。有效识别距离更大，采用自带电池的主动标签时，有效识别距离可达到 30m 以上。

（2）识别速度快。标签一进入磁场，解读器就可以即时读取其中的信息，而且能够同时处理多个标签，实现批量识别。

（3）数据容量大。数据容量最大的二维条形码（PDF417），最多也只能存储 2725 个数字，若包含字母，存储量则会更少；RFID 标签则可以根据用户的需要扩充到几十千字节的存储空间。

（4）使用寿命长，应用范围广。其无线电通信方式，使其可以应用于粉尘、油污等高污染环境和放射性环境，而且其封闭式包装使得其寿命大大超过印刷的条形码。

（5）标签数据可动态更改。利用编程器可以向标签写入数据，从而赋予 RFID 标签交互式便携数据文件的功能，而且写入时间比打印条形码更少。

（6）更好的安全性。不仅可以嵌入或附着在不同形状、类型的产品上，而且可以为标签数据的读写设置密码保护，从而具有更高的安全性。

（7）动态实时通信。标签以 50～100 次/秒的频率与解读器进行通信，所以只要 RFID 标签所附着的物体出现在解读器的有效识别范围内，就可以对其位置进行动态的追踪和监控。

目前，RFID 的总体成本一直处于下降之中，越来越接近接触式 IC 卡的成本，甚至更低，从而为其大量应用奠定了基础。如果 RFID 技术能与电子供应链紧密联系，就可取代条形码扫描技术。

4.3.2　RFID 的应用领域

RFID 广泛应用于生产、物流、交通、运输、医疗、防伪、跟踪、设备和资产管理等需要收集和处理数据的应用领域。如今，我国已建立了多个具有一定规模的产业化基地，如上海 RFID 产业化基地和广东佛山 RFID 应用系统的应用试点等。

1. 身份识别

基于 RFID 技术的第二代居民身份证，如图 4-18 所示，利用 RFID 技术将射频芯片（芯片采用符合 ISO/IEC14443-B 标准的 13.56MHz 的电子标签）嵌入身份证中，作为国家法定证件和公民身份证号码的法定载体，提高我国人口管理工作现代化水平，推动我国信息化建设，保障公民合法权益，便于公民进行社会活动等。

RFID 技术在身份证应用方面的主要趋势是将电子护照、医疗保险、退休证、结婚证等具有社会性质的证明信息都附加其中，真正做到一证多用。

图 4-18　第二代居民身份证

【知识链接 4-4】

电子身份证在奥运

奥运会期间每天都会有大量运动员、教练员、赛会管理人员、志愿者、媒体记者出入各奥运赛场、新闻中心、奥运村等重要场所，采用 RFID 技术的身份卡与相关的计算机系统相连，能够有效实现对这些人员的跟踪和管理。

奥运会期间被监控的食品将拥有一个"电子身份证"——RFID 电子标签，并建立奥运食品安全数据库。RFID 电子标签从种植、养殖及生产加工环节开始加贴，实现"从农田到餐桌"全过程的跟踪和追溯，包括运输、包装、分装、销售等过程中的全部信息，如生产基地、加工企业、配送企业等都能通过电子标签在数据库中查到。

奥运会期间有大量的贵重资产被赛会参与者使用，如计算机、复印机等。通过在贵重资产上粘贴 RFID 标签，系统能够识别未经授权的资产迁移，从而保障这些资产的安全。

2. 公共交通管理

RFID 技术的应用,提高了公路的交通能力、车辆运行效率、降低了油耗和车辆损耗,减少了尾气排放,达到了节约能源和保护环境的目的。如,不停车收费系统 ETC,达到车辆通过路桥收费站不需停车便能交纳路桥费的目的。

3. 生产的自动化及过程控制

射频识别技术因其具有抗恶劣环境能力强、非接触识别等特点,在生产过程控制中有很多应用。通过在大型工厂的自动化流水作业线上使用射频识别技术,实现了物料跟踪和生产过程自动控制、监视,提高了生产率,改进了生产方式,节约了成本。

4. 电子票证

使用射频识别标签来代替各种"卡",实现非现金结算,解决了现金交易不方便、不安全,以及以往的各种磁卡、IC 卡容易损坏等问题。射频识别标签使用方便、快捷,还可以同时识别几张标签,并行收费。

射频识别系统,特别是非接触 IC 卡(电子标签)应用潜力最大的领域之一就是公共交通领域。使用电子标签作为电子车票,具有使用方便、缩短交易时间、降低运营成本等优势。

5. 动物跟踪和管理

射频识别技术可以用于动物跟踪与管理。将用小玻璃封装的射频识别标签植于动物皮下,可以标识牲畜、监测动物健康状况等重要信息,为牧(禽)场的管理现代化提供可靠的技术手段。

在大型养殖场,可以通过采用射频识别技术建立饲养档案、预防接种档案等,达到高效、自动化管理畜禽的目的,同时为食品安全提供保障。射频识别技术还可用于信鸽比赛、赛马识别等,以准确测定到达时间。

6. RFID 在邮政行业的应用

RFID 已经被成功应用到邮政领域的邮包自动分拣系统中,包裹传送中可以不考虑包裹的方向性问题,可以同时识别进入识别区域的多个目标,大大提高了货物分拣能力和处理速度。由于电子标签可以记录包裹的所有特征数据,更有利于提高邮包分拣的准确性。

7. 门禁保安

门禁保安系统都可以应用射频标签,一卡可以多用,比如工作证、出入证、停车证、饭店住宿证甚至旅游护照等,可以有效地识别人员身份,进行安全管理以及高效收费,简化了出入手续,提高了工作效率,并且有效地进行了安全保护。人员出入时自动识别身份,非法闯入时会有报警。

8. 防伪

伪造问题在世界各地都是令人头疼的问题,现在应用的防伪技术,如全息防伪等技术同样也可能被不法分子伪造。将射频识别技术应用在防伪领域有它自身的技术优势,它具有成本低但却很难伪造的优点。射频识别标签的成本相对便宜,且芯片的制造需要有昂贵的芯片工厂,使伪造者望而却步。射频识别标签本身具有内存,可以存储、修改与产品有关的数据,利于进行真伪的鉴别。利用这种技术不用改变现行的数据管理体制,唯一的产品标识号完全可以做到与已有数据库体系兼容。

酒类产品是一种重要的日常消费品,其质量关乎人的健康。中科院自动化研究所RFID研究中心研制出一种酒类包装的切割带,由特殊设计的瓶盖、瓶体、RFID读写器、通信网络和防伪数据库服务器组成的解决方案。既不会破坏酒类包装本身,也不会泄露产品信息,可以达到有效防伪的目的,同时杜绝了旧瓶装假酒重新上市的可能。

9. 运动计时

在马拉松比赛中,由于参赛人员太多,如果没有一个精确的计时装置就会造成不公平的竞争。射频识别标签应用于马拉松比赛的精确计时,这样每个运动员都有自己的起始和结束时间,不公平的竞争就不会出现了。射频识别技术还可应用于汽车大奖赛上的精确计时。

10. 危险品管理

危险品事故发生的主要环节有生产、存储、运输和使用4个环节,实现对危险品的实时跟踪,可以减少危险品事故的发生,同时解决了危险品事故发生后法律责任追究困难的问题。使用RFID标签对危险品生产、存储、运输、使用等过程进行信息记录,并通过网络技术保证信息的有效传输和实时显示,实现危险品在整个生命周期完全处于相关部门的有效监控和管理之内。

4.3.3 RFID系统的组成

通常,RFID系统包括前端的射频部分和后台的计算机信息管理系统。射频部分由RFID电子标签、RFID读写器及计算机通信网络3部分组成,一个完整的RFID系统还需要物体名称服务系统和物理标记语言两个关键部分,如图4-19所示。

1. RFID电子标签

RFID电子标签又称智能标签,存储着需要被识别物品的相关信息,通常被放置在需要识别的物品上,具有智能读写和加密通信的功能,通过无线电波与射频读写器进行非接触方式交换数据。

通常电子标签的芯片体积很小,厚度一般不超过0.35mm,可以印制在纸张、塑料、木材、玻璃、纺织品等包装材料上,也可以直接制作在商品标签上,通过自动贴标签机进行自动贴标。

2. 读写器

读写器用于产生和发射无线电射频信号并接收由标签反射回的无线电射频信号,经处理后获取标签数据信息。

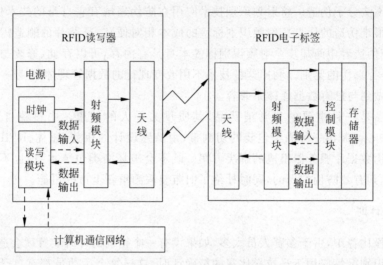

图 4-19　RFID 系统的结构框图

3. 计算机通信网络

在射频识别系统中,计算机通信网络通常用于对数据进行管理,完成通信和数据传输功能。

4. 应用软件系统

应用软件系统通常包含硬件驱动程序、控制应用程序和数据库 3 部分,具体如表 4-7 所示。

表 4-7　应用软件系统构成

构 成 部 分	具 体 作 用
硬件驱动程序	连接、显示及处理卡片阅读器操作
控制应用程序	控制卡片阅读机的运作,接收读卡所回传的数据并做出相应的处理,如开门、结账、派遣、记录等
数据库	存储所有射频标签(Tag)相关的数据,供控制程序使用

电子标签和读写器之间的数据通信是为应用服务的,读写器和应用系统之间通常有多种接口,接口具有以下功能:应用系统根据需要,向读写器发出读写器配置命令;读写器向应用系统返回所有可能的读写器的当前配置状态;应用系统向读写器发送各种命令;读写器向应用系统返回所有可能命令的执行结果。

4.3.4　RFID 系统的工作原理

1. RFID 系统的基本工作原理

通过计算机通信网络将各个监控点连接起来,构成总控信息平台,根据不同的项目设计不同的软件来实现功能。

（1）读写器将设定数据的无线电载波信号经过发射天线向外发射。

（2）当射频识别标签进入发射天线的工作区时，射频标签被激活后即将自身信息代码经天线发射出去。

（3）系统的接收天线接收到射频识别标签发出的载波信号，经天线的调节器传给读写器。读写器对接到的信号进行解调解码，送到后台电脑控制器。

（4）电脑控制器根据逻辑运算判断该射频识别标签的合法性，针对不同的设定做出相应的处理和控制，发出指令信号。

（5）按电脑的指令信号执行机械动作。

2. 通信和能量感应方式

从电子标签到读写器之间的通信和能量感应方式来看，RFID 系统一般可以分为电感耦合（磁耦合）系统和电磁反向散射耦合（电磁场耦合）系统。

（1）电感耦合系统通过空间高频交变磁场实现耦合，依据的是电磁感应定律。一般适合于中、低频率工作的近距离 RFID 系统。

（2）电磁反向散射耦合，即雷达原理模型，发射出去的电磁波碰到目标后反射，同时携带回目标信息，依据的是电磁波的空间传播规律。一般适合于高频、微波工作频率的远距离RFID 系统。

3. 数据传输原理

在射频识别系统中，读写器和电子标签之间的通信是通过电磁波实现的。按照通信距离，可以划分为近场和远场。相应地，读写器和电子标签之间的数据交换方式也被划分为负载调制和反向散射调制。

1）负载调制

近距离低频射频识别系统是通过准静态场的耦合来实现的。在这种情况下，读写器和电子标签之间的天线能量交换方式类似于变压器模型，称之为负载调制。负载调制实际是通过改变电子标签天线上的负载电阻的接通和断开，来使读写器天线上的电压发生变化，实现用近距离电子标签对天线电压进行振幅调制。如果通过数据来控制负载电压的接通和断开，那么这些数据就能够从电子标签传输到读写器了。这种调制方式在 125kHz 和13.56MHz 射频识别系统中得到了广泛应用。

2）反向散射调制

反向散射调制是指在无源射频识别系统中，电子标签将数据发送回读写器时所采用的通信方式。电子标签返回数据的方式是控制天线的阻抗。控制电子标签天线阻抗的方法有很多种，都是一种基于"阻抗开关"的方法。实际采用的几种阻抗开关有变容二极管、逻辑门、高速开关等。要发送的数据信号是具有两种电平的信号，通过一个简单的混频器（逻辑门）与中频信号完成调制，调制结果连接到一个"阻抗开关"，由阻抗开关改变天线的发射系数，从而对载波信号完成调制。

这种数据调制方式和普通的数据通信方式有很大的区别。在整个数据通信链路中，仅仅存在一个发射机，却完成了双向的数据通信。电子标签根据要发送的数据通过控制天线开关，从而改变匹配程度。电磁波从天线向周围空间发射，会遇到不同的目标。到达目标的电磁能量一部分被目标吸收,另一部分以不同的强度散射到各个方向上去。反射能量的一部分最终返回到发射天线。

对于无源电子标签来说,还涉及波束供电技术,无源电子标签工作所需能量直接从电磁波束中获取。与有源射频识别系统相比,无源系统需要较大的发射功率,电磁波在电子标签上经过射频检波、倍压、稳压、存储电路处理,转化为电子标签工作时所需的工作电压。

这种调制主要应用在915MHz、2.45GHz或者更高频率的系统中。

4. 信道中的事件模型

在射频识别系统工作过程中,始终以能量作为基础,通过一定的时序方式来实现数据交换。因此,在射频识别系统工作的信道中存在3种事件模型。

1) 以能量提供为基础的事件模型

读写器向电子标签提供工作能量。对于无源标签来说,当电子标签离开读写器的工作范围以后,电子标签由于没有能量激活而处于休眠状态。当电子标签进入读写器的工作范围以后,读写器发出的能量激活了电子标签,电子标签通过整流的方法将接收到的能量转换为电能存储在电子标签内的电容器里,从而为电子标签提供工作能量。对于有源标签来说,有源标签始终处于激活状态,与读写器发出的电磁波相互作用,具有较远的识别距离。

2) 以时序方式实现数据交换的事件模型

时序指的是读写器和电子标签的工作次序。通常有两种时序:一种是读写器先发言(RTF);另一种是标签先发言(TTF),这是读写器的防冲突协议方式。

在一般状态下,电子标签处于"等待"或"休眠"工作状态,当电子标签进入读写器的作用范围时,检测到一定特征的射频信号,便从"休眠"状态转到"接收"状态,接收读写器发出的命令后,进行相应的处理,并将结果返回读写器。这类只有接收到读写器特殊命令才发送数据的电子标签被称为RTF方式;与此相反,进入读写器的能量场就主动发送自身序列号的电子标签被称为TTF方式。

TTF和RTF协议相比,TTF方式的射频标签具有识别速度快等特点,适用于需要高速应用的场合;另外,它在噪声环境中更稳健,在处理标签数量动态变化的场合也更为实用。因此,更适于工业环境的跟踪和追踪应用。

3) 以数据交换为目的的事件模型

读写器和标签之间的数据通信包括了读写器向电子标签的数据通信和电子标签向读写器的数据通信。在读写器与电子标签的数据通信中,又包括了离线数据写入和在线数据写入。在电子标签与读写器的数据通信中,工作方式包括以下两种:第一种,电子标签被激活以后,向读写器发送电子标签内存储的数据;第二种,电子标签被激活以后,根据读写器的指令,进入数据发送状态或休眠状态。

4.3.5　RFID标准体系结构

标准化是指对产品、过程或服务中的现实和潜在的问题做出规定,提供可共同遵守的工作语言,以利于技术合作和防止贸易壁垒。射频识别标准体系是指制定、发布和实施射频识别标准,解决编码、数据通信和空中接口共享问题,以促进射频识别在全球跨地区、跨行业和跨平台的应用。射频识别技术的应用前景广阔,开展射频识别技术应用标准体系的研究,可以加快射频识别技术在各行业的应用,提高射频识别技术的应用水平,促进物流、电子商务等技术的发展。

RFID 标准体系基本结构如图 4-20 所示。

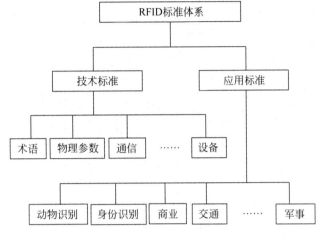

图 4-20　RFID 标准体系

RFID 技术标准的基本结构如图 4-21 所示。

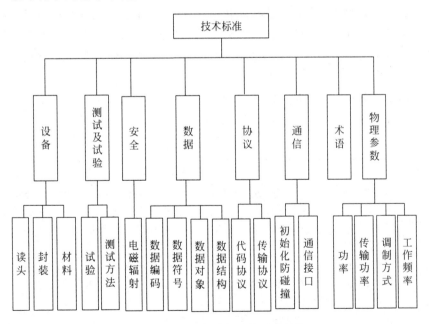

图 4-21　RFID 技术标准的基本结构

RFID 应用标准的基本结构如图 4-22 所示。

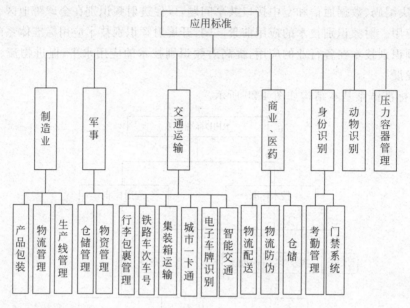

图 4-22　RFID 应用标准的基本结构

1. 射频识别标准化组织

与 RFID 技术和应用相关的国际标准化机构主要有国际标准化组织(ISO)、国际电工委员会(IEC)、国际电信联盟(ITU)、世界邮联(UPU)。此外还有其他的区域性标准化机构(如 EPC Global、UID Center、CEN)、国家标准化机构(如 BSI、ANSI、DIN)和产业联盟(如 ATA、AIAG、EIA)等也制定了与 RFID 相关的区域、国家或产业联盟标准,并通过不同的渠道提升为国际标准。

目前全球有三大射频识别标准组织,分别代表不同国家和不同组织的利益。这些不同的标准组织各自推出了自己的标准,这些标准互不兼容,如表 4-8 所示。

表 4-8　全球射频识别标准组织

标准组织	推出的标准
EPC Global	EPC Global 的目标是解决供应链的透明性和追踪性,透明性和追踪性是指供应链各环节中所有合作伙伴都能够了解单件物品的相关信息,为此 EPC Global 制定了 EPC 编码标准,它可以实现对所有物品提供单件唯一标识;也制定了空中接口协议、读写器协议
UID	日本泛在中心制定 RFID 相关标准的思路类似于 EPC Global,目标也是构建一个完整的标准体系,即从编码体系、空中接口协议到泛在网络体系结构,但是每一个部分的具体内容存在差异
ISO/IEC	ISO/IEC 负责 RFID 标准可以分为 4 个方面: 数据标准(如编码标准 ISO/IEC15691,数据协议 ISO/IEC15692,ISO/IEC15693,解决了应用程序、标签和空中接口多样性的要求,提供了一套通用的通信机制);空中接口标准(ISO/IEC18000 系列);测试标准(性能测试 ISO/IEC18047 和一致性测试标准 ISO/IEC18046);实时定位(RTLS)(ISO/IEC24730 系列应用接口与空中接口通信标准)方面的标准

2. 我国 RFID 标准体系研究的发展

为了进一步推进我国电子标签标准的研究和制(修)定工作,做好标准化对电子标签技术创新和产业发展的支撑,2005 年 10 月信息产业部科技司批准成立"电子标签标准工作组"。

经过十多年的努力,我国 RFID 技术标准从无到有已经发布的基础性、应用性标准达上百项。

中国在 RFID 技术与应用的标准化研究工作上已有一定基础,目前已经从多个方面开展了相关标准的研究制定工作。制定了《中国射频识别技术政策白皮书》《建设事业 IC 卡应用技术》等应用标准,并且得到了广泛的应用:在频率规划方面,做了大量的试验;在技术标准方面,依据 ISO/IEC 15693 系列标准基本完成国家标准的起草工作,参照 ISO/IEC 18000 系列标准制定国家标准的工作已列入国家标准制定计划。此外,中国 RFID 标准体系框架的研究工作也基本完成。

4.3.6　RFID 频率标准和技术规范

射频识别系统工作时不能对其他无线电服务造成干扰或削弱。特别是应该保证射频识别系统不会干扰附近的无线电广播和电视广播、移动的无线电服务(包括警察、安全服务、工商业)、航运航空用无线电服务、移动电话等。因而通常只能使用特别为工业、科学和医疗应用而保留的频率范围。这些频率范围在世界范围内是统一划分的。

1. RFID 频率标准

系统工作发送无线信号时所使用的频率被称为 RFID 系统的工作频率,基本上划分为4 个主要范围:低频(30～300kHz)、中高频(3～30MHz)和超高频(300MHz～3GHz)以及微波(2.45GHz 以上)。低频系统用于低成本、数据量少、短距离(通常是 10cm 左右)的应用中;中高频系统用于低成本、传送大量数据、读写距离较远(可达 1m 以上)、适应性强的应用中;超高频系统应用于需要较长的读写距离和较高的读写速度的场合。典型频率应用如表 4-9 所示。

表 4-9　RFID 频率标准及应用

工作频率	典型频率	ISO/IEC18000 标准系列	应 用 范 围
低频系统	125kHz、134kHz	ISO18000-2	应用于进出管理、门禁管理、考勤、车辆管理、巡更、汽车钥匙、动物晶片、固定设备等
中高频系统	13.56MHz	ISO18000-3	应用于防伪、物流、人员识别等领域
超高频系统	860～960MHz	ISO18000-6	应用于火车监控、高速公路收费、国土安全、供应链、物流、移动商务、防伪、电子牌照、仓库管理、机场行李管理等
微波系统	2.45GHz、5.8GHz	ISO18000-4 ISO18000-5	应用于定位跟踪、自动收费系统、移动车辆识别等

2. RFID 技术规范

RFID 系统主要由数据采集和后台数据库网络应用系统两大部分组成。目前已经发布或正在制定中的标准主要是与数据采集相关的,其中包括电子标签与读写器之间的空中接口、读写器与计算机之间的数据交换协议、RFID 标签与读写器的性能和一致性测试规范以及 RFID 标签的数据内容编码标准等。后台数据库网络应用系统目前并没有形成正式的国际标准,只有少数产业联盟制定了一些规范,现阶段还在不断演变中。

从类别看,RFID 标准可以分为以下 4 类:技术标准(如符号、射频识别技术、IC 卡标准等);数据内容与编码标准(如编码格式、语法标准等);性能与一致性标准(如测试规范等);应用标准(如船运标签、产品包装标准等)。其中编码标准和通信协议(通信接口)是争夺比较激烈的部分,它们也构成了 RFID 标准的核心。具体来讲,RFID 相关的标准涉及电气特性、通信频率、数据格式和元数据、通信协议、安全、测试、应用等方面。

从国际来看,美国已经在 RFID 标准的建立、相关软硬件技术的开发及应用领域走在了世界的前列。欧洲 RFID 标准追随美国主导的 EPC Global 标准。在封闭系统应用方面,欧洲与美国基本处于同一阶段。日本虽然已经提出 UID 标准,但主要靠本国厂商支持,如要成为国际标准还有很长的路要走。韩国政府对 RFID 给予了高度重视,但在 RFID 标准方面仍然模糊不清。

从国内来看,只有少数单位在试点应用 RFID 技术,但所有用户无一例外地在闭环中试点应用 RFID。RFID 的使用频率国内还没有完全开放。当前国际上在 UHF 频段的 RFID 技术主要使用 430MHz 左右和 860~960MHz 的频率,但在我国 430MHz 频段属于专用频段,现阶段开放此频段的 RFID 业务的条件不成熟。860~960MHz 频段的主要业务为固定和移动业务,次要业务为无线电定位。国内 RFID 产业发展滞后:芯片设计与制造、天线设计与制造、标签封装及封装设备制造、读写设备开发、数据管理软件设计等,一个个生产环节构成了一条完整的 RFID 产业链。产业发展滞后严重影响了标准的制定,而标准的不统一又反过来制约了产业的发展。最后是应用的落后,由于标准的不统一,致使厂家只能研制兼容多个标准的产品,严重影响了应用的发展。

4.3.7 RFID 电子标签与读写器

1. RFID 电子标签

RFID 标签由集成电路芯片、天线和标签外壳组成。其中集成电路芯片用于保存该标签所在物品的个体信息,包含串行电可擦除可编程只读存储器、加密逻辑、射频手法电路和微处理器;天线通常是印制电路天线,用于接收来自读写器的信息并发送信息。RFID 电子标签是一种突破性的技术:可以识别单个物体;采用无线电射频,可以透过外部材料读取数据;可以同时对多个物体进行识读;存储的信息量也非常大。

在电子标签中存储了规范可用的信息,通过无线数据通信可以被自动采集到系统中,每个标签具有唯一的电子编码,附着在物体目标对象上。电子标签内编写的程序可按特殊的应用进行随时读取和改写。

电子标签通常具有一定的存储容量,可以存储被识别物品的相关信息;在一定的工作环境及技术条件下,电子标签存储的数据能够被读出或写入;维持对识别物品的识别及相关信息的完整;数据信息编码后,及时传输给读写器;可编程,并且在编程以后,永久性数据不能再修改;具有确定的使用期限,使用期限内不需维修;对于有源标签,通过读写器能够显示电池的工作状况。

1) 电子标签的基本组成

电子标签从功能上说,一般由天线、调制器、编码发生器、时钟以及存储器组成,如图 4-23 所示。

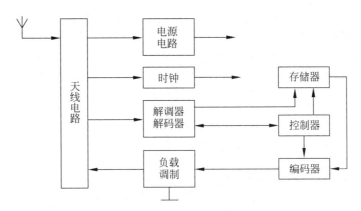

图 4-23　电子标签的基本组成

时钟把所有电路功能时序化,以使存储器中的数据在精确的时间内被传送到读写器;存储器中的数据是应用系统规定的唯一性编码,在电子标签被安装在识别对象上以前已被写入。数据读出时,编码发生器把存储器中存储的数据编码,调制器接收由编码器编码后的信息,并通过天线电路将此信息发射/反射到读写器。数据写入时,由控制器控制,将天线接收到的信号解码后写入到存储器。

2) 电子标签的种类和特点

电子标签的种类和特点如表 4-10 所示。

表 4-10　电子标签的种类和特点

分类方法	种　类	特　征
供电方式	有源标签	内部有电池提供电源的电子标签,有源标签的作用距离较远,但是寿命有限、体积较大、成本较高,并且不适合在恶劣环境下工作,需要定期更换电池
	无源标签	指内部没有电池提供电源的电子标签,无源标签的作用距离相对有源标签要近,但是其寿命较长,并且对工作环境要求不高
工作方式	主动式标签	一般含有电源,和被动式标签相比,它的识别距离更远
	被动式标签	它使用调制散射方式发射数据,必须利用读写器的载波来调制自己的信号,主要应用在门禁或交通应用中。被动式标签既可以是有源标签,也可以是无源标签
	半主动式标签	内部自带电池,只对标签内数字电路供电,标签只有被读写器发射的电磁信号激活时,才能传送自身的数据

续表

分类方法	种　类	特　征
读写方式	只读型标签	内容只能读出不可写入的电子标签是只读型标签,只读型标签所具有的存储器是只读型存储器
	读写型标签	在识别过程中,标签的内容既可被读写器读出,可以只具有读写型存储器,也可以同时具有读写型存储器和只读型存储器。读写型标签应用过程中数据是双向传输的
	一次写入只读型标签	可以写入信息,但一旦写入就不能修改
工作频率	低频标签	工作频率在 30～300kHz,典型的工作频率是 125kHz 和 133(134)kHz,成本低,保存数据量少,读写距离短(通常是 10cm 左右)。一般为无源标签,其工作能量通过电感耦合方式从读写器耦合线圈的辐射近场中获得
	中 高 频标签	工作频率在 3～30MHz,典型的工作频率是 13.56MHz,成本低,保存数据量较大,读写距离较远(可达 1m 以上),适应性强,外形一般为卡状,读写器和标签天线均有一定的方向性。一般也采用无源标签,其工作能量也是通过电感(磁)耦合方式从读写器耦合线圈的辐射近场中获得
	超 高 频与微波标签	工作频率在 300MHz～3GHz 或者大于 3GHz。典型的工作频率为 433.92MHz、862(902)～928MHz、2.45GHz、5.8GHz。分为有源标签与无源标签两类,标签与读写器之间的耦合方式为电磁耦合方式,相应的射频识别系统阅读距离一般大于 1m,典型情况为 4～6m,最大可达 10m 以上。读写器天线一般均为定向天线,只有在读写器天线定向波束范围内的射频标签可被读/写
作用距离	密耦合标签	作用距离小于 1cm 的标签被称为密耦合标签
	近耦合标签	作用距离大约为 15cm 的标签被称为近耦合标签
	疏耦合标签	作用距离大约为 1m 的标签被称为疏耦合标签
	远距离标签	作用距离为 1～10m,甚至更远的标签被称为远距离标签
标签封装形式		可分为圆形标签、玻璃管标签、线形标签、信用卡标签及特殊用途的异形标签

3) 射频识别标签的性能特点

(1) 快速扫描。RFID 辨识器可同时辨识读取数个 RFID 标签。

(2) 体积小型化、形状多样化。RFID 在读取上并不受尺寸大小与形状限制,可应用于不同产品。

(3) 抗污染能力和耐久性。对水、油和化学药品等物质具有很强的抵抗性。

(4) 可重复使用。可以重复地新增、修改、删除 RFID 卷标内存储的数据,方便信息的更新。

(5) 穿透性和无屏障阅读。能够穿透纸张、木材和塑料等非金属或非透明的材质,并能够进行穿透性通信。

(6) 数据的记忆容量大。RFID 最大的容量有数 MB,且有不断扩大的趋势。

(7) 安全性。数据内容可经由密码保护,使其内容不易被伪造及变造。

4) RFID 标签常见形态

电子标签是将核心的 IC 芯片与天线和胶片合为一体的镶嵌片。现场使用的标签有时要把镶嵌片封装在纸张、塑料、陶瓷上,以便印刷文字,并把这种标签用不干胶或其他方法粘贴或固定在物品或包装箱上。RFID 标签常见形态如图 4-24 所示。

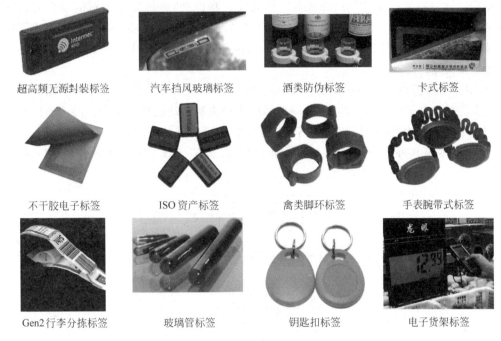

超高频无源封装标签　　汽车挡风玻璃标签　　酒类防伪标签　　卡式标签

不干胶电子标签　　ISO 资产标签　　禽类脚环标签　　手表腕带式标签

Gen2行李分拣标签　　玻璃管标签　　钥匙扣标签　　电子货架标签

图 4-24　RFID 标签常见形态

5) RFID 标签的选择原则

在工业、商业、服务业中,需要进行数据采集的每一个环节都可以使用电子标签。厂商提供的标准规格中一般包括电子标签的发射频率、接收频率、内存、多个标签处理能力、工作频率、唤醒频率、唤醒范围、标签读取范围、信号强度、电源、工作温度、存储温度、尺寸、重量等多个有关特性参数的数据。

在选定标签时,不但要观察 IC 芯片的外观,还要测试性能和功能是否与实际应用环境匹配。因此,选择时务必选定与用途相匹配、有效果且效率高的标签,至少需要确定如图 4-25 所示的 6 个注意事项。

图 4-25　RFID 标签选择注意事项

2. RFID 读写器的组成

RFID 读写器又称为"RFID 阅读器",即无线射频识别,通过射频识别信号自动识别目标对象并获取相关数据,无须人工干预,可识别高速运动物体并可同时识别多个 RFID 标签,操作快捷方便。RFID 读写器有固定式的和手持式的,手持 RFID 读写器包含有低频、高频、超高频、有源等。

典型的阅读器包含有高频模块(发送器和接收器)、读写器天线以及控制单元和接口电路,主要负责与电子标签的双向通信,同时接收来自主机系统的控制指令。阅读器的频率决定了 RFID 系统工作的频段,其功率则决定了射频识别的有效距离,如图 4-26 所示。

读写器按照其外形分类可以分为工业读写器、固定式读写器、OEM 模块、手持机、发卡机。

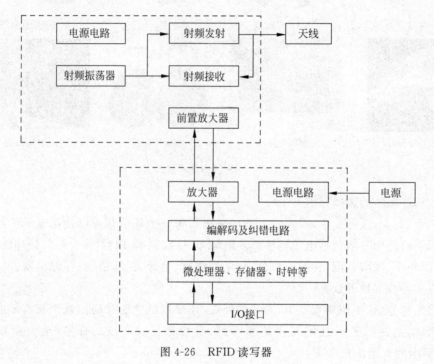

图 4-26　RFID 读写器

4.3.8　RFID 防碰撞技术

1. RFID 系统中的碰撞情况

(1) 多标签碰撞。鉴于多个电子标签工作在同一频率,当它们处于同一个读写器作用范围内时,在没有采取多址访问控制机制情况下,信息传输过程将产生冲突,导致信息读取失败,如图 4-27 所示。

(2) 多读写器碰撞。多个阅读器之间工作范围重叠也将造成冲突,如图 4-27 所示。

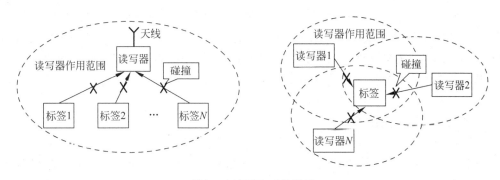

图 4-27　RFID 碰撞情况

2. RFID 中防碰撞算法

为了防止这些冲突的产生,射频识别系统中需要设置一定的相关命令,解决冲突问题,这些命令被称为防碰撞命令或算法。RFID 中的防碰撞算法分类如图 4-28 所示。

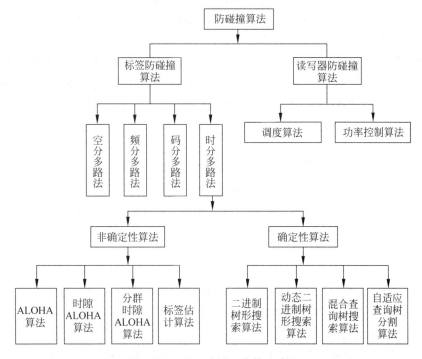

图 4-28　RFID 中防碰撞算法分类

在 RFID 系统中,防碰撞算法一般情况下多采用多路存取法,使射频识别系统中读写器与应答器之间的数据完整地传输。其中标签防碰撞算法大多采用时分多路法,具体又分为非确定性算法和确定性算法。

(1)非确定性算法,也称标签控制法,读写器没有对数据传输进行控制,标签的工作是非同步的,标签获得处理的时间不确定,因此标签存在"饥饿"问题。ALOHA 算法是一种典型的非确定性算法,使用 ALOHA 协议的标签,通过选择经过一个随机时间向读写器传送信息的方法,来避免冲突。其实现简单,广泛用于解决标签的碰撞问题。

(2) 确定性算法,也称读写器控制法,由读写器观察控制所有标签。按照规定算法,在读写器作用范围内,首先选中一个标签,在同一时间内读写器与一个标签建立通信关系。树分叉算法是典型的确定性算法。该类算法比较复杂,识别时间较长,但无标签饥饿问题。树分叉算法泄露的信息较多,安全性较差。

4.3.9　RFID 的安全

RFID 系统容易遭受各种主动和被动攻击的威胁,RFID 系统本身的安全问题可归纳为隐私和认证两个方面:在隐私方面主要是可追踪性问题,即如何防止攻击者对 RFID 标签进行任何形式的跟踪;在认证方面主要是要确保只有合法的阅读器才能够与标签进行交互通信。

1. RFID 安全问题

(1) 信息传输安全问题。物联网终端很多时候都是通过无线电波传输信号,智能物品感知信息和传递信息基本上都是通过无线传输实现的,这些无线信号,存在着被窃取、监听和其他的危险。

(2) 数据真实性问题。攻击者可以从窃听到的标签与读写器间的通信数据中获得敏感信息,进而重构 RFID 标签,达到伪造标签的目的。攻击者可利用伪造标签替换原有标签,或通过重写合法的 RFID 标签内容,使用低价物品的标签替换高价物品标签从而非法获益。同时,攻击者也可以通过某种方式隐藏标签,使读写器无法发现该标签,从而成功地实施物品转移。

(3) 信息和用户隐私泄露问题。RFID 标签发送的信息包括标签用户或者识别对象的相关信息,这些信息一般包含一些用户的隐私和其他敏感数据。

(4) 数据秘密性问题。安全的物联网方案应该可以保证标签中包含的信息只能被授权读写器识别。目前读写器和标签的通信是不受保护的,未采用安全机制的 RFID 标签会向邻近的读写器泄露标签内容和一些敏感信息。

(5) 数据完整性问题。事实上,除了采用 ISO 14443 标准的高端系统(该系统使用了消息认证码)外,在读写器和标签的通信过程中,传输信息的完整性无法得到保障。在通信接口处使用校验和的方法也仅仅能够检测随机错误的发生。如果不采用数据完整性控制机制,可写的标签存储器有可能受到攻击。

(6) 恶意追踪。随着 RFID 技术的普及,拥有阅读器的人都可以扫描并追踪别人。而且被动标签信号不能切断、尺寸很小,极易隐藏并且使用寿命很长,可以自动化识别和采集数据,这就加剧了恶意追踪的问题。

2. RFID 系统的安全机制

1) RFID 安全体系

RFID 系统的安全问题由 3 个不同层次的安全保障环节组成:一是电子标签制造的安全技术;二是芯片的物理安全技术,如防非法读写、防软件跟踪等;三是卡的通信安全技术,如加密算法等。但在实际使用中,三者之间却没有那么明显的界限,如带 DES、RSA 协处理器的电子标签,它利用软硬件一起来实现系统的安全保障体系。

2) 射频识别系统的保密机制

在射频识别系统的应用中,可利用密码技术实现信息安全的保密性、完整性及可获取性等。密码技术在射频识别系统安全中的应用主要有信息的传输保护、认证及数字电子签名等几种模式。其中信息的传输保护主要用于 RFID 基本系统,即保护接口设备和电子标签之间传输的命令和数据。信息认证和信息授权则侧重于智能电子标签的应用。

3) 射频识别系统的安全设计

RFID 系统一般采用 RFID Tag 的互相对称的鉴别、利用导出密钥的鉴别和数据加密的方法实现,而对于数据加密部分,还可以和纠错编码处理结合,以提高系统的可靠性和安全性。

(1) 相互对称的鉴别。在 RFID 系统中,信息认证主要有两种方式,即信息验证和数字签名方式。信息验证是最简单的纯认证系统,通过附加一定的信息头或信息尾,使接收方能发现信息是否被篡改。数字签名则能够提供源点鉴别、完整性服务和责任划分等安全保障,因此在 RFID 系统中采用数字电子签名的方式来实现较高的安全性。但是所有属于同一应用的电子标签都使用相同的密钥 K 来保护,这对于有大量电子标签的应用来说是一种潜在的危险。

(2) 利用导出密钥的鉴别。对相互对称鉴别过程的主要改进是"每个电子标签用不同的密钥来保护"。为此,在电子标签生产过程中读出它的序列号,用加密算法和主控密钥 KM 计算(导出密钥 KX)。而电子标签就这样被初始化了。每个电子标签因此接收了一个与自己的序列号和主控密钥 KM 相关联的密钥。互相鉴别开始于读写器请求电子标签的识别号。在读写器的安全授权模块中,使用主控密钥 KM 来计算电子标签的专有密钥,以便用于启动鉴别过程。通常用具有加密处理器的接触式 IC 卡来作为 SAM 模块,这意味着所存主控密钥不能读出。

(3) 加密的数据传输。一般可以把攻击分成两种类型。攻击者甲的行为表现为被动的,试图通过窃听传输线路以发现秘密信息而达到非法目的。另一方面,攻击者乙处于主动状态,操纵传输数据并为了个人利益而修改它。加密过程用来防止主动和被动攻击。为此,传送数据(明文)可在传输前改变(加密),使隐藏的攻击者不能推断出信息的真实内容(明文)。方法就是对称密钥法。对射频识别系统来说,迄今只使用对称法。

3. 解决安全问题的技术方案

为解决上述安全与隐私问题,人们还从技术上提出了多种方案,如表 4-11 所示。

表 4-11　解决 RFID 安全问题的技术方案

方法名称	描　　述	优　缺　点
Kill 标签	商品交付给最终用户时,通过 KILL 指令杀死标签,标签无法再次被激活	彻底防止用户隐私被跟踪;限制了标签的进一步利用
法拉第网罩	将贴有 RFID 标签的商品放入由金属网罩或金属箔片组成的容器中,从而阻止标签和阅读器的通信	为避免信息泄露,每件商品都要罩上一个网罩,难以大规模实施

方法名称	描 述	优 缺 点
主动干扰	用户使用能够主动广播干扰信号的设备,干扰对受保护标签的读取	干扰周围的合法 RFID 系统
智能标签	增加标签的处理能力,利用加密技术进行访问控制,保护用户隐私	受到成本的限制,难以采用复杂的加密技术
阻止标签	使用一个特殊的标签(称为阻止标签)对阅读器的读取命令总以相同的数据应答,从而保护用户标签	阻止标签带来成本增加
Hash 锁	通过简单的 Hash 函数,增加闭锁和开锁状态,对标签与阅读器之间的通信进行访问控制	无法解决位置隐私和中间人攻击问题

4.4 卡类识别技术

在现代社会,人们广泛地试用各种"卡片",这种卡片虽然只有名片大小,但用途很广:在高铁站,通过第二代身份证直接在机器上自助完成购票或取票;学生入校后办理的校园一卡通,可在校园里实现购物、生活、借阅图书等许多功能;在银行,通过银行卡在 ATM 机上可以实现存取款等操作。

4.4.1 卡类识别技术的分类

卡类识别技术的产生和推广使用加快了人们日常生活信息化的速度。用于信息处理的卡片大致分为非半导体卡和半导体卡两大类。非半导体卡包括磁卡、PET 卡、光卡、凸字卡、条码卡等;半导体卡主要有 IC 卡等。

1. 非半导体卡

非半导体卡包括磁卡、PET 卡、光卡、凸字卡、条码卡等,具体内容如表 4-12 所示。

表 4-12 非半导体卡

类 别	说 明	用 途
PET 卡	PET 即聚对苯二甲酸乙二酯。与磁卡上仅有一个磁条不同,PET 卡是卡片的某一整面均涂有磁性物质	电话卡、电子自动售票卡等
光卡	光卡即为激光卡,是一种利用半导体激光进行记录信息的卡片,需要用激光光源来识读,其大小、形状完全类似于信用卡或银行自动柜员卡	应用数量领域有限,如电子病历卡、个人身份识别、保险、俱乐部等领域
凸字卡	在 PVC 卡的表面压上突出的字母和数字,从而使 PVC 卡具备可识别性和唯一性	各大商场、娱乐、餐饮中心等
条码卡	就是在金属卡或 PVC 卡的表面印上条码,使其具有识别条码信息的功能	应用广泛,如商场、超市、便利店、医疗等

类　　别	说　　明	用　　途
磁卡	利用磁性载体来记录信息。常见的磁性载体以液体磁性材料或磁条为信息载体	存折(将液体磁性材料涂覆在本子上)、银联卡(将 6～14mm 的磁条压贴在卡片上)

2. 半导体卡类——IC 卡

IC 卡也称为集成电路卡,它将一个微电子芯片嵌入符合 ISO 7816 标准的卡基中,做成卡片形式,利用集成电路的可存特性,保存、读取和修改芯片上的信息。IC 卡已经广泛应用于包括金融、交通、社保等很多领域。IC 卡按通信方式又可分为接触式 IC 卡、非接触式 IC 卡(射频卡)和双界面卡。具体内容如表 4-13 所示。

表 4-13　半导体卡类——IC 卡

类　　别	说　　明	应　　用
接触式 IC 卡	通过读写设备的触点与 IC 卡的触点接触后,进行数据的读写	预付费公用电话、移动电话、社会保障、银行、交通等
非接触式 IC 卡(射频卡)	与读写设备无电路接触,通过非接触式的读写技术进行读写(例如,光或无线技术)	高速公路收费、商品管理、身份证、门禁、食堂等
双界面卡	将接触式 IC 卡与非接触式 IC 卡组合到一张卡片中,操作独立,但可以共用一个 CPU、操作系统和存储空间。卡片包括一个微处理器芯片和一个与微处理器相连的天线线圈,由读写器产生的电磁场提供能量,通过射频方式来实现能量供应和数据传输	金融电子钱包等

4.4.2　卡类识别技术读写设备

不同类型的卡对应不同的读写设备,主要有 5 种类型,如表 4-14 所示。目前,卡的读写设备的生产厂家和代理商很多,品牌也很多,用户主要关心的是这些设备的故障率、使用寿命、售后维修服务期限及供应商是否提供免费备机服务等。

表 4-14　卡类识别技术设备

卡 的 类 别	读 写 设 备
磁卡	磁卡读写器、磁卡阅读器
条码卡	条码打印机、红外线条码阅读器(CCD)、激光条码识读器
接触式 IC 卡	接触式 IC 卡读写器(Memory 卡、CPU 卡)
非接触式 IC 卡	射频 IC 卡读写器(不同频段或兼容多频段)
电子标签(卡)	电子标签天线接收装置、标签阅读器、中间件

4.4.3　接触式IC卡

接触式IC卡以PVC塑料为卡基,表面还可以印刷各种图案,甚至人像,卡的一方嵌有块状金属芯片,上有8个金属触点。卡的尺寸、触点的位置、用途及数据格式等均有相应的国际标准予以明确规定。

1. 接触式IC卡的结构

IC卡读写器要能读写符合ISO 7816标准的IC卡。IC卡接口电路作为IC卡与IFD(接口设备)内CPU进行通信的唯一通道,为保证通信和数据交换的安全与可靠,其产生的电信号必须满足特定要求。

接触式IC卡的构成可分为半导体芯片、电极模板、塑料基片几部分,其内部结构如图4-29所示。

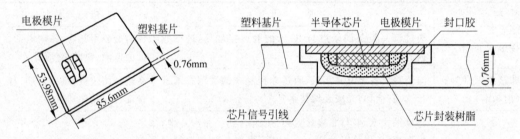

图4-29　接触式IC卡的内部结构

2. 接触式IC卡的工作原理

接触式IC卡获取工作电压的方法为接触式IC卡通过其表面的金属电极触点将卡的集成电路与外部接口电路直接接触连接,由外部接口电路提供卡内集成电路工作的电源。

接触式IC卡与读写器交换数据的原理为接触式IC卡通过其表面的金属电极触点将卡的集成电路与外部接口电路直接接触连接,通过串行方式与读写器交换数据(通信)。

3. 接触式IC卡的工作过程

(1)完成IC卡插入与退出的识别操作。IC卡接口电路对IC卡插入与退出的识别,即卡的激活与释放,有着严格的时序要求。

(2)通过触点向卡提供稳定的电源。IC卡接口电路在规定的电压范围内,向IC卡提供相应稳定的电流。

(3)通过触点向卡提供稳定的时钟。IC卡接口电路向卡提供时钟信号,时钟信号的实际频率范围在复位应答期间,应在以下范围内:A类卡,时钟频率应在1~5MHz;B类卡,时钟频率应在1~4MHz。

4. IC卡读写器

IC卡读写器是IC卡与应用系统间的桥梁,在ISO国际标准中,称为接口设备IFD。

IFD 内的 CPU 通过一个接口电路与 IC 卡相连,并进行通信。IC 卡接口电路是 IC 卡读写器中至关重要的部分,根据实际应用系统的不同,可选择并行通信、半双工串行通信和 12C 通信等不同的 IC 卡读写芯片。常见的 IC 卡读写器如图 4-30 所示。

图 4-30　常见的 IC 卡读写器

【知识链接 4-5】

选用接触式 IC 卡的注意事项

(1) IC 卡的使用环境湿度低于 0℃时,不要选用 CPU 卡(其工作温度要求在 0℃以上),而应选用可以在－20℃的低温下工作的 Memory 卡。

(2) IC 卡是有寿命的,它的寿命由对 IC 卡的擦写次数决定。

(3) IC 卡读写器的使用寿命主要由两个因素决定:读写器本身器件的选择;卡座的寿命。

(4) 存在的问题和不足。接触式 IC 卡与卡机之间的磨损会缩短其使用寿命;接触不良会导致传输数据出错;大流量的场所由于插、拔卡易造成长时间等待。

4.5　机器视觉识别

4.5.1　概述

在物联网的体系架构中,信息的采集主要靠传感器来实现,视觉传感器是其中最重要也是应用最广泛的一种。机器视觉主要用计算机来模拟人的视觉功能,从客观事物的图像中提取信息,进行处理并加以理解,最终用于实际检测、测量和控制。机器视觉技术最大的特点是速度快、信息量大、功能多。

美国制造工程师协会(SME)机器视觉分会和美国机器人工业协会(RIA)自动化视觉分会关于机器视觉的定义是:"机器视觉是使用光学器件进行非接触感知,自动获取和解释一个真实场景的图像,以获取信息或控制机器或过程。"

机器视觉识别是用机器代替人眼来进行测量和判断,即通过机器视觉产品(即图像摄取装置,分 CMOS 和 CCD 两种)将被摄取目标转换成图像信号,传送给专用的图像处理系统,根据像素分布和亮度、颜色等信息,转变成数字信号。图像处理系统对这些信号进行各种运算来抽取目标的特征,自动识别限定的标志、字符、编码结构或可作为确切识断的基础呈现图像的其他特征,甚至根据判别的结果来控制现场的设备动作。

4.5.2　机器视觉系统的典型结构

机器视觉系统的典型结构如图 4-31 所示,机器视觉检测系统用照相机将被检测目标的像素分布、亮度和颜色等信息转换成数字信号传送给视觉处理器,视觉处理器对这些信号进行各种运算来抽取目标的特征(如面积、数量、位置、长度等),再根据预设的允许度实现自动识别尺寸、角度、个数、合格/不合格、有/无等结果,然后根据识别结果控制机器人的各种动作。

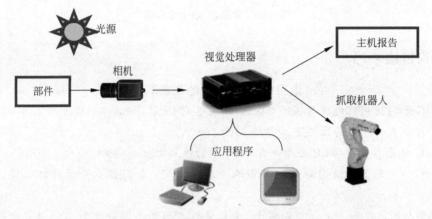

图 4-31　典型的机器视觉系统组成结构示意图

一个典型的机器视觉系统包括 5 部分:

(1) 照明。是影响机器视觉系统输入的重要因素,它直接影响输入数据的质量和应用效果。由于没有通用的机器视觉照明设备,所以针对每个特定的应用实例,要选择相应的照明装置,以达到最佳效果。

(2) 镜头。镜头选择应注意焦距、目标高度、影像高度、放大倍数、影像至目标的距离、中心点/节点、畸变等参数镜头。

(3) 相机。按照不同标准可分为标准分辨率数字相机和模拟相机等。要根据不同的实际应用场合选择不同的相机和高分辨率相机:线扫描 CCD、面阵 CCD、单色相机、彩色相机。

(4) 图像采集卡。只是完整的机器视觉系统的一个部件,但是它扮演着一个非常重要的角色。图像采集卡直接决定了摄像头的接口:黑白、彩色、模拟、数字等。

(5) 视觉处理器。视觉处理器集采集卡与处理器于一体。以往计算机速度较慢时,可采用视觉处理器加快视觉处理任务。现在由于采集卡可以快速传输图像到存储器,而且计算机速度也快多了,所以现在视觉处理器用得较少了。

4.5.3　机器视觉识别技术的应用

随着微处理器、半导体技术的进步,以及劳动力成本上升和高质量产品的需求,国外机器视觉于 20 世纪 90 年代进入高速发展期,广泛运用于工业控制领域。图 4-32 展示了典型工业用机器视觉系统。

从应用层面看,机器视觉研究包括工件的自动检测与识别、产品质量的自动检测、食品的自动分类、智能车的自主导航与辅助驾驶、签名的自动验证、目标跟踪与制导、交通流的监测、关键地域的保安监视等。

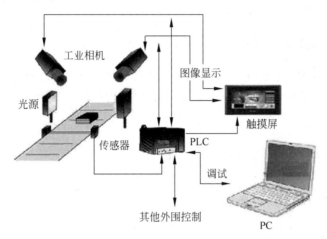

图 4-32 典型工业用机器视觉系统

4.6 生物特征识别技术

4.6.1 概述

生物识别技术是一项新型的加密技术,网络信息化时代的一大特征就是个人身份的数字化和隐性化,如何准确鉴定一个人的身份,保护信息安全是当今信息化时代必须解决的一个关键性社会问题。

生物特征识别技术主要是指通过人类的生物特征对其进行身份识别与认证的一种技术,生物特征包括生物的身体特征和行为特征,其中,身体特征包括指纹、静脉、掌纹、视网膜、虹膜、人体气味、人脸,甚至血管、DNA、骨骼等;行为特征则包括签名、语音、行走步态等。目前已大规模使用的方式主要有指纹、虹膜、人脸、语音识别等。另外耳、掌纹、手掌静脉、脑电波识别、唾液提取 DNA 等研究也有所突破。

1. 生物特征识别技术的基本原理

生物特征识别技术的核心在于如何获取生物特征,并将之转换为数字信息,存储于计算机中,再利用可靠的匹配算法来完成识别与验证个人身份的过程。生物特征识别技术的基本原理如图 4-33 所示。

图 4-33 生物特征识别技术的原理

完成整个生物特征识别技术,首先要对生物特征进行取样,样品可以是指纹、面相、语音等;其次要经过特征提取系统,提取出唯一的生物特征,并转化为特征代码;再将特征代码存入数据库,形成识别数据库。当人们通过生物特征识别系统进行身份认证时,识别系统将获取被认证人的特征,然后通过一种特征匹配算法,将被认证人的特征与数据库中的特征代码进行比对,从而决定接受还是拒绝该人。

2. 生物特征识别技术的特点

生物特征识别技术是一种十分方便与安全的识别技术,具有唯一性(与他人不同)、可以测量或可自动识别与验证性、遗传性或终身不变性等特点,是一种"只认人,不认物"的保安手段,非常方便和安全。

4.6.2 常用生物特征识别技术

1. 身份鉴别的生物特征条件

身份鉴别可利用的生物特征必须满足以下条件:
(1)普遍性——即必须每个人都具备这种特征;
(2)唯一性——即任何两个人的特征是不一样的;
(3)可测量性——即特征可测量;
(4)稳定性——即特征在一段时间内不改变。
当然在应用过程中还要考虑其他的实际因素,例如识别精度、识别速度、对人体无伤害、被识别者的接受性,等等。

2. 常用生物特征识别技术比较

作为常见的生物特征识别技术,分别具有各自的优势和劣势,在实际的应用中,需要根据具体的环境和性能要求,选择不同的识别技术,表 4-15 为常用生物特征识别技术的优缺点。

表 4-15 常用生物特征识别技术

识别技术	基本类型	技 术	优 点	缺 点
指纹	弓 箕 斗	从指纹中得到加密的指纹特征数据	专一性强,复杂程序高 可靠性高 速度快,使用方便 设备小,价格低	部分人或群体指纹特征少,很难成像 指纹痕迹存在被复制的可能性
面部	唯一形状 模式 位置	标准视频 热成像技术	人机交互 非接触式识别	可靠性差 价格较贵
语音	语言 声音	声音辨识技术	非接触式识别 使用方便	可靠性差 精度差
签名	签名	签名力学辨识	历史悠久 技术成熟	辨识过程中度量方式 签名的重复性

除了以上常用生物特征识别技术外,还有许多生物识别技术在不断的开发和研究中。表 4-16 列出了 5 类人体生物特征的自然属性的比较。

表 4-16　5 类主要的人体生物特征自然属性

特性 \ 自然属性	虹膜	指纹	面部	DNA	静脉
唯一性	因人而异	因人而异	因人而异	同卵双胞胎相同	唯一性
稳定性	终生不变	终生不变	随着年龄段改变	终生不变	终生不变
抗磨损性	不易磨损	易磨损	较易磨损	不受影响	不受影响
痕迹残留	不留痕迹	接触时留有痕迹	不留痕迹	体液、细胞中含有	不留痕迹

4.6.3　生物特征识别技术发展趋势

随着技术的进步和成本的不断降低,生物识别技术得到深化与普及,其应用将越来越多样化。在生物识别技术市场上,从具体产品的结构来看,指纹识别技术产品占据生物识别技术门类的主导地位。从市场应用的角度而言,对于指纹、虹膜、人脸、声音等几种生物特征识别技术,它们的目标市场基本重合,因此存在相互竞争的关系,市场占有率处于波动之中。政府对采用生物识别产品的热情引发了对该技术的巨大需求,各种密码替代技术正在被越来越多的个人用户和组织机构接受,投资生物识别技术行业的热潮正在不断加强。未来生物特征识别技术的发展趋势大致可分为 3 个方向:多模态、非接触式和网络化。

1. 多模态生物特征识别技术

多模态生物特征识别技术,指综合利用来自同一生物特征的多种识别技术,或者来自不同生物特征的多种识别技术,对个人身份进行判断的生物特征识别技术。采用多模态生物特征融合技术可以获得比单一生物特征识别系统更好的识别性能和可靠性,并增加伪造人体生物特征的难度与复杂性,提高系统的安全性。多模态生物特征识别技术克服了单项生物特征识别技术很难全部满足普遍性、唯一性、稳定性和不可复制性的要求,有效地解决了系统的整体实用性问题。

2. 非接触式生物特征识别系统

非接触式生物特征识别系统,指在使用过程中,用户不需要与系统进行直接接触,就可以完成人体生物特征的采集、分析与判断。为用户带来更好的用户体验和卫生保证,提高生物特征识别技术的用户接受度。

3. 网络化

生物特征识别技术的终极发展目标就是人们不必携带任何辅助的身份标识物品和知识,仅仅利用个人的生物特征就可以实现物理访问控制与逻辑访问控制。例如,用生物特征取代密码,可以在云端完成更加安全的身份认证,并进行邮箱登录、个人信息管理、金融交易。随着互联网和云计算技术的迅猛发展,生物认证云将是生物特征识别技术下一步的发展方向。

阅读文章 4-1

二维条码与 RFID 的博弈

选自：曾敏夫《新一代自动识别技术之争》

物联网概念的出现使人们对两种技术路线都很关注,RFID 的技术优势使零售巨头沃尔玛对其青睐有加,沃尔玛对 RFID 技术投入不少人力财力,但几年下来也没有大的进展。究其根本,成本是主要推广瓶颈。虽然 RFID 技术的发展已经使应用成本大幅降低,但是规模化的应用仍然缺乏。目前,RFID 初始成本相比二维条码至少贵了十倍,这对于很多低利润的行业是一大门槛。除了初始成本,使用成本也无法忽视,因为 RFID 需要专用的芯片,短期内芯片成本无法大幅下降。而且在使用时需要专用设备,这种价格对于利润率较低的行业来说,难以接受。相对来说,二维条码的成本较低,更容易让企业接受。

但 RFID 也有二维条码无法实现的优势,传统二维条码标签印刷之后不能修改,RFID 能多次读写,存储容量更大。二维条码在零售、日化、制造等低利润率行业发展较快,但在交通管理,物流的行李包裹、货箱、集装箱、车辆管理,医药和食品的安全管理,人员证件和可以重复使用的票证应用中,RFID 将有更大优势。RFID 的非接触式识读也给 RFID 的应用带来更大的想象空间。

二维条码技术也正在引发一场商业模式革命。消费者通过手机就能参与到二维条码的商品管理应用和个人应用中去。这无疑将加大消费者的参与热情。优惠券、电子票、移动名片等都可以存储在手机里,手机一照就能了解食品安全、防伪、广告、旅游等信息。据悉,已经有二维条码厂商通过后台服务模式,消除了二维条码不能多次修改以及容量不足这两大瓶颈,这无疑增加了二维条码与 RFID 竞争的筹码。

最终谁会在这场技术路线之争中获胜,占据更大的市场份额,取决于谁的成本下降更快,应用模式更合理。然而,由于两种技术路线各自的优势不同,应用领域虽有交叉却无法相互取代,在未来的博弈中两种技术将长期共存。

阅读文章 4-2

RFID 频率应用范围

1. 频率 $9\sim135\text{kHz}$,因为 135kHz 以下的范围没有作为工业、医学和科学(ISM)频率范围保留,所以被其他无线电服务机构大量使用。在这个长波频率范围内的传播条件,允许占用这个频率范围的无线电服务机构以相当小的技术费用连续地达到半径超过 1000km 的地区。这个频率范围的典型的无线电服务机构是航空和航海导航无线电服务机构(LORANC、OMEGA 远程导航系统、DECCA 导航系统)、定时信号和频率标准服务机构以及军事无线电服务机构。

2. 频率 $6.765\sim6.795\text{MHz}$,属于短波频率。在这种频率范围内的传播条件,白天只能达到很小的作用距离,最多几百公里。在夜间,可以横贯大陆传播。这个频率范围的使用者是不同类别的无线电服务机构。

这个范围目前在国际上已由国际电信同盟指派作为 ISM 波段使用,并将越来越多地被射频识别系统使用。欧洲邮政、电信会议/电子研究中心和欧洲电信标准研究所在 CEPT/

ERC 70-03 规范中指派这个频率范围作为协调频率使用。

3. 频率 13.553～13.567MHz,处于短波范围中间。在这个频率范围内的传播条件允许昼夜横贯大陆传播。这个频率范围的使用者是不同类别的无线电服务机构。

在这个频率范围内,除了电感射频识别系统外,其他的 ISM 应用还有遥控系统、远距离控制模拟系统、演示无线电设备和传呼机。

4. 频率 26.565～27.405MHz,在整个欧洲大陆以及美国、加拿大分配给民用无线电电台使用。允许发射功率高达 4W 的未注册的和不收费的无线电设备供私人用户之间在远到 30km 的距离进行无线电通信。

26.957～27.283MHz 的 ISM 波段大约处于民用电台无线电频带的中间。除了电感射频识别系统以外,在这个频率范围内的 ISM 应用包括电热治疗仪、高频焊接装置、远程控制模型和传呼装置。

在安装工业用 27MHz 射频识别系统时,要特别注意附近可能存在任何高频焊接装置。高频焊接装置可产生很高的场强,将严重干扰工作在同一频率的射频识别系统,在规划医院的 27MHz 的射频识别系统时,应当特别注意可能存在的电热治疗仪。

5. 频率 40.660～40.700MHz,处于 VHF 频带内较低端。波的传播限制为表面波,建筑物和其他障碍物造成的衰减并不明显。邻接于这个 ISM 波段的频率范围被移动商业无线电系统和电视广播占用。

在这个频率范围内的 ISM 的主要应用是遥测和遥控。而射频识别系统不适合工作在这个波段。在这个范围的电感射频识别系统可达到的作用距离明显小于所有可供使用的较低的频率范围,而在这个频率范围内的 7.5m 波长肯定不适合构建较小的和价格便宜的反向散射电子标签。

6. 频率 430～440MHz,在世界范围内分配给业余无线电服务机构。无线电业余爱好者用此频率范围进行语音和数据传输以及经过无线电中继站或家用空间卫星通信。

在这个 UHF 频率范围内波的传播近似于光波,遇到建筑物或其他障碍物时,将出现明显的衰减和入射电磁波的反射。

随工作方式和发射功率的不同,无线电业余爱好者使用的系统可以达到 30～300km 的距离。使用空间卫星还可以连通全世界。

ISM 波段 433.050～434.790MHz 大致位于业余无线电频带的中间,已经大量地被各种 ISM 应用占用。除了反向散射射频识别系统以外,还有小型电话机、遥测发射机、无线耳机、未注册的近距离小功率无线对讲机、无锁钥出入系统以及许多其他的应用都填满了这个频带。遗憾的是,在这个频带中,范围广泛的 ISM 应用相互干扰非同寻常。

7. 频率 868～870MHz,在欧洲允许短距离设备使用。因而,欧洲邮政、电信会议的各成员国中此频率范围也可以为射频识别系统使用。一些远东国家也在考虑对短距离设备允许使用这个频率范围。

8. 频率 902～928MHz,这个频率范围在欧洲还没有提供 ISM 应用。在美国和澳大利亚,频率范围 888～889MHz 和 902～928MHz 已可使用,并被反向散射射频识别系统使用。与此邻近的频率范围被按 CT1 和 CT2 标准生产的 D-网络电话和无绳电话占用。

9. 频率 2.400～2.4835GHz,与业余无线电爱好者和无线电定位服务机构的频率范围部分地重叠。这种 UHF 和较高的 SHF 的传播条件是准光波的。建筑物和障碍物都是很好的反射器,使电磁波在传输过程中衰减很大。

作为这个频率范围内的典型的 ISM 应用,除了反向散射射频识别系统以外,主要是用于遥测发射器以及 PC 的无线网络(PCLAN)系统。

10. 频率 5.725~5.875GHz,与业余无线电爱好者和无线电定位服务机构的频率范围部分地重叠。

在这个频率范围内的典型 ISM 应用是用于大门启闭或非接触的厕所冲洗的移动传感器以及反向散射射频识别系统。

11. 频率 24.00~24.25GHz,与业余无线电爱好者、无线电定位服务机构以及地球资源卫星服务机构的频率范围部分地重叠。

在这个频率范围内,主要应用是移动信号传感器,以及传输数据的无线电定向系统。

4.7 练习

1. 名词解释

RFID   自动识别   生物识别技术   条码   二维码

2. 填空

(1) 自动识别技术的特点有_____、_____、_____。

(2) 自动识别技术可分为_____、_____、_____、卡类识别技术、生物特征识别技术等。

(3) 卡类识别技术的产生和推广使用加快了人们日常生活信息化的速度。用于信息处理的卡片大致分为_____和_____。

(4) 机器视觉是一门涉及_____、神经生物学、心理物理学、_____、_____、模式识别等诸多领域的交叉学科。

3. 简答

(1) 条码识别技术的优点。

(2) 简述条码的工作原理。

(3) 二维条码有许多不同的编码方法,根据码制的编码原理,通常有哪几种类型?

(4) 比较一维条码和二维条码。

(5) RFID 系统的基本组成部分有哪些?其特点是什么?

(6) 简述 RFID 有哪些安全隐患。

(7) 如何形成 RFID 系统的安全机制?

(8) 比较指纹、人脸、语音、签名等常用生物特征识别技术。

4. 实验

实验 1:电子标签的测试实验。对带引线电磁耦合式的标签进行阻抗的测试,通过谐振频率点可以得出该标签的工作频率。对于高频(HF)、超高频(UHF)或微波的 RFID 标签(射频卡)进行测量。通常情况下,对于已经封装好的标签测试,由于没有接触点,利用环路天线可以进行非接触测量。通过实验了解电子标签的频率响应以及品质因素 Q 值。

实验 2:读写器的测试实验。对读写器的输出功率、频谱和解调、天线匹配及时域信号等分析测试。通过实验了解读写器的 RF 输出功率、读写器的接收灵敏度以及天线方向、读写器和射频卡的耦合度等。

5. 思考

(1) 分析各种自动识别技术的特点。

(2) 试设计一套 RFID 的应用系统。

第 5 章
CHAPTER 5
物联网感知技术

内容提要

物联网与传统网络的主要区别在于,物联网扩大了传统网络的通信范围,即物联网不仅仅局限于人与人之间的通信,还扩展到人与物、物与物之间的通信。针对物联网具体实现过程中,对物的信息感知是关键环节技术,本章主要介绍传感器组成、分类和特性,传感器的选用原则,智能传感器和无线传感的发展及特点等。

学习目标和重点

- 了解传感器的组成及分类;
- 了解智能传感器的组成;
- 了解无线传感器的特征及发展;
- 理解传感器的特性;
- 掌握传感器的概念;
- 掌握传感器的选用原则。

引入案例

农业插上"互联网+"翅膀

农业物联网的应用比较广泛,主要是对农作物的使用环境进行检测和调整。例如,大棚(温室)自动控制系统实现了对影响农作物生长的环境传感数据实时监测,同时根据环境参数门限值设置实现自动化控制现场电气设备,如风扇、加湿器、除湿器、空调、照明设备、灌溉设备等,也支持远程控制。常用环境监测传感器包括空气温度、空气湿度、环境光照、土壤湿度、土壤温度、土壤水分含量等传感器。亦可支持无缝扩展无线传感器节点,如大气压力、加速度、水位监测、CO、CO_2、可燃气体、烟雾、红外人体感应等传感器。

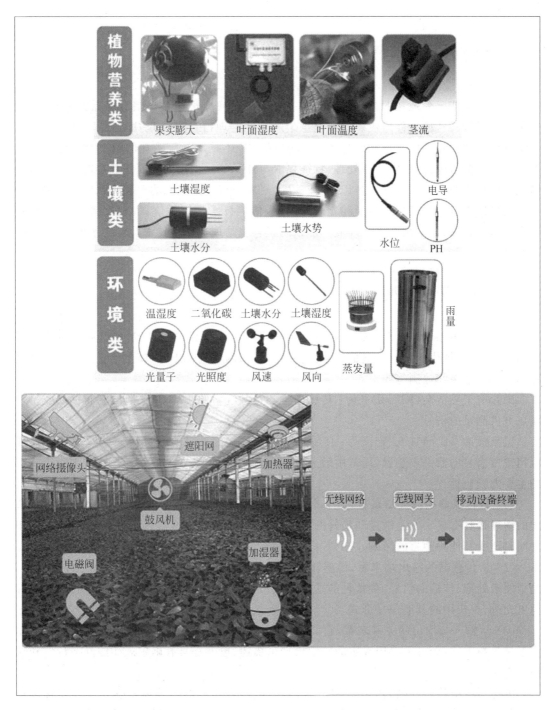

传感技术是关于从自然信源获取信息，并对之进行处理（变换）和识别的一门多学科交叉的现代科学与工程技术，它涉及传感器（又称换能器）、信息处理和识别的规划设计、开发、制造或建造、测试、应用及评价改进等活动。传感技术同计算机技术与通信技术一起被称为信息技术的三大支柱。从仿生学的观点看，如果把计算机看成处理和识别信息的"大脑"，把通信系统看成传递信息的"神经系统"，那么传感器就是"感觉器官"。

5.1 传感器技术概述

传感器是能感受规定的被测量并按照一定规律转换成可用输出信号的器件或装置,通常由敏感元件和转换元件组成。按照信息论的凸性定理,传感器的功能与品质决定了传感系统获取自然信息的信息量和信息质量,是高品质传感技术系统构造的第一个关键点。信息处理包括信号的预处理、后置处理、特征提取与选择等。识别的主要任务是对经过处理的信息进行辨识与分类。它利用被识别(或诊断)对象与特征信息间的关联关系模型对输入的特征信息集进行辨识、比较、分类和判断。因此,传感技术是遵循信息论和系统论的。它包含了众多的高新技术,被众多的产业广泛采用。它也是现代科学技术发展的基础条件,得到了很高的重视。

5.1.1 传感器概念

传感器(Transducer/Sensor)是一种检测装置,能感受到被测量的信息,并能将感受到的信息,按一定规律变换成为电信号或其他所需形式的信息输出,以满足信息的传输、处理、存储、显示、记录和控制等要求。

国际电工委员会(ICE)定义为:传感器是测量系统中的一种前置部件,它将输入变量转换成可供测量的信号。

国家标准 GB 7665-87 定义为:传感器为能感受规定的被测量并按照一定规律转换成可用输出信号的器件或装置,通常由敏感元件和转换元件组成。这一定义所表述的传感器的主要内涵包括:

(1) 从传感器的输入端来看,一个指定的传感器只能感受规定的被测量,即传感器对规定的物理量具有最大的灵敏度和最好的选择性。例如,温度传感器只能用于测温,而不希望它同时还受其他物理量的影响。

(2) 从传感器的输出端来看,传感器的输出信号为"可用信号",这里所谓的"可用信号"是指便于处理、传输的信号,最常见的是电信号、光信号。可以预料,未来的"可用信号"或许是更先进,更实用的其他信号形式。

(3) 从输入与输出的关系来看,它们之间的关系具有"一定规律",即传感器的输入与输出不仅是相关的,而且可以用确定的数学模型来描述,也就是具有确定规律的静态特性和动态特性。

传感器由敏感元件(感知元件)和转换器两部分组成,有的半导体敏感元件可以直接输出电信号,本身就构成传感器。敏感元器件品种繁多,就其感知外界信息的原理来讲可分为物理类(基于力、热、光、电、磁和声等物理效应)、化学类(基于化学反应的原理)、生物类(基于酶、抗体和激素等分子识别功能)。

5.1.2　传感器的组成与分类

1. 传感器的组成

通常,传感器由敏感元件和转换元件组成。但是由于传感器输出信号一般都很微弱,需要有信号调节与转换电路将其放大或变换为容易传输、处理、记录和显示的形式。随着半导体器件与集成技术在传感器中的应用,传感器的信号调节与转换可以安装在传感器的壳体里或与敏感元件一起集成在同一芯片上。因此,传感器一般由敏感元件、转换元件、转换电路和辅助电源 4 部分组成,如图 5-1 所示。

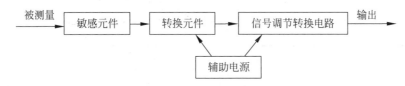

图 5-1　传感器组成方框图

(1) 敏感元件。直接感受被测量,并输出与被测量成确定关系的某一物理量的元件。
(2) 转换元件。敏感元件的输出就是它的输入,把输入转换成电路参量。
(3) 转换电路。上述电路参数接入转换电路,便可转换成电量输出。

有些传感器(如热电偶)只有敏感元件,感受被测量时直接输出电动势。有些传感器由敏感元件和转换元件组成,无须基本转换电路,如压电式加速度传感器。还有些传感器由敏感元件和基本转换电路组成,如电容式位移传感器。有些传感器,转换元件不止一个,要经过若干次转换才能输出电量。大多数传感器是开环系统,但也有个别的是带反馈的闭环系统。

2. 传感器的分类

由于被测参量种类繁多,其工作原理和使用条件又各不相同,因此传感器的种类和规格十分繁杂,分类方法也很多。现将常采用的分类方法归纳如表 5-1 所示。

表 5-1　常见的传感器分类

分类法	型　式	说　明
按基本效应	物理型	采用物理效应进行转换
	化学型	采用化学效应进行转换
	生物型	采用生物效应进行转换
按构成形式	结构型	以转换元件结构参数变化实现信号转换
	特性型	以转换元件物理特性变化实现信号转换
按能量关系	能量转换型	输出量直接由被测量能量转换而来
	能量控制型	输出量能量由外部能源提供,但受输入量控制
按输入量	长度、位移、压力、温度、流量、距离、速度	以被测量命名(即按用途分类)

分类法	型 式	说 明
按输出量	模拟式	输出量为模拟信号(电压、电流、……)
	数字式	输出量为数字信号(脉冲、编码、……)
按工作原理	电阻式	利用电阻参数变化实现信号转换
	电容式	利用电容参数变化实现信号转换
	电感式	利用电感参数变化实现信号转换
	压电式	利用压电效应实现信号转换
	磁电式	利用电磁感应原理实现信号转换
	热电式	利用热电效应实现信号转换
	光电式	利用光电效应实现信号转换
	光纤式	利用光纤特性参数变化实现信号转换
	……	……

5.1.3 传感器的作用与地位

人类社会已进入信息时代,人们的社会活动主要依靠对信息资源的开发、获取、传输和处理。传感器处于研究对象与测试系统的接口位置,即检测与控制系统之首。因此,传感器成为感知、获取与检测信息的窗口,一切科学研究与自动化生产过程要获取的信息,都要通过传感器获取并通过它转换为容易传输与处理的电信号。

在科学研究中,传感器具有突出的作用。许多科学研究的障碍就在于对象信息的获取存在困难,而一些新机理、高灵敏度传感器的出现,往往会导致该领域内技术的突破。例如,需要进行超高温、超低温、超高压、超高真空、超强磁场等的研究,在这些研究中人类的感觉器官根本无法直接获取信息,没有相适应的传感器就不可能实现信息的采集。

在现代工业生产,尤其是自动生产中,传感器同样具有突出的地位。现在各种传感器可以用来监视和控制生产过程中的各个参数,使设备工作在最佳状态,并使产品达到最好的质量,因此没有传感器现代化生产也就失去了基础。

在物联网中,传感器是整个物联网中需求量最大和最为基础的环节之一。物联网的概念传到我国以后,我国提出了感知中国的发展目标,在物联网中人们为了感知外界环境,同样必须借助于传感器。传感器是物联网的基础,可以从外界获取信息,使物联网从早期的单纯应用于射频识别领域,发展到现在的应用于整个 IT 领域。物联网通过运用各类传感器,可以帮助不同地区、不同行业的人们获取信息,帮助人们应对日益严重的气候变化,提供领先的低碳解决方案,用绿色环保的方式创造最佳的社会、经济效益,维护人类的生存环境和发展。

5.1.4 传感技术的未来发展

传感器技术所涉及的知识非常广泛,渗透到各个学科领域。但是它们的共性是利用物理定律和物质的物理、化学与生物特性,将非电量转换成电量。所以,如何采用新技术、新工艺、新材料以及探索新理论达到高质量的转换,是总的发展途径。

当前,传感器技术的发展趋势,一是开展基础研究,强调系统性和协调性,突出创新;二是实现传感器的集成化与智能化。

(1) 强调传感技术系统的系统性和传感器、处理与识别的协调发展,突破传感器同信息处理、识别技术与系统的研究、开发、生产、应用和改进分离的体制,按照信息论与系统论,应用工程的方法,与计算机技术和通信技术协同发展。

(2) 利用新的理论、新的效应研究开发工程和科技发展有迫切需求的多种新型传感器和传感技术系统。

(3) 侧重传感器与传感技术硬件系统与元器件的微小型化。利用集成电路微小型化的经验,从传感技术硬件系统的微小型化中提高其可靠性、质量、处理速度和生产率,降低成本,节约资源与能源,减少对环境的污染。在微小型化中,得到世界各国关注的是纳米技术。

(4) 集成化。进行硬件与软件两方面的集成,它包括传感器阵列的集成和多功能、多传感参数的复合传感器(如:汽车用的油量、酒精检测和发动机工作性能的复合传感器);传感系统硬件的集成(如:信息处理与传感器的集成),传感器—处理单元—识别单元的集成等;硬件与软件的集成;数据集成与融合等。

(5) 研究与开发特殊环境(指高温、高压、水下、腐蚀和辐射等环境)下的传感器与传感技术系统。

(6) 对一般工业用途、农业和服务业用的量大面广的传感技术系统,侧重解决提高可靠性、可利用性和大幅度降低成本的问题,以适应工农业与服务业的发展,保证这种低技术产品的市场竞争力和市场份额。

(7) 彻底改变重研究开发、轻应用与改进的局面,实行需求驱动的全过程、全寿命研究开发、生产、使用和改进的系统工程。

(8) 智能化。侧重传感信号的处理和识别技术、方法和装置同自校准、自诊断、自学习、自决策、自适应和自组织等人工智能技术结合,发展支持智能制造、智能机器和智能制造系统发展的智能传感技术系统。

5.2　典型的传感器

5.2.1　传感器的特性

传感器的特性是指传感器的输入量和输出量之间的对应关系。通常把传感器的特性分为两种:静态特性和动态特性。

1. 传感器的静态特性

传感器的静态特性是指对静态的输入信号,传感器的输出量与输入量之间所具有相互关系。因为这时输入量和输出量都和时间无关,所以它们之间的关系,即传感器的静态特性可用一个不含时间变量的代数方程,或以输入量作横坐标,把与其对应的输出量作纵坐标而画出的特性曲线来描述。表征传感器静态特性的主要参数有线性度、灵敏度、迟滞、重复性、漂移、分辨力、精度等。

(1) 线性度。指传感器输出量与输入量之间的实际关系曲线偏离拟合直线的程度。定义为在全量程范围内实际特性曲线与拟合直线之间的最大偏差值与满量程输出值之比。

(2) 灵敏度。传感器在静态标准条件下,输出变化对输入变化的比值称灵敏度,用 S_0 表示,即 $S_0 = \dfrac{输出量的变化量}{输入量的变化量} = \dfrac{\Delta y}{\Delta x}$,对于线性传感器来说,它的灵敏度是个常数。

(3) 迟滞。传感器在正(输入量增大)、反(输入量减小)行程中输出/输入特性曲线的不重合程度称迟滞,迟滞误差一般以满量程输出 y_{FS} 的百分数表示。$\gamma_H = \dfrac{\Delta H_m}{y_{FS}} \times 100\%$ 或 $\gamma_H = \pm \dfrac{1}{2} \dfrac{\Delta H_m}{y_{FS}} \times 100\%$,式中 ΔH_m——输出值在正、反行程间的最大差值。迟滞特性一般由实验方法确定。

(4) 重复性。传感器在同一条件下,被测输入量按同一方向作全量程连续多次重复测量时,所得输出/输入曲线的不一致程度,称重复性。重复性误差用满量程输出的百分数表示,即 $\gamma_R = \pm \dfrac{\Delta R_m}{y_{FS}} \times 100\%$,式中 ΔR_m——输出最大重复性误差;重复特性也用实验方法确定,常用绝对误差表示。

(5) 漂移。由于传感器内部因素或外界干扰的情况下,传感器的输出变化称为漂移。输入状态为零时的漂移称为零点漂移。在其他因素不变情况下,输出随着时间的变化产生的漂移称为时间漂移;随着温度变化产生的漂移称为温度漂移。

(6) 分辨力。传感器能检测到的最小输入增量称分辨力,在输入零点附近的分辨力称为阈值。分辨力与满度输入比的百分数表示称为分辨率。

(7) 精度。表示测量结果和被测的"真值"的靠近程度。精度一般是在校验或标定的方法来确定,此时"真值"则靠其他更精确的仪器或工作基准来给出。国家标准中规定了传感器和测试仪表的精度等级,如电工仪表精度分 7 级,分别是 0.1、0.2、0.5、1.0、1.5、2.5、5级。精度等级(S)的确定方法是:首先算出绝对误差与输出满度量程之比的百分数,然后靠近比其低的国家标准等级值即为该仪器的精度等级。

2. 传感器的动态特性

传感器的动态特性是指传感器在输入变化时它的输出特性。在实际工作中,传感器的动态特性常用它对某些标准输入信号的响应来表示。这是因为传感器对标准输入信号的响应容易用实验方法求得,并且它对标准输入信号的响应与它对任意输入信号的响应之间存在一定的关系,往往知道了前者就能推定后者。最常用的标准输入信号有阶跃信号和正弦信号两种,所以传感器的动态特性也常用阶跃响应和频率响应来表示。

(1) 传感器的频率响应特性。将各种频率不同而幅值相等的正弦信号输入传感器,其输出正弦信号的幅值、相位与频率之间的关系称为频率响应特性。由于相频特性和幅频特性之间有一定的内在关系,因此表示传感器的频响特性及频域性能指标时主要用幅频特性。图 5-2 为典型的对数幅频特性。

(2) 传感器的阶跃响应特性。当给静止的传感器输入一个单位阶跃信号时,其输出信号称为阶跃响应。图 5-3 为两条典型的阶跃响应曲线。

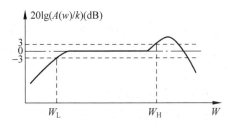

图 5-2　典型的对数幅频特性

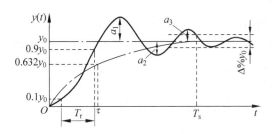

图 5-3　两条典型的阶跃响应曲线

5.2.2　几种典型的传感器

传感器的种类繁多,以下就几种典型的传感器分别加以介绍。它们是霍尔传感器、温度传感器、压力传感器、位移传感器、光电传感器、红外传感器等,如图 5-4 所示。

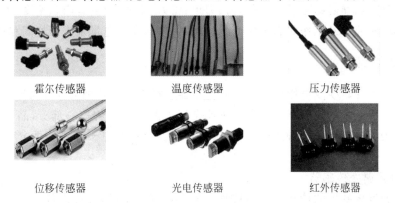

图 5-4　典型传感器示例

1. 霍尔传感器

霍尔传感器是根据霍尔效应制作的一种磁场传感器。霍尔效应是磁电效应的一种,这一现象是霍尔于 1879 年在研究金属的导电机构时发现的。后来发现半导体、导电流体等也有这种效应,而半导体的霍尔效应比金属强得多,利用这现象制成的各种霍尔元件,广泛地应用于工业自动化技术、检测技术及信息处理等方面。霍尔效应是研究半导体材料性能的基本方法。通过霍尔效应实验测定的霍尔系数,能够判断半导体材料的导电类型、载流子浓度及载流子迁移率等重要参数。

1) 霍尔效应

在半导体薄片两端通以控制电流 I,并在薄片的垂直方向施加磁感应强度为 B 的匀强磁场,则在垂直于电流和磁场的方向上,由洛伦兹力产生一个电势差为 EH 的霍尔电压。

2) 霍尔元件

根据霍尔效应,人们用半导体材料制成的元件叫霍尔元件。它具有对磁场敏感、结构简单、体积小、频率响应宽、输出电压变化大和使用寿命长等优点,因此,在测量、自动化、计算机和信息技术等领域得到广泛的应用。

3) 霍尔传感器的分类

(1) 按照霍尔器件的功能可将它们分为线性型霍尔传感器和开关型霍尔传感器两种。

线性型霍尔传感器由霍尔元件、线性放大器和射极跟随器组成,它输出模拟量。霍尔线性器件的精度高、线性度好。

开关型霍尔传感器由稳压器、霍尔元件、差分放大器,斯密特触发器和输出级组成,它输出数字量。霍尔开关器件无触点、无磨损、输出波形清晰、无抖动、无回跳、位置重复精度高(可达 μm 级)。

霍尔器件具有许多优点,它们的结构牢固,体积小,重量轻,寿命长,安装方便,功耗小,频率高(可达 1MHz),耐震动,不怕灰尘、油污、水汽及烟雾等的污染或腐蚀。采用了各种补偿和保护措施的霍尔器件的工作温度范围宽,可达-55℃~150℃。

(2) 按被检测的对象的性质,可将它们的应用分为直接应用和间接应用。

直接应用是直接检测出受检测对象本身的磁场或磁特性。

间接应用是在检测受检对象上人为设置磁场,用这个磁场来作被检测的信息的载体,通过它,将许多非电、非磁的物理量,例如力、力矩、压力、应力、位置、位移、速度、加速度、角度、角速度、转数、转速以及工作状态发生变化的时间等,转变成电量来进行检测和控制。

2. 温度传感器

能感受温度并转换成可用输出信号的传感器。利用物质各种物理性质随温度变化的规律把温度转换为电量的传感器。温度传感器是温度测量仪表的核心部分,品种繁多。按测量方式可分为接触式和非接触式两大类,按照传感器材料及电子元件特性分为热电阻和热电偶两类。

1) 接触式温度传感器

接触式温度传感器的检测部分与被测对象有良好的接触,又称温度计。温度计通过传导或对流达到热平衡,从而使温度计的显示值能直接表示被测对象的温度。一般测量精度较高。在一定的测温范围内,温度计也可测量物体内部的温度分布。但对于运动物体、小目标或热容量很小的对象则会产生较大的测量误差,常用的温度计有双金属温度计、玻璃液体温度计、压力式温度计、电阻温度计、热敏电阻和温差电偶等。

2) 非接触式温度传感器

非接触式温度传感器的敏感元件与被测对象互不接触,又称非接触式测温仪表。这种仪表可用来测量运动物体、小目标和热容量小或温度变化迅速(瞬变)对象的表面温度,也可用于测量温度场的温度分布。

非接触测温优点:测量上限不受感温元件耐温程度的限制,因而对最高可测温度原则上没有限制。对于 1800℃以上的高温,主要采用非接触测温方法。随着红外技术的发展,辐射测温逐渐由可见光向红外线扩展,700℃以下直至常温都已采用,且分辨率很高。

3) 热电偶

当有两种不同的导体和半导体 A 和 B 组成一个回路,其两端相互连接时,只要两连接点处的温度不同,一端温度为 T,称为工作端或热端;另一端温度为 $T0$,称为自由端(也称参考端)或冷端,则回路中就有电流产生,即回路中存在的电动势称为热电动势。

4) 热电阻

导体的电阻值随温度变化而改变,通过测量其阻值推算出被测物体的温度,利用此原理构成的传感器就是电阻温度传感器,这种传感器主要用于 $-200℃ \sim 500℃$ 温度范围内的温度测量。纯金属是热电阻的主要制造材料,目前在工业中应用最广的是铂和铜,并已制作成标准测温热电阻。

5) 模拟温度传感器

集成模拟温度传感器与传统模拟温度传感器相比,具有灵敏度高、线性度好、响应速度快等优点,而且它还将驱动电路、信号处理电路以及必要的逻辑控制电路集成在单片 IC 上,有实际尺寸小、使用方便等优点。

6) 逻辑输出型温度传感器

在许多应用中,我们并不需要严格测量温度值,只关心温度是否超出了一个设定范围,一旦温度超出所规定的范围,则发出报警信号,启动或关闭风扇、空调、加热器或其他控制设备,此时可选用逻辑输出式温度传感器。

7) 数字式温度传感器

使用数字式接口的温度传感器,设计问题将得到简化,当 A/D 和微处理器的 I/O 管脚短缺时,采用时间或频率输出的温度传感器也能解决上述测量问题。

3. 压力传感器

压力传感器是能感受压力并转换成可用输出信号的传感器。我们通常使用的压力传感器主要是利用压电效应制造而成的,这样的传感器也称为压电传感器。

压电效应是压电传感器的主要工作原理,压电传感器不能用于静态测量,因为经过外力作用后的电荷,只有在回路具有无限大的输入阻抗时才得到保存。实际的情况不是这样的,所以这决定了压电传感器只能够测量动态的应力。

压电传感器主要应用在加速度、压力和力等的测量中。压力传感器是工业实践中最为常用的一种传感器,其广泛应用于各种工业自控环境,涉及水利水电、铁路交通、智能建筑、生产自控、航空航天、军工、石化、油井、电力、船舶、机床、管道等众多领域。

4. 位移传感器

位移是和物体的位置在运动过程中的移动有关的量,位移的测量方式所涉及的范围是相当广泛的。小位移通常用应变式、电感式、差动变压器式、涡流式、霍尔传感器来检测,大的位移常用感应同步器、光栅、容栅、磁栅等传感技术来测量。

位移传感器又称为线性传感器,它分为电感式位移传感器、电容式位移传感器、光电式位移传感器、超声波式位移传感器和霍尔式位移传感器。

电感式位移传感器是一种属于金属感应的线性器件,接通电源后,在开关的感应面将产生一个交变磁场,当金属物体接近此感应面时,金属中则产生涡流而吸取振荡器的能量,使振荡器输出幅度线性衰减,然后根据衰减量的变化来完成无接触检测物体的目的。电感式位移传感器具有无滑动触点,工作时不受灰尘等非金属因素的影响,并且功耗低,寿命长,可使用在各种恶劣条件下,主要应用于自动化装备生产线对模拟量的智能控制。

光电式位移传感器利用激光三角反射法进行测量,根据被测对象阻挡光通量的多少来测量对象的位移或几何尺寸。特点是属于非接触式测量,并可进行连续测量。对被测物体材质没有任何要求,主要影响为环境光强和被测面是否平整。光电式位移传感器在连续测量线材直径或在带材边缘位置控制系统中常用作边缘位置传感器。

霍尔式位移传感器的测量原理是保持霍尔元件的激励电流不变,并使其在一个梯度均匀的磁场中移动,则所移动的位移正比于输出的霍尔电势。磁场梯度越大,灵敏度越高;梯度变化越均匀,霍尔电势与位移的关系越接近于线性。霍尔式位移传感器的惯性小、频响高、工作可靠、寿命长,因此常用于将各种非电量转换成位移后再进行测量的场合。

5. 光电传感器

光电传感器是采用光电元件作为检测元件的传感器。它首先把测量到的变化转换成光信号的变化,然后借助光电元件进一步将光信号转换成电信号。光电传感器一般由光源、光学通路和光电元件三部分组成。

光电传感器是各种光电检测系统中实现光电转换的关键元件,它可用于检测直接引起光量变化的非电量,如光强、光照度、辐射测温、气体成分分析等;也可用来检测能转换成光量变化的其他非电量,如零件直径、表面粗糙度、应变、位移、振动、速度、加速度,以及物体的形状、工作状态的识别等。光电式传感器具有非接触、响应快、性能可靠等特点,因此在工业自动化装置和机器人中获得了广泛应用。近年来,新的光电器件不断涌现,特别是 CCD 图像传感器的诞生,为光电传感器的进一步应用揭开了新的篇章。

光电传感器具有以下特性:

(1)距离长。如果在对射型中保留 10m 以上的检测距离等,便能实现其他检测手段(磁性、超声波等)无法完成的长距离检测。

(2)对检测物体的限制少。由于以检测物体引起的遮光和反射为检测原理,所以不像接近传感器等将检测物体限定为金属,它可对玻璃、塑料、木材、液体等几乎所有物体进行检测。

(3)响应时间短。光本身是高速传播的,并且传感器的电路都由电子零件构成,所以不包含机械性工作时间,响应时间非常短。

(4)分辨率高。能通过高级设计技术使投光光束集中在小光点,或通过构成特殊的受光光学系统,来实现高分辨率。也可进行微小物体的检测和高精度的位置检测。

(5)可实现非接触的检测。可以无须机械性地接触检测物体实现检测,因此不会对检测物体和传感器造成损伤。因此,传感器能长期使用。

(6)可实现颜色判别。通过检测物体形成的光的反射率和吸收率根据被投光的光线波长和检测物体的颜色组合而有所差异。利用这种性质,可对检测物体的颜色进行检测。

(7)便于调整。在投射可视光的类型中,投光光束是眼睛可见的,便于对检测物体的位置进行调整。

6. 红外传感器

红外传感系统是以红外线为介质的测量系统,红外传感技术已经在现代科技、国防和工农业等领域获得了广泛的应用。

(1) 红外传感器按照功能分成五类。辐射计,用于辐射和光谱测量;搜索和跟踪系统,用于搜索和跟踪红外目标,确定其空间位置并对它的运动进行跟踪;热成像系统,可产生整个目标红外辐射的分布图像;红外测距和通信系统;混合系统,是指以上各类系统中的两个或者多个的组合。

(2) 红外传感器的工作原理。

根据待测目标的红外辐射特性可进行红外系统的设定。待测目标的红外辐射通过地球大气层时,由于气体分子和各种气体以及各种溶胶粒的散射和吸收,将使得红外源发出的红外辐射发生衰减。光学接收器接收目标的部分红外辐射并传输给红外传感器。辐射调制器对来自待测目标的辐射调制成交变的辐射光,提供目标方位信息,并可滤除大面积的干扰信号,又称调制盘和斩波器,它具有多种结构。红外探测器是红外系统的核心。它是利用红外辐射与物质相互作用所呈现出来的物理效应探测红外辐射的传感器,多数情况下是利用这种相互作用所呈现出的电学效应。此类探测器可分为光子探测器和热敏感探测器两大类型。由于某些探测器必须要在低温下工作,所以相应的系统必须有制冷设备。经过探测器制冷器制冷,设备可以缩短响应时间,提高探测灵敏度。信号处理系统将探测的信号进行放大、滤波,并从这些信号中提取出信息。然后将此类信息转化成为所需要的格式,最后输送到控制设备或者显示器中。显示设备是红外设备的终端设备。常用的显示器有示波器、显像管、红外感光材料、指示仪器和记录仪等。

依照上面的流程,红外系统就可以完成相应的物理量的测量。红外系统的核心是红外探测器,按照探测机理的不同,可以分为热探测器(基于热效应)和光子探测器(基于光电效应)两大类。热探测器是利用辐射热效应,使探测元件接收到辐射能后引起温度升高,进而使探测器中依赖于温度的性能发生变化。检测其中某一性能的变化,便可探测出辐射。红外传感器已经在现代化的生产实践中发挥着它的巨大作用,随着探测设备和其他部分的技术的提高,红外传感器能够拥有更多的性能和更好的灵敏度。

5.2.3　选用传感器的原则

现代传感器在原理与结构上千差万别,如何根据具体的测量目的、测量对象以及测量环境合理地选用传感器,是在进行某个量的测量时首先要解决的问题。当传感器确定之后,与之相配套的测量方法和测量设备也就可以确定了。测量结果的成败,在很大程度上取决于传感器的选用是否合理。

1. 根据测量对象与测量环境确定传感器的类型

要进行一个具体的测量工作,首先要考虑采用何种原理的传感器,这需要分析多方面的因素之后才能确定。因为,即使是测量同一物理量,也有多种原理的传感器可供选用,哪一种原理的传感器更为合适,则需要根据被测量的特点和传感器的使用条件考虑以下一些具体问题:量程的大小;被测位置对传感器体积的要求;测量方式为接触式还是非接触式;信号的引出方法,有线或是非接触测量;传感器的来源,国产还是进口,价格能否承受,还是自行研制等。

在考虑上述问题之后就能确定选用何种类型的传感器,然后再考虑传感器的具体性能指标。

2. 灵敏度的选择

通常,在传感器的线性范围内,希望传感器的灵敏度越高越好。因为只有灵敏度高时,与被测量变化对应的输出信号的值才比较大,有利于信号处理。但要注意的是,传感器的灵敏度高,与被测量无关的外界噪声也容易混入,也会被放大系统放大,影响测量精度。因此,要求传感器本身应具有较高的信噪比,尽量减少从外界引入的干扰信号。

传感器的灵敏度是有方向性的。当被测量是单向量,而且对其方向性要求较高,则应选择其他方向灵敏度小的传感器;如果被测量是多维向量,则要求传感器的交叉灵敏度越小越好。

3. 频率响应特性

传感器的频率响应特性决定了被测量的频率范围,必须在允许频率范围内保持不失真的测量条件,实际上传感器的响应总有一定延迟,希望延迟时间越短越好。

传感器的频率响应高,可测的信号频率范围就宽,而由于受到结构特性的影响,机械系统的惯性较大,所以频率低的传感器可测信号的频率较低。

在动态测量中,应根据信号的特点(稳态、瞬态、随机等响应特性),以免产生过大的误差。

4. 线性范围

传感器的线性范围是指输出与输入成正比的范围。从理论上讲,在此范围内,灵敏度保持定值。传感器的线性范围越宽,则其量程越大,并且能保证一定的测量精度。在选择传感器时,当传感器的种类确定以后首先要看其量程是否满足要求。

但实际上,任何传感器都不能保证绝对的线性,其线性度也是相对的。当所要求测量精度比较低时,在一定的范围内,可将非线性误差较小的传感器近似看作线性的,这会给测量带来极大的方便。

5. 稳定性

传感器使用一段时间后,其性能保持不变的能力称为稳定性。影响传感器长期稳定性的因素除传感器本身结构外,主要是传感器的使用环境。因此,要使传感器具有良好的稳定性,传感器必须要有较强的环境适应能力。

传感器的稳定性有定量指标,在超过使用期后,在使用前应重新进行标定,以确定传感器的性能是否发生变化。

在某些要求传感器能长期使用而又不能轻易更换或标定的场合,所选用的传感器稳定性要求更严格,要能够经受住长时间的考验。

6. 精度

精度是传感器的一个重要的性能指标,它是关系到整个测量系统测量精度的一个重要环节。传感器的精度越高,其价格越昂贵,因此,传感器的精度只要满足整个测量系统的精度要求就可以,不必选得过高。这样就可以在满足同一测量目的的诸多传感器中选择比较便宜和简单的传感器。

如果测量目的是定性分析,那么选用重复精度高的传感器即可,不宜选用绝对量值精度高的;如果是为了定量分析,必须获得精确的测量值,就需选用精度等级能满足要求的传感器。

对某些特殊使用场合,无法选到合适的传感器,则需自行设计制造传感器。自制传感器的性能应满足使用要求。

5.3　智能传感器

5.3.1　智能传感器概述

要处理许多传感器所获得的大批数据,需要大型电子计算机,这从快速采集数据和经济性方面都是不合适的。传感技术在经历了模拟量信息处理和数字量交换这两个阶段后,为了实时快速采集数据,同时又降低成本,提出了分散处理这些数据的方案,各类传感器检测的数据,先进行存储、处理,然后用标准串/并接口总线方式实现远距离、高精度的传输。利用微处理机技术使传感器智能化,通常称之为智能传感器。

传感器和微处理机相结合,使传感器不仅有视、嗅、味和听觉功能,还具有存储、思维和逻辑判断、数据处理、自适应能力等功能,从而使传感器技术提高到一个新水平。具体地说,在同一壳体内既有传感元件,又有信号预处理电路和微处理器,其输出方式可以是通信线RS-232 或 RS-422 串行输出,也可以是 IEEE-488 标准总线的并行输出,以上这些功能可以由 n 块输出独立的模板构成,装在同一壳体内构成模块智能传感器,也可以把上述模块集成化成以硅片为基础的超大规模集成电路的高级智能传感器。由此看来,智能传感器也可以说是一个微机小系统,其中作为系统"大脑"的微处理机通常是单片机。无论哪一种智能传感器,都可用如图 5-5 所示的框图来表示。

1. 智能传感器的主要功能

(1) 具有自校零、自标定、自校正功能;

(2) 具有自动补偿功能;

(3) 能够自动采集数据,并对数据进行预处理;

(4) 能够自动进行检验、自选量程、自寻故障;

(5) 具有数据存储、记忆与信息处理功能;

(6) 具有双向通信、标准化数字输出或者符号输出功能;

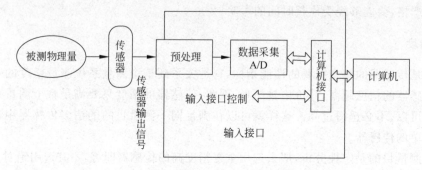

图 5-5　智能传感器的组成框图

（7）具有判断、决策处理功能。

2. 智能传感器的特点

（1）精度高。智能传感器有多项功能来保证它的高精度，如：通过自动校零去除零点；与标准参考基准实时对比以自动进行整体系统标定；自动进行整体系统的非线性等系统误差的校正；通过对采集的大量数据进行统计处理以消除偶然误差的影响等等。从而保证了智能传感器的高精度。

（2）高可靠性与高稳定性。智能传感器能自动补偿因工作条件与环境参数发生变化后引起的系统特性的漂移，如：温度变化而产生的零点和灵敏度的漂移；在当被测参数变化后能自动改换量程；能实时自动进行系统的自我检验，分析、判断所采集到数据的合理性，并给出异常情况的应急处理（报警或故障提示）。因此，有多项功能保证了智能传感器的高可靠性与高稳定性。

（3）高信噪比与高分辨率。由于智能传感器具有数据存储、记忆与信息处理功能，通过软件进行数字滤波、相关分析等处理，可以去除输入数据中的噪声，将有用信号提取出来；通过数据融合、神经网络技术，可以消除多参数状态下交叉灵敏度的影响，从而保证在多参数状态下对特定参数测量的分辨率，故智能传感器具有高的信噪比与高的分辨率。

（4）自适应性强。由于智能传感器具有判断、分析与处理功能，它能根据系统工作情况决策各部分的供电情况、与高/上位计算机的数据传送速率，使系统工作在最优低功耗状态并优化传送速率。

（5）价格性能比低。智能传感器所具有的上述高性能，不是像传统传感器技术追求传感器本身的完善、对传感器的各个环节进行精心设计与调试、进行"手工艺品"般的精雕细琢来获得，而是通过与微处理器或计算机相结合，采用廉价的集成电路工艺和芯片以及强大的软件来实现的，所以具有较低的价格性能比。

5.3.2　智能传感器的发展

近年来，智能传感器的发展主要有以下几个特点。

1. 新型测量技术和物理转换机理

利用光纤、微波、声波、激光、磁谐振等新型测量技术，开发出新型的智能传感器。国外一些发达国家已将光纤用于测量磁、声、力、温度、位移、旋转、加速度、液位、扭矩、应变、电流、电压、传像和某些化学成分分析等。利用智能传感器所集成的 DSP 等处理芯片,可以很容易对非线性的传递函数进行校正,得到一个线性的非常好的输出结果,从而消除了非线性传递对传感器应用的制约。该机理具有稳定性好、精确度高、灵敏度高的特点。

2. 数据融合

组成多变量传感器阵列,利用多传感器数据融合技术,充分发挥各个传感器的特点,利用其容错性、互补性、实时性,提高测量信息的精度和可靠性,延长系统的使用寿命。

数据融合是一种数据综合和处理技术,是许多传统学科和新技术的集成和应用,如通信、模式识别、决策论、不确定性理论、信号处理、估计理论、最优化技术、计算机科学、人工智能和神经网络等。近年来,不少学者又将遗传算法、小波分析技术、虚拟技术引入数据融合技术中。

3. 传感器的微型化

集成智能传感器的微型化绝不仅仅是尺寸上的缩微与减少,而是一种具有新机理、新结构、新作用和新功能的高科技微型系统,并在智能化方面与先进科技融合。其微型化主要基于以下发展趋势:尺寸上的缩微和性质上的增强性;各要素的集成化和用途上的多样化;功能上的系统化、智能化和结构上的复合性。

传感器制造商利用 MEMS 微机电加工、COMOS 制造工艺等生产制造方面的进步,提升智能传感器的性能。例如,近年来 MEMS 已促进了加速度传感器、陀螺仪、压力传感器等智能传感器的小型化,从汽车到计算机再到卫星,新型的传感器在安全、监视和控制应用上起着重要的作用。

例如,挪威的科学及工业研究基金会(SINTEF)开发了一种可植入人体的微型传感器,用于测量膀胱内压。这个设备是专为神经损伤患者而开发的——可以在患者膀胱满的时候,告诉他们。研究人员正准备在患者身上测试这款传感器,希望找到一种可以永久植入的方法。

他们最终的目标是希望体内的传感器能通过无线网络将患者膀胱的状态传送至其智能手机上。这样,患者就能比较自如舒适地得知自己的膀胱状态了。

4. 网络化

传感器配备带微处理器的网络接口,以实现传感器间的互连和远程监视和诊断等功能,当前国际上的应用技术,可细分为以传感器自组网为重点的无线传感器网络应用和以网络化、智能化、标准化为重点的网络智能化传感技术。因网络传感器通常需符合 IEEE 1451 标准簇,有时也称 IEEE 1451 传感器。网络标准化后,智能传感器实现了"即插即用"和网络无关性,具有自我描述和自我识别能力。从而,一方面传感器可以作为无线传感器网、局域网、城域网、广域网以及国际互联网 Internet 的终端,可通过网络接口访问网络节点计算机、其他仪器和传感器等终端设备,交换和共享数据;另一方面也使传感器特别适合远程分布测量、监视、控制和维修等应用。

例如,西班牙 Santander 作为欧洲智慧城市的样板城市,在市区内安装大量的噪音、温度、环境光亮度、一氧化碳浓度、空闲停车位位置等智能网络传感器,利用 Libelium 分布式无线传感器网络,收集城市及其市民生活、健康等方面的数据,以形成开放、动态的智慧城市生态管理系统。

【知识链接 5-1】

微机电系统

微机电系统(Micro Electro Mechanical System,MEMS)是指尺寸在几毫米乃至更小的高科技装置,其内部结构一般在微米甚至纳米量级,是一个独立的智能系统。主要由传感器、动作器(执行器)和微能源三大部分组成。微机电系统涉及物理学、半导体、光学、电子工程、化学、材料工程、机械工程、医学、信息工程及生物工程等多种学科和工程技术,为智能系统、消费电子、可穿戴设备、智能家居、系统生物技术的合成生物学与微流控技术等开拓了广阔的应用领域。

常见的产品包括 MEMS 加速度计、MEMS 麦克风、微马达、微泵、微振子、MEMS 压力传感器、MEMS 陀螺仪、MEMS 湿度传感器等以及它们的集成产品。

5.4　无线传感器

5.4.1　无线传感器概述

无线传感器的组成模块封装在一个外壳内,在工作时它将由电池或振动发电机提供电源,构成无线传感器网络节点,由随机分布的集成有传感器、数据处理单元和通信模块的微型节点,通过自组织的方式构成网络。它可以采集设备的数字信号通过无线传感网传输到监控中心的无线网关,直接送入计算机,进行分析处理。如果需要,无线传感器也可以实时传输采集的整个时间历程信号。监控中心也可以通过网关把控制、参数设置等信息无线传输给节点。数据调理采集处理模块把传感器输出的微弱信号经过放大、滤波等调理电路后,送到模数转换器,转变为数字信号,再送到主处理器进行数字信号处理,计算出传感器的有效值、位移值等。

在当今信息技术呈爆炸式发展的潮流中,无线传感器以其全新的数据获取与处理技术逐渐进入人们的视野,并且在很多领域得到了广泛的应用与普及。当今国内无线传感器的发展方向大多集中在对于传感器数据接收的网络节点处,并且对用于信息处理的硬件设备也有部分研究。而伴随研究的不断深入与科技创新的不断突破,无线传感器已经开始向着智能式与便携式方向发展,作为协作技术的核心部分其前景不可限量。无线传感器的所有技术是过去单一传感器技术、无线电通信技术的完美融合,在融合的同时更在操作便捷性上做出了极大的突破。无线电传感器因为其特殊的节点式感应接收模式使得它在通信能力上显得十分有限,对一些大规模的数据也很难及时做到处理与响应,而对于这种十分有限的数据处理能力,要想让无线电传感器发挥出其最大的作用,就要根据实际的处理区域情况制定一系列相应的调整对策。作为当今国际学术领域的研究热点,无线电传感器的出现让微电

子技术与计算机网络技术完美融合在一起,并使得这一技术在军事科技、国防科技、城市规
划、抢险赈灾、环境保护等方面都体现出了十分重要的价值。世界各国都已无法忽视这一重
要的技术。

1. 无线传感器的选用原则

虽然无线传感器的出现时间并不长,但是它依旧有很多种类,且每个类别所担负的实际
任务也不同。在遇到实际的问题时,要根据现场的实际测量目的、测量对象及测量环境来科
学地选取合适的无线传感器来进行数据收集。无线传感器的实际选择应该遵循以下几个重
要原则:

(1) 灵敏度的选择。一般而言,对于无线电传感器来说设备的灵敏度当然是越高越好,
但是在实际的使用中就会发现无线传感器的灵敏度常常会受到很多外界因素的不可抗逆性
干扰,这就会使得整个数据测量的精确度受到影响,此外,在方向性这一方面,传感器的灵敏
度也不是越高越好,而是需要根据测量的对象来做进一步的选择,例如,如果选择的测量对
象并非单向量,那么传感器的灵敏度选择还是越小越好。

(2) 稳定性及精度选择。无论何种设备在使用过程中都会出现性能变化,所以对于无
线传感器而言,其稳定性是十分重要的指标。所以在实际的传感器选择时就需要优先考虑
测量的环境,在对使用环境做出详尽调查之后合理安排传感器的类型。而当一些传感器超
龄服役过后还是需要对传感器的性能进行进一步测评,对于一些环境变量不太稳定的区域,
就可以选择一些更为耐用的传感器来应对环境的改变。之所以如此注重传感器的稳定性,
是因为无线传感器的稳定性和精度之间存在着紧密的关系——一旦传感器的稳定性出现偏
差,那么对于传感器的精度将是致命的打击。在测量时,有时还需要根据测量目的的不同来
选择无线传感器的类型。一般的测量目的分为定量分析和定性分析两类,对于定性分析而
言,有一个概念性的数据结果即可,所以就不必使用精度偏高的传感器;而定量分析需要精
确地得出监测数据,此时就需要精度等级较高的传感器来满足测量要求。

(3) 频率响应。传感器的机械性能和结构不但可以影响其精确度与稳定性,还会对传感器
的频率产生影响,只有传感器的频率响应得到十足的保证,传感器的测量范围才能得到保证。

2. 无线传感器的应用

(1) 无线传感器在交通系统中的应用。总体而言,无线传感器在交通系统中的实际应
用可以分别从信息采集和道路控制两个方面进行分析。首先,全新的无线传感技术已经结
合了集微电子、通信技术等一系列信息化技术,这就使得无线传感器在交通系统中的应用变
得更加多元化。对于我国这种发展中国家而言,在日渐完善的道路交通系统中,要想保证道
路交通的能力,就要最大限度地去完善交通信号及道路交通管理的能力。当无线传感器技
术运用到道路交通中时,不但可以对道路实际的路况信息进行实时的采集分析,还可以在最
短时间内做出及时的响应。其次,通过传感器系统的建立,就会使得整个城市的运转能力得
到极大的提升,当处在城市中或者较远区域的人们掌握到及时的道路交通信息时,就会根据
相应的路况做出科学的调整,这不但会对自身同时也会对他人带来极大的便利——交通顺
畅了,整个城市的运输管理和服务水平也自然得到了质的飞跃。再次,采用先进的无线传感
器技术还可以对车辆进行违章检测、道路收费和信息检索,同时对停车场收费也可以进行统

一规范,当道路交通中的停车信息数据得到及时的规范处理,那么对于一些人为性的交通事故也就可以得到避免。最后,科学地运用无线传感器的相关技术还可以提高运输部门对于整个城市的综合服务水平,让这个城市的运作变得更加科学、便捷。

(2) 无线传感器在军事上的应用。在现代电子化的军事较量中,无线电传感器的作用更是不容小觑,现在较为成功的是在大型范围内进行检测的传感器网络与在小型区域检测的小型传感器网络。在面对一些较为复杂且人员无法到达的地形时,就可以通过释放传感器来做到对此区域的全面掌控。而在战斗单位上安装各类传感器,可以做到对敌方战斗人员的即时监控,来方便我方战队随时制定进攻方案与建立防御工事。无线传感器还可以检测出战斗阵地上的一切可疑物体,帮助我方人员及时做出排查,从而最大限度地减少不必要的损失与伤亡。

(3) 无线传感器在家庭生活中的应用。无线传感器其实离我们的生活并不遥远,在很多的日常活动中传感器技术都与我们息息相关,例如传感器对于人们生活环境参数的即时检测,不但可以根据数据提供一个更为舒适的生活环境,同时还可以及时地对一些灾害做出预警,保障每一个人的安全。

(4) 无线传感器在环境监测中的应用。因为若要将无线监测器用于外界环境当中,就要考虑到外界环境的不稳定性与随机性,这就要求所选取的无线传感器要具备价格低廉、部署简单、操作简便等优点,从而保证对于环境监测的可持续性。

5.4.2　无线传感器的发展

随着物联网发展速度的增快,未来的市场肯定少不了传感器的作用,这为以后无线传感器的发展铺就了一条平坦的道路。无线传感器拥有巨大的发展潜力,无线传感器的阵营将进一步扩充。

1. 向微型化发展

在当代为了适应纷繁多变的时代背景与发展环境,各类检测控制类设备的功能也越来越趋于完善化,但更小的体积意味着更大的可塑空间与发展未来,这就要求无线电检测设备也要向着这一方向不断靠拢,从而保证自己发展的未来。

2. 向低耗能及数字化发展

无线传感器虽然得到很大的欢迎,但是也不能忘记自身模拟信号单一与耗能较多的弊端,所以只有发展出更为高效的数字化信号,无线电传感器的受用面也才会更为广泛。因此,开发出低耗能及数字化的无线传感器必然是今后发展的重点方向。

阅读文章 5-1

国内的传感器行业

摘自:第四届国际(乐清)物联网传感器技术与应用高峰论坛

1. 传感器的应用

传感器应用四大领域为工业及汽车电子产品、通信电子产品、消费电子产品专用设备。

此外,传感器在其他领域也有新的应用,如工业自动化、农业现代化、航天技术、军事工程、机器人技术、资源开发、海洋探测、环境监测、安全保卫、医疗诊断、交通运输、家用电器等。

2. 传感器市场格局

我国传感器的生产企业主要集中在长三角地区,并逐渐形成以北京、上海、南京、深圳、沈阳和西安等中心城市为主的区域空间布局。

长三角区域:以上海、无锡、南京为中心,逐渐形成包括热敏、磁敏、图像、称重、光电、温度、气敏等较为完备的传感器生产体系及产业配套。

珠三角区域:以深圳中心城市为主,由附近中小城市的外资企业组成以热敏、磁敏、超声波、称重为主的传感器产业体系。

东北地区:以沈阳、长春、哈尔滨为主,主要生产 MEMS 力敏传感器、气敏传感器、湿敏传感器。

京津区域:主要以高校为主,从事新型传感器的研发,在某些领域填补国内空白。北京已建立微米/纳米国家重点实验室。

中部地区:以郑州、武汉、太原为主,产学研紧密结合的模式,在 PTC/NTC 热敏电阻、感应式数字液位传感器和气体传感器等产业方面发展态势良好。

此外,传感器产业伴随着物联网的兴起,在其他区域如陕西、四川和山东等地发展很快。

3. 国内传感器市场容量

中国传感器的市场近几年一直持续增长,增长速度超过 20%,在政府的支持下,我国的传感器技术及其产业取得了长足进步。目前我国已有 1700 多家从事传感器的生产和研发的企业,其中从事微系统研制、生产的有 50 多家。

4. 国内传感器的现状

目前,我国传感器企业 95% 以上属小型企业,规模小、研发能力弱、规模效益差。所以国内传感器市场仍然以外资为主,占比达到 67%,中高档传感器产品几乎 100% 从国外进口,90% 芯片依赖国外。

5.5 练习

1. 名词解释

传感器　智能传感器　无线传感器

2. 填空

(1) 传感器的特性是指传感器的_____量和_____量之间的对应关系。

(2) 传感器的种类繁多,有霍尔传感器、_____传感器、_____传感器、_____传感器、_____传感器、_____传感器等。

3. 简答

(1) 简述传感器的组成及其作用。

（2）简述传感器常用的分类方法。

（3）简述选用传感器的原则。

（4）简述传感器静态和动态特性及相应的主要参数。

（5）简述智能传感器的主要功能和特点。

（6）简述无线传感器的应用。

（7）简述传感器的发展。

4. 实验

实验1：霍尔式传感器的位移特性实验。

根据霍尔效应，当霍尔元件在梯度磁场中运动时，它就可以进行位移测量。了解霍尔式传感器原理及交流激励时霍尔芯片的特性。

实验2：光电传感器的转速测量实验。

光电式转速传感器有反射型和直射型两种，本实验装置是反射型的，传感器端部有发光管和光电管，发光管发出的光源在转盘上反射后由光电管接收转换成电信号，由于转盘上有黑白相间的12个间隔，转动时将获得与转速及黑白间隔数有关的脉冲，对电脉冲计数处理即可得到转速值。了解光电转速传感器测量转速的原理及方法。

第6章
CHAPTER 6
物联网通信技术

内容提要

通信是物联网的关键功能,物联网感知的大量信息只有通过通信技术才能进行有效的交换和共享,实现基于这些物理世界的数据产生丰富的多层次的物联网应用。本章主要介绍无线网络体系结构、各种无线网接入技术的功能和特点、各类有线网技术等。

学习目标和重点

- 了解无线网络的体系结构;
- 了解有线接入网络的常用技术;
- 了解未来物联网通信技术;
- 掌握常用无线接入技术;
- 能够区别各种无线接入技术的特点。

引入案例

居家健康管理系统

卫生部发布的数据表明:在我国 60 岁以上的老年人中,53.9% 的老年人患有一种或两种以上的慢性疾病,健康医疗服务是目前居家老人的核心需求。

长沙盖亚科技信息有限公司的智能居家养老健康管理服务,通过"云"+"端"的信息系统,依托合作医院以健康服务中心为枢纽,以社区健康服务小站为前端执行,为家庭中的老人提供健康管理服务。老人在家打开电视机或平板电脑,就能知道自己最近的身体健康数据;通过云端的数据共享,手机端的家人和医生也能看到这些数据,结合服务人员的上门采集结果,这些数据成为云端医生对老人的健康进行判断的重要依据。最终目标是帮助家庭成员,特别是家庭中的老年人实现"健康可视,服务可得"。

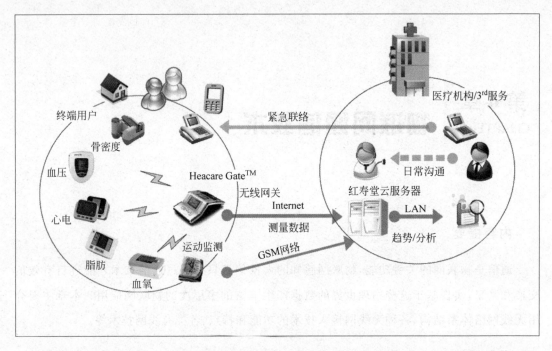

物联网通信包含了几乎所有现代通信技术,包括无线和有线通信。以无线网络技术为核心,综合其他各种辅助技术构建的移动计算环境越来越受到人们的关注,而无线网络最大优点是可以让人们摆脱有线的束缚,更便捷、更自由地沟通。

6.1 无线网络概述

无线网络技术的发展,使人们摆脱有线网络的束缚成为可能,生活在一种无处不在的计算环境中,做到任何人在任何时候、任何地点都可以采用任何方式与其他任何人进行任何通信的现实。近年来,无线网络在学术界、医疗界以制造业和仓储业等的应用日渐增加。特别是当无线网络技术与 Internet 相结合,其发展前景是无法估量的。

6.1.1 无线网络技术简介

无线网络是计算机网络技术与无线通信技术相结合的产物。与传统的有线网络不同,无线网络使用各种无线通信技术为各种移动设备提供必要的物理接口,实现物理层和数据链路层的功能。

1. 从覆盖范围角度看无线网络

从覆盖范围看,无线网络可分为三大类:系统内部互连/无线个域网;无线局域网;无线城域网/广域网。

(1)系统内部互连。指通过无线电,在短距离内将一台计算机的各个部件连接起来。几乎所有的计算机都有一个监视器、键盘、鼠标和打印机,以前通过电缆连接到主机单元上。

现在可以通过短距离无线技术(如：蓝牙)将这些部件以无线的方式连接起来,也可以将手机、数码相机、耳机、扫描仪和其他的设备连接到计算机上,只要保证它们在一定的距离范围内即可。不需要电缆,也不需要安装驱动程序,只要把它们放到一起,然后打开开关,它们就可以工作了。此外,传统的红外无线传输技术、家庭射频和目前最新的 ZigBee、超宽带无线通信技术(Ultra-Wideband,UWB)都可以用于无线系统内部互连,还可以构建无线个域网、无线体域网等。

在最简单的形式下,系统内部互连网络使用主-从模式。系统单元往往是主部分,从部分是鼠标、键盘等。主部分与从部分进行通话,主部分告诉从部分：应该使用什么地址,什么时候它们可以广播,可以传送多长时间,可以使用哪个频段等。

(2) 无线个域网(WPAN)。为了实现活动半径小、业务类型丰富、面向特定群体、无线无缝的连接而提出的新兴无线通信网络技术。WPAN 能够有效地解决"最后的几米电缆"的问题,进而将无线联网进行到底。

WPAN 是一种与无线广域网(WWAN)、无线城域网(WMAN)、无线局域网(WLAN)并列但覆盖范围相对较小的无线网络。在网络构成上,WPAN 位于整个网络链的末端,用于实现同一地点终端与终端间的连接,如连接手机和蓝牙耳机等。WPAN 所覆盖的范围一般在 10m 半径以内,必须运行于许可的无线频段。WPAN 设备具有价格便宜、体积小、易操作和功耗低等优点。

(3) 无线局域网(WLAN)。主要采用 IEEE 802.11 标准,可以提供传统 LAN 技术(如以太网和令牌网)的所有功能和好处,但不会受到线缆的限制。局域的概念不再以英尺或米来度量,而是以英里或公里来度量。系统的基础结构不再需要埋在地下或藏在墙里,它可以是移动的,也可以随组织的成长发生变化。

无线局域网可分为两大类：第一类是有固定基础设施的,第二类是无固定基础设施的。所谓"固定基础设施",是指预先建立起来的、能够覆盖一定地理范围的一批固定基站。大家经常使用的蜂窝移动电话就是利用电信公司预先建立的、覆盖全国的大量固定基站来接通用户手机拨打的电话。

对于第一类有固定基础设施的无线局域网,IEEE 802.11 标准规定无线局域网的最小构件是基本服务集(Basic Service Set,BSS),一个基本服务集 BSS 包括一个基站和若干个移动站,所有的站在本 BSS 以内都可以直接通信,但在和本 BSS 以外的站通信时都必须通过本 BSS 的基站。一个基本服务集所覆盖的地理范围叫作一个基本服务区(Basic Service Area,BSA)。基本服务区 BSA 和无线移动通信的蜂窝小区相似。在无线局域网中,一个基本服务区 BSA 的范围可以有几十米的直径。

另一类无线局域网是无固定基础设施的无线局域网,它又叫作自组网络(Ad Hoc Network)。这种自组网络没有上述基本服务集中的接入点 AP;而是由一些处于平等状态的移动站之间相互通信组成的临时网络。由于自组网络没有预先建好的网络固定基础设施(基站),因此自组网络的服务范围通常是受限的,而且自组网络一般也不和外界的其他网络相连接。

移动 Ad Hoc 网络在军用和民用领域都有很好的应用前景。在军事领域,由于战场上往往没有预先建好的固定接入点,但携带了移动站的士兵可以利用临时建立的移动自组网络进行通信。这种组网方式也能够应用到作战的地面车辆群和坦克群,以及海上的舰艇群、空中的机群。由于每一个移动设备都具有路由器的转发分组的功能,因此分布式的移动自组网络的生存性非常好。在民用领域,开会时持有笔记本计算机的人可以利用这种移动自组网络方便地交换信息,而不受笔记本计算机附近没有电话线插头的限制。当出现自然灾害时,在抢险救灾时利用移动自组网络进行及时的通信往往也是很有效的,因为这时事先已建好的固定网络基础设施(基站)可能已经都被破坏了。移动 Ad Hoc 网络也叫作移动分组无线网络。

(4) 无线城域网(WMAN)。通常是指介于广域网和局域网之间,通过无线技术,以比局域网更高的速率在城市及郊区范围内实现信息传输与交换的宽带网系结构,在构成上,城域网是电信网络的重要组成部分,向上与国家骨干网络互联;向下则通过各种"最后一公里"接入技术完成用户的信息接入。

从技术角度讲,与 WLAN 类似,WMAN 也是计算机网络与无线通信技术相结合的产物。它以无线多址信道作为传输的媒介,用电磁频谱来传递信息。WMAN 起初是作为有线城域网的补充而提出来的,期望用于业务量较大或不便敷设线缆的场所。但随着技术的进步和应用的发展,WMAN 不仅可用于将 WLAN 无线接入热点连接到互联网,还可连接公司、家庭等接入网到有线骨干网络,同时具备为校园、家庭、酒店及各大企事业单位提供高速的无线接入能力,真正实现了宽带网络的无线接入。

(5) 无线广域网(WWAN)。采用无线网络把物理距离极为分散的局域网(LAN)连接起来的通信方式。WWAN 连接地理范围较大,常常是一个国家或是一个洲。其目的是为了让分布较远的各局域网互连,它的结构分为末端系统(两端的用户集合)和通信系统(中间链路)两部分。典型应用包括电力系统、医疗系统、税务系统、交通系统、银行系统、调度系统等。

2. 从应用角度看无线网络

从应用角度看,无线网络划分为无线传感器网络、无线 Mesh 网络、无线穿戴网络、无线体域网等,这些网络一般是基于已有的无线网络技术,针对具体的应用而构建的无线网络。

(1) 无线传感器网络(Wireless Sensor Network,WSN)是当前在国际上备受关注的、涉及多学科高度交叉、知识高度集成的前沿热点研究领域。它综合了传感器技术、嵌入式计算技术、现代网络及无线通信技术、分布式信息处理技术等,能够通过各类集成化的微型传感器协作地实时监测、感知和采集各种环境或监测对象的信息,这些信息通过无线方式被发送,并以自组多跳的网络方式传送到用户终端,从而实现物理世界、计算世界以及人类社会三元世界的连通。

WSN 以最少的成本和最大的灵活性,连接任何有通信需求的终端设备,采集数据,发送指令。若把 WSN 各个传感器或执行单元设备视为"豆子",将一把"豆子"(可能上百粒,甚至上千粒)任意抛撒开,经过有限的"种植时间",就可从某一粒"豆子"那里得到其他任何"豆子"的信息。作为无线自组双向通信网络,传感网络能以最大的灵活性自动完成不规则分布的各种传感器与控制节点的组网,同时具有一定的移动能力和动态调整能力。

(2) 无线 Mesh 网络(无线网状网络,又称多跳网络)是一种与传统无线网络完全不同的新型无线网络,由移动 Ad Hoc 网络顺应人们无处不在的 Internet 接入需求演变而来。在传统的无线局域网(WLAN)中,每个客户端均通过一条与 AP 相连的无线链路来访问网络,用户如果要进行相互通信,必须首先访问一个固定的接入点(AP),这种网络结构被称为单跳网络。而在无线 Mesh 网络中,任何无线设备节点都可以同时作为 AP 和路由器,网络中的每个节点都可以发送和接收信号,每个节点都可以与一个或者多个对等节点进行直接通信。这种结构的最大好处在于:如果最近的 AP 由于流量过大而导致拥塞,那么数据可以自动重新路由到一个通信流量较小的邻近节点进行传输。以此类推,数据包还可以根据网络的情况,继续路由到与之最近的下一个节点进行传输,直到到达最终目的地为止。

其实人们熟知的 Internet 就是一个 Mesh 网络的典型例子。例如,当人们发送一份 E-mail 时,电子邮件并不是直接到达收件人的信箱中,而是通过路由器从一个服务器转发到另外一个服务器,最后经过多次路由转发才到达用户的信箱。在转发的过程中,路由器一般会选择效率最高的传输路径,以便使电子邮件能够尽快到达用户的信箱。因此,无线 Mesh 网络也被形象地称为无线版本的 Internet。

与传统的交换式网络相比,无线 Mesh 网络去掉了节点之间的布线需求,但仍具有分布式网络所提供的冗余机制和重新路由功能。在无线 Mesh 网络里,如果要添加新的设备,只需要简单地接上电源就可以了,它可以自动进行自我配置,并确定最佳的多跳传输路径。添加或移动设备时,网络能够自动发现拓扑变化,并自动调整通信路由,以获取最有效的传输路径。

(3) 无线穿戴网络指基于短距离无线通信技术(蓝牙和 ZigBee 技术等)与可穿戴式计算机技术、穿戴在人体上并具有智能收集人体和周围环境信息的一种新型个域网(Personal Area Network,PAN)。可穿戴计算机为可穿戴网络提供核心计算技术,以有 Ad Hoc 性能的蓝牙和 ZigBee 等短距离无线通信技术作为其底层传输手段,结合各自优势组建一个无线、高度灵活、自组织,甚至是隐蔽的微型 PAN。可穿戴网络具有移动性、持续性和交互性等特点。

(4) 无线体域网(Body Area Network,BAN)是由依附于身体的各种传感器构成的网络。在远程健康监护中,将 BAN 作为信息采集和及时现场医护的网络环境,可以取得良好的效果,赋予家庭网络以新的内涵。借助 BAN,家庭网络可以为远程医疗监护系统及时有效地采集监护信息;可以对医疗监护信息预读,发现问题,直接通知家庭其他成员,达到及时救护的目的。

6.1.2　无线网络体系结构

1. 网络体系结构

无论有线网络还是无线网络,都和计算机系统的构成一样,是硬件系统和软件系统的统一体。作为计算机集合的计算机网络也是由这两部分构成的,网络软件支持着网络硬件形成真正能够向人们提供服务的计算机网络系统。现在的网络软件都是高度结构化的,计算机网络的体系结构就是从网络软件的角度研究计算机网络。协议分层的网络体系结构是计算机网络的所有基本概念中最基本的。

相互通信的两个计算机系统必须高度协调工作才行,而这种"协调"是相当复杂的。为了降低网络设计的复杂性,绝大多数网络采用了分层的思想,网络软件被组织成一堆相互叠加的层(layer 或者 level),每一层都建立在其下一层的基础之上。"分层"可将庞大而复杂的问题转化为若干较小的局部问题,而这些较小的局部问题就比较易于研究和处理了。

不同的网络,其层的数目、各层的名字、内容和功能也不尽相同。每一层的目的都是向上一层提供特定的服务,而把如何实现这些服务的细节对上一层加以屏蔽。从某种意义上讲,每一层都是一种虚拟机,它向上一层提供特定的服务。

一台机器上的第 n 层与另一台机器上的第 n 层进行对话。在对话中用到的规则和习惯合起来称为第 n 层协议,协议(Protocol)就是指通信双方关于如何进行通信的一种约定。

图 6-1 显示了一个 5 层网络。不同机器上包含对应层的实体称为对等体(Peer)。这些对等体可能是进程或者硬件设备,甚至可能是人。正是这些对等体在使用协议进行通信。

实际上,数据并不是从一台机器的第 n 层直接传递到另一台机器的第 n 层。相反,每一层都将数据和控制信息传递给它的下一层,这样一直传递到最底下的层。第 1 层下面是物理介质,通过它进行实际的通信。在图 6-1 中,虚线表示虚拟通信,实线表示物理通信。

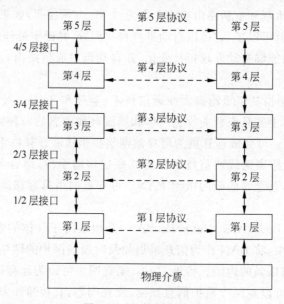

图 6-1 层、协议和接口

在每一对相邻层之间是接口(Interface)。接口定义了下层向上层提供哪些原语操作和服务。当网络设计者决定在一个网络中应该包含多少层,以及每一层应该提供哪些功能时,其中最重要的一个考虑是定义清楚层与层之间的接口。为了做到这一点,要求每一层能完成一组特定的有明确含义的功能。除了尽可能地减少层与层之间必须要传递的信息的数量以外,层之间清晰的接口也会使人们很容易地用某一层的一个实现来代替另一个完全不同的实现,因为对于新的实现来说,它所需要做的仅仅是向紧邻的上层提供完全相同的一组服务,就如同原来的实现所做的一样。实际上,不同的主机使用不同的实现,这是很常见的。

层和协议的集合就称为网络体系结构(Network Architecture)。网络体系结构的规范必须包含足够的信息,以便实现者可以为每一层编写程序或者设计硬件,使之遵守有关的协议。实现的细节和接口的规范并不属于网络体系结构的内容,因为它们被隐藏在机器内部,对于外界是不可见的。甚至,一个网络中所有机器上的接口也不必都是一样的,实际上,每台机器只要能够正确地使用所有的协议即可。一个特定的系统所使用的一组协议(每一层一个协议)称为协议栈(Protocol Stack)。

2. 面向连接与无连接的服务

从通信的角度看,各层所提供的服务可分为两大类,即面向连接的(Connection-oriented)与无连接的(Connectionless)。

(1) 面向连接服务。所谓连接,就是两个对等实体为进行数据通信而进行的一种结合。面向连接服务具有连接建立、数据传输和连接释放这 3 个阶段。面向连接服务在数据交换之前,必须先建立连接。当数据交换结束后,则必须终止这个连接。在传送数据时是按序传送的。面向连接服务比较适合于在一定期间内要向同一目的地发送许多报文的情况。对于发送很短的零星报文,面向连接服务的开销就显得过大了。

(2) 无连接服务。在无连接服务的情况下,两个实体之间的通信不需要先建立好一个连接,因此其下层的有关资源不需要事先进行预定保留。这些资源将在数据传输时动态地进行分配。无连接服务的优点是灵活方便和比较迅速。但无连接服务不能防止报文的丢失、重复或失序。

无连接服务的特点是不需要接收端做任何响应,因而是一种不可靠的服务。这种服务常被描述为"尽最大努力交付"或"尽力而为"。无连接服务的另一特点就是它不需要通信的两个实体同时是活跃的,当发送端的实体正在进行发送时,它才必须是活跃的,这时接收端的实体并不一定是活跃的,只有当接收端的实体正在进行接收时,它才必须是活跃的。

3. 协议和服务的关系

要充分理解网络体系结构,必须搞清协议和服务的关系。

(1) 首先需要明确的是实体的概念。当研究在开放系统中进行交换信息时,发送或接收信息的究竟是一个进程、文件还是终端,都没有实质上的影响。为此,可以用实体这一抽象的名词表示任何可发送或接收信息的硬件或软件进程。在许多情况下,实体就是一个特定的软件模块。协议是控制两个对等实体进行通信的规则集合。协议语法方面的规则定义了所交换的信息格式,而协议语义方面的规则定义了发送者或接收者所要完成的操作。

在协议的控制下,两个对等实体间的通信使得本层能够向上一层提供服务。要实现本层协议,还需要使用下面一层所提供的服务。一定要注意,协议和服务在概念上是很不一样的。首先,协议的实现保证了能够向上一层提供服务。本层的服务用户只能看见服务而无法看见下面的协议。下面的协议对上面的服务用户是透明的。

(2) 协议是"水平的",即协议是控制对等实体之间通信的规则;但服务是"垂直的",即服务是由下层向上层通过层间接口提供的。另外,并非在一个层内完成的全部功能都称为服务。只有那些能够被高一层看得见的功能才称为"服务"。上层使用下层所提供的服务必须通过与下层交换一些命令,这些命令在 OSI 模型中称为服务原语。

在同一系统中相邻两层的实体进行交互(即交换信息)的地方,也就是层间接口,在 OSI 中通常称为服务访问点(Service-Accessing Point,SAP)。服务访问点 SAP 是一个抽象的概念,它实际上就是一个逻辑接口。但和通常所说的两个设备之间的硬件并行接口或串行接口是很不一样的。

这样,在任何相邻两层之间的关系可概括为图 6-2 所示。这里要注意的是,某一层向上一层所提供的服务实际上已包括了在它以下各层所提供的服务。所有这些对上一层来说就相当于一个服务提供者。在服务提供者的上一层的实体,也就是"服务用户",它使用服务提供者所提供的服务。图 6-2 中两个对等实体(服务用户)通过协议进行通信,为的是可以向上提供服务。

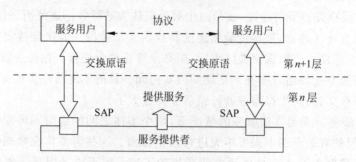

图 6-2   相邻两层之间的关系

6.1.3   协议参考模型

现介绍具体的 OSI 参考模型和 TCP/IP 参考模型。OSI 参考模型可以算是一个法律标准,非常通用且仍然有效,在每一层上讨论到的特性也仍然非常重要;TCP/IP 参考模型是一个事实标准,本身并不非常有用,但是协议却被广泛使用。

1. OSI 参考模型

OSI 参考模型如图 6-3 所示(省略了物理介质),是以国际标准化组织(ISO)的一份提案为基础的,为各层所使用协议的国际标准化迈出了第一步,并且于 1995 年进行了修订。该模型称为 OSI 参考模型,它涉及如何将开放的系统连接起来。

(1)物理层。物理层涉及在通信信道上传输的原始数据位。问题主要涉及机械、电子和定时接口,以及位于物理层之下的物理传输介质等。

(2)数据链路层。数据链路层的主要任务是将一个原始的传输设施转变成一条逻辑的传输线路,在这条传输线路上,所有未检测出来的传输错误也会反映到网络层上。对于广播式网络,在数据链路层上还要控制对于共享信道的访问。数据链路层的一个特殊子层,即介质访问控制子层,就是专门针对这个问题的。

(3)网络层。网络层控制子网的运行过程。一个关键的设计问题是确定如何将分组从源端路由到目标端。从源端到目标端的路径可以建立在静态表的基础之上,这些表相当于是网络的"布线"图,而且很少会变化。这些路径也可以在每一次会话开始时就确定下来,例如一次终端会话(例如,登录到一台远程机器上)。另外,这些路径也可以是高度动态的,针对每一个分组都要重新确定路径,以便符合网络当前的负载情况。如果有太多的分组同时出现在一个子网中,那么这些分组彼此之间会相互妨碍,从而形成传输瓶颈。拥塞控制也属于网络层的范畴。更进一步讲,所提供的服务质量(例如延迟、传输时间、抖动等)也是网络

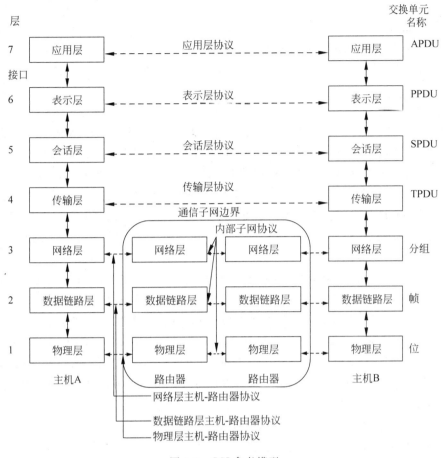

图 6-3　OSI 参考模型

层考虑的问题。在广播式网络中,路由问题比较简单,所以网络层往往比较瘦小,甚至根本不存在。

　　(4) 传输层。传输层的基本功能是接收来自上一层的数据,并且在必要的时候把这些数据分割成小的单元,然后把数据单元传递给网络层,并且确保这些数据片段都能够正确地到达另一端。而且,所有这些工作都必须高效率地完成,并且必须使上面各层不受底层硬件技术变化的影响。传输层还决定了将向会话层(实际上最终是向网络的用户)提供哪种类型的服务。传输层是一个真正的端对端的层,所有的处理都是按照从源端到目标端来进行。在其下面的各层上,协议只存在于每台机器与其直接邻居之间,而不存在于最终的源机器和目标机器之间,源机器和目标机器可能被许多中间路由器隔离开了。

　　第 1 层到第 3 层是被串联起来的,而第 4 层到第 7 层是端对端的,它们之间的区别如图 6-3 所示。

　　(5) 会话层。会话层允许不同机器上的用户之间建立会话。所谓会话,通常是指各种服务,包括对话控制、令牌管理以及同步功能。

　　(6) 表示层。表示层关注的是所传递信息的语法和语义,而表示层下面的各层最关注的是如何传递数据位。不同的计算机可能会使用不同的数据表示法,为了让这些计算机能够进行通信,它们所交换的数据结构必须以一种抽象的方式来定义;同时,表示层还应该定义一种标准的编码方法,用来表达网络线路上所传递的数据。表示层管理这些抽象的数据结构,并允许定义和交换更高层的数据结构(例如银行账户记录)。

（7）应用层。应用层包含了各种各样的协议,这些协议往往直接针对用户的需要。一个被广泛使用的应用协议是 HTTP(超文本传输协议),它也是 WWW(万维网)的基础。

2. TCP/IP 模型

TCP/IP 参考模型不仅被所有广域计算机网络的鼻祖 ARPANET 所使用,也被 ARPANET 的继承者——全球范围内的 Internet 所使用。ARPANET 是由 DoD(美国国防部)资助的一个研究性网络。它通过租用的电话线,将几百所大学和政府部门的计算机设备连接起来。后来卫星和无线电网络也加入进来,原来的协议在与它们互连的时候遇到了问题,所以需要一种新的参考体系结构。因此,能够以无缝的方式将多个网络连接起来,这是从一开始就面临的设计目标之一。在经过了两个基本的协议之后,这个体系结构后来演变成了 TCP/IP 参考模型。

（1）互联网层。由于美国国防部担心一些贵重的机器、路由器和互联网关可能会在某一时刻突然崩溃,所以,另一个主要的目标是,即使在子网硬件有丢失的情况下,网络必须还能够继续工作,原有的会话不会被打断。换句话说,美国国防部希望:即使源机器和目标机器之间的某一些机器或者传输线路突然不能工作了,只要源机器和目标机器仍然还在工作,那么它们之间的连接就还可以继续进行下去。而且,当时已经可以预见,由于不同应用的需求差别很大(从文件传输到实时的语音传输),所以迫切需要一种灵活的网络体系结构。

所有这些需求导致最终选择了分组交换网络,它以一个无连接的互联网络层为基础。这一层称为互联网层,它是将整个网络体系结构贯穿在一起的关键层。该层的任务是:允许主机将分组发送到任何网络上,并且让这些分组独立地到达目标端(目标端有可能位于不同的网络上)。这些分组到达的顺序可能与它们被发送时候的顺序不同,在这种情况下,如果有必要保证顺序递交,则重新排列这些分组的任务由高层来负责。注意,虽然在 Internet 中也包含了互联网层,但是,这里"互联网"的用法泛指一般含义。

互联网层定义了正式的分组格式和协议,该协议称为 IP。互联网层的任务是将 IP 分组投递到它们该去的地方。很显然,分组路由和避免拥塞是这里最主要的问题。所以,TCP/IP 的互联网层在功能上类似于 OSI 的网络层。图 6-4 显示了这种对应关系。

（2）传输层。在 TCP/IP 模型中,位于互联网层之上的那一层现在通常称为传输层。它的设计目标是,允许源和目标主机上的对等体之间可以进行对话,就如同 OSI 的传输层中的情形一样。这里已经定义了两个端到端的传输协议。第一个是 TCP(传输控制协议),它是一个可靠的、面向连接的协议,允许从一台机器发出的字节流正确无误地递交到互联网上的另一台机器上。它先把输入的字节流分割成单独的小报文,并把这些报文传递给互联网层。在目标方,负责接收数据的 TCP 进程把收到的报文重新装配到输出流中。TCP 还负责处理流控制,以便保证一个快速的发送方不会因为发送太多的报文,超出了一个慢速接收方的处理能力,而把它淹没掉。第二个协议是 UDP(用户数据报协议),它是一个不可靠的、无连接的协议,主要用于那些"不想要 TCP 的序列化或者流控制功能,而希望自己提供这些功能"的应用程序。UDP 广泛应用于"只需要一次的、客户-服务器类型的请求-应答查

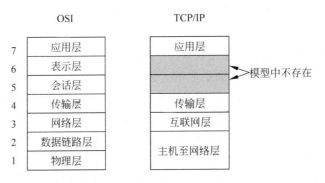

图 6-4 TCP/IP 参考模型

询",以及那些"快速递交比精确递交更加重要"的应用,例如传输语音或者视频。

(3) 应用层。TCP/IP 模型并没有会话层和表示层。由于当时感觉到并不需要它们,所以没有将它们包含进来。来自 OSI 模型的经验已经证明这种观点是正确的:对于大多数应用来说,这两层并没有用处。

在传输层之上是应用层,它包含了所有的高层协议。最早的高层协议包括 TELNET (虚拟终端协议)、FTP(文件传输协议)和 SMTP(电子邮件协议)等。虚拟终端协议允许一台机器上的用户登录到远程的机器上,并且在远程的机器上进行工作。文件传输协议提供了一种在两台机器之间高效地移动数据的途径。电子邮件协议最初只是一种文件传输的方法,但是后来为此专门开发了 SMTP 协议。经过了这么多年的发展以后,许多其他协议也加入到了应用层上:DNS(域名系统)将主机名字映射到它们的网络地址;NNTP 用于传递 USENET 的新闻;HTTP 用于获取 WWW 上的页面等。

(4) 主机至网络层。在互联网层下面是一片空白。TCP/IP 参考模型并没有明确规定这里应该有哪些内容,它只是指出,主机必须通过某个协议连接到网络上,以便可以将分组发送到网络上。参考模型没有定义这样的协议,而且不同的主机、不同的网络使用的协议也不尽相同。

3. 无线网络的协议模型

无线网络的协议模型显然也是基于分层体系结构的,但是对于不同类型的无线网络所重点关注的协议层次是不一样的。例如,对于无线局域网、无线个域网和无线城域网一般不存在路由的问题,所以它们没有制定网络层的协议,主要采用传统的网络层的 IP 协议。由于无线网络存在共享访问介质的问题,所以和传统有线局域网一样,MAC 层协议是所有无线网络协议的重点,另外,无线频谱管理的复杂性,导致无线网络物理层协议也是一个重点。再如,对于无线广域网、移动 Ad Hoc 网络、无线传感器网络和无线 Mesh 网络来说,它们总存在路由的问题,所以对于这些网络,不仅要关注物理层和 MAC 层,网络层也是协议制定的主要组成部分。

对于传输层协议来说,理论上应该独立于下面网络层所使用的技术。尤其是 TCP 不应该关心 IP 到底是运行在光纤上,还是通过无线电波来传输。在实践中,这却是个问题,因为大多数 TCP 实现都已经小心地做了优化,而优化的基础是一些假设条件,这些假设条件对于有线网络是成立的,但对于无线网络却并不成立。忽略无线传输的特性将会导致一个逻辑上正确但是性能奇差的 TCP 实现,一个性能奇差的传输层显然无法向应用层提供一个好的服务质量。

其中一个基本的问题就是拥塞控制算法。现在,几乎所有的 TCP 实现都假设超时是由拥塞引起的,而不是由丢失的分组而引起的。因此,当定时器到期的时候,TCP 减慢速度,发送少量的数据。这种做法背后的思想是降低网络的负载,从而缓解拥塞。

不幸的是,无线传输链路是高度不可靠的。它们总是丢失分组。处理丢失分组的正确办法是再次发送这些分组,而且要尽可能快速地重发。减慢速度只会使事情更糟。事实上,当有线网络上丢失了一个分组以后,发送方应该减慢速度;而当无线网络上丢失了一个分组以后,发送方应该更加努力地重试发送。当发送方不知道底层网络的类型时,它很难做出正确的决定。因此,对于许多无线网络来说,特别是多跳无线网络,必须对传统的传输层协议进行必要的改进,这也是移动 Ad Hoc 网络研究的一个重要问题。

因为无线网络的最终目的是期望像有线网络一样为人们提供服务,所以对于应用层的协议并不是无线网络的重点,只要支持传统的应用层协议就可以了,当然对于一些特殊的网络和特殊应用,也可以对其进行一定的规范化,例如用于构建无线个域网的蓝牙协议就有一个较为完备的五层协议模型。

6.2 无线接入网技术

6.2.1 无线接入网技术概述

无线接入网由业务节点接口和相关网络接口之间的一系列传送实体组成,为传送用户所需的传送能力的设施全部或部分采用无线设施。近年来随着 ZigBee、Bluetooth、RFID、UWB、60GHz、Wi-Fi、WiMAX、3G、4G 等各种无线技术的相继出现,无线接入点需求与应用与日俱增。无线接入能够实现真正意义上的个人通信,是下一代网络通信的最大推动力,是物联网实现泛在化通信的关键。

6.2.2 ZigBee

ZigBee(又称紫蜂协议)来源于蜜蜂的八字舞,由于蜜蜂(bee)是靠飞翔和"嗡嗡"(zig)地抖动翅膀的"舞蹈"来与同伴传递花粉所在方位信息,也就是说,蜜蜂依靠这样的方式构成了群体中的通信网络。ZigBee 是基于 IEEE 802.15.4 标准的低功耗局域网协议。根据国际标准规定,ZigBee 技术是一种短距离、低功耗的无线组网通信技术。主要适用于自动控制和远程控制领域,可以嵌入各种设备。

1. ZigBee 的发展情况

ZigBee 的发展情况见表 6-1。

表 6-1　**ZigBee 发展**

时　间　段	发　展　情　况
2001 年 8 月	ZigBee Alliance 成立
2004 年	ZigBee V1.0 诞生,ZigBee 规范的第一个版本,由于推出仓促,存在一些错误
2006 年	推出 ZigBee 2006,比较完善
2007 年底	ZigBee PRO 推出
2009 年 3 月	ZigBee RF4CE 推出,具备更强的灵活性和远程控制能力
2009 年开始	ZigBee 采用了 IETF 的 IPv6 6LoWPAN 标准作为新一代智能电网 Smart Energy(SEP 2.0)的标准,致力于形成全球统一的易于与互联网集成的网络,实现端到端的网络通信

随着智能电网的建设,ZigBee 将逐渐被 IPv6/6LoWPAN 标准所取代。

2. ZigBee 通信组成

ZigBee 技术是一种底数据传输率的无线个域网,网络的基本成员称为设备。网络中的设备按照各自作用的不同可以分为协调器节点、路由器节点和终端节点,如图 6-5 所示。协调器是整个网络的中心,它的功能包括建立、维持和管理网络,分配网络地址等。所以可以将 ZigBee 网络协调器认为是整个 ZigBee 网络的大脑。路由器主要负责路由发现、消息传输、允许其他节点通过接入到网络。终端节点通过 ZigBee 协调器或者 ZigBee 路由器接入到网络中,终端节点主要负责数据采集或控制功能,但不允许其他节点通过它加入到网络中。

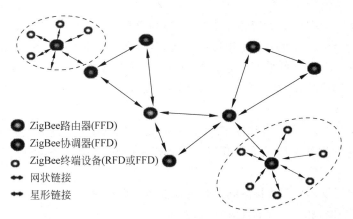

图 6-5　ZigBee 无线网络的拓扑结构

3. ZigBee 标准体系

完整的 ZigBee 协议由应用层、应用汇聚层、网络层、数据链路层和物理层组成,如图 6-6 所示。IEEE 802.15.4 标准定义了物理层(PHY)和数据链路层(MAC);网络层以上的协议由 ZigBee 联盟负责制定,其中应用层包括了应用支持子层(APS)、ZigBee 设备对象(ZDO)和由制造商制定的应用对象。每一层都向它的上一层提供数据和管理服务。

图 6-6　ZigBee 协议栈结构

4. ZigBee 技术优势

(1) 低功耗。在低耗电待机模式下,2 节 5 号干电池可支持 1 个节点工作 6～24 个月,甚至更长。这是 ZigBee 的突出优势,相比较,蓝牙能工作数周、Wi-Fi 可工作数小时。

(2) 低成本。通过大幅简化协议(不到蓝牙的 1/10),降低了对通信控制器的要求,按预测分析,以 8051 的 8 位微控制器测算,全功能的主节点需要 32KB 代码,子功能节点少至 4KB 代码,而且 ZigBee 免协议专利费。

(3) 低速率。ZigBee 工作在 20～250kbps 的通信速率,分别提供 250kbps(2.4GHz)、40kbps(915MHz)和 20kbps(868MHz)的原始数据吞吐率,满足低速率传输数据的应用需求。

(4) 近距离。传输范围一般介于 10～100m,在增加 RF 发射功率后,亦可增加到 1～3km。这指的是相邻节点间的距离。如果通过路由和节点间通信的接力,传输距离将可以更远。

(5) 短时延。ZigBee 的响应速度较快,一般从睡眠转入工作状态只需 15ms,节点连接进入网络只需 30ms,进一步节省了电能。相比较,蓝牙需要 3～10s、Wi-Fi 需要 3s。

(6) 高容量。ZigBee 可采用星形、树状和网状网络结构,由一个主节点管理若干子节点,最多一个主节点可管理 254 个子节点;同时主节点还可由上一层网络节点管理,最多可组成 65 000 个节点的大网。

(7) 高安全性。ZigBee 提供了三级安全模式,包括无安全设定、使用接入控制清单(ACL)防止非法获取数据以及采用高级加密标准(AES128)的对称密码,以灵活确定其安全属性。

(8) 免执照频段。采用直接序列扩频在工业科学医疗(ISM)频段,分别为 2.4 GHz(全球)、915 MHz(美国)和 868 MHz(欧洲)。

5. ZigBee 技术的应用领域

由于 ZigBee 的数据速率比较低,在 2.4GHz 的频段上有 250kbps,我们主要聚焦于一些低速率的应用,以及传感器和控制。其应用领域主要包括:

(1) 家庭和楼宇网络。空调系统的温度控制、照明的自动控制、窗帘的自动控制、煤气计量、家用电器的远程控制等。

(2) 工业控制。各种监控器、传感器的自动化控制。

(3) 商业。智能型标签。

（4）公共场所。烟雾探测器等。

（5）农业控制。收集各种土壤信息和气候信息。

（6）医疗。老人与行动不方便者的紧急呼叫器和医疗传感器等。

6.2.3　蓝牙

蓝牙（Bluetooth）是 1998 年推出的一种新的无线传输方式，取代了数据电缆的短距离无线通信技术，通过低带宽电波实现点对点或点对多点连接之间的信息交流。这种网络模式也被称为个域网（PAN），是以多个微网络或精致的蓝牙主控器/附属器构建的迷你网络为基础的，每个微网络由 8 个主动装置和 255 个附属装置构成，而多个微网络连接起来又形成了扩大网，从而方便、快速地实现各类设备之间的通信。它是实现语音和数据无线传输的开放性规范，是一种低成本、短距离的无线连接技术。

1. 蓝牙的起源

蓝牙创始人是瑞典爱立信公司，爱立信早在 1994 年就已进行研发。

1997 年，爱立信与其他设备生产商联系，并激发了他们对该项技术的浓厚兴趣。

1998 年 2 月，5 个跨国大公司，包括爱立信、诺基亚、IBM、东芝及 Intel 组成了一个特殊兴趣小组（BSIG），并制定了短距离无线通信技术标准（蓝牙技术），它的命名借用了 10 世纪一位丹麦国王 Harald Bluetooth（因为他十分喜欢吃蓝莓，所以牙齿每天都带着蓝色）的名字，这位国王统一了丹麦和挪威，建成了当时欧洲北部一个有影响的统一王国。用蓝牙给该项技术命名，含有统一起来的意思。

2. 蓝牙技术的结构组成

蓝牙系统一般由四个功能单元组成：天线单元、链路控制（硬件）单元、链路管理（软件）单元、蓝牙软件（协议）单元。

1）天线单元

蓝牙要求其天线部分体积十分小巧、重量轻，工作在全球通用的 2.4GHz 的 ISM 频段，为了使其具有较高的抗干扰能力，蓝牙特别设计了快速确认和调频方案以确保链路稳定。调频技术是把频带分成若干个调频信道，在一次连接中，无线电收发器按一定的码序列（为随机码）不断地从一个信道跳到另一个信道，只有收发双方是按这个规律进行通信的，而其他的干扰不可能按同样的规律进行干扰；调频的瞬时带宽是很窄的，但通过扩展频谱技术使这个窄带成百倍地扩展成宽频带，使干扰可能造成的影响变得很小。和其他工作在相同频段的系统相比，蓝牙调频更快，数据包更短，这使蓝牙比其他系统都更稳定。使用前向纠错（Forward Error Correction，FEC）技术可以抑制长距离链路产生的随机噪声。

2）链路控制（硬件）单元

射频模块，将基带模块的数据包通过无线电信号一定的功率和调频频率发送出去，实现蓝牙设备的无线连接。

基带模块，即蓝牙的物理层，负责管理物理信道和链路，采用查询和寻呼方式，使调频时钟及调频频率同步，为数据分组提供对称链接（Synchronous Connection Oriented，SCO）和非对称连接(ASL),并完成数据包的定义、前向纠错、循环冗余校验、逻辑通道选择、信道噪化、鉴权、加密、编码和解码等功能。采用混合电路交换和分组交换方式,既适合语音传送,也适合一般的数据传送。

3) 链路管理(软件)单元

链路管理(Link Management,LM)软件模块携带了链路的数据设置、鉴权、链路硬件配置和其他一些协议。LM 能够发现其他远端 LM 并通过 LMP(链路管理协议)与之通信。

4) 软件(协议)单元

蓝牙基带协议结合电路开关和分组交换机,适用于语音和数据传输。每个声道支持 64kbps 同步(语音)链接。而异步信道支持任一方向上高达 721kbps 和回程方向 57.6kbps 的非对称链接,也可以支持 43.2kbps 的对称链接。因此,它可以足够快地应付蜂窝系统上的非常大的数据比率。一般来说,其链接范围为 100mm～10m;如果增加传输功率的话,其链接范围可以扩大到 100m。蓝牙软件构架规范要求与蓝牙相顺从的设备支持基本水平的互操作性。软件(协议)结构需有如下功能:设置及故障诊断工具;能自动识别其他设备;取代电缆连接;音频通信与呼叫控制;与外设通信;商用卡的交易与号簿网络协议。

3. 蓝牙标准体系

蓝牙技术规范的目的是使符合该规范的各种设备之间能够实现互操作。互操作的设备需要使用相同的协议栈,不同的应用需要不同的协议栈。但是,所有的应用都要使用蓝牙技术规范中的数据链路层和物理层。完整的蓝牙协议栈如图 6-7 所示,不是任何应用都必须使用全部协议,而是可以只使用其中的一列或多列。显示了所有协议之间的相互关系,但这种关系在某些应用中是有变化的。

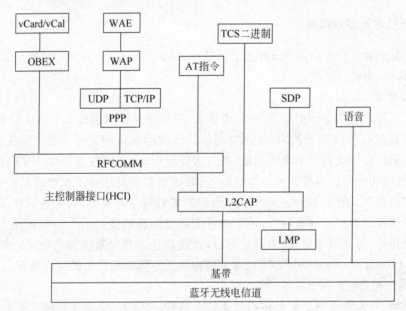

图 6-7 蓝牙协议栈

完整的协议栈包括蓝牙专用协议(如连接管理协议 LMP 和逻辑链路控制应用协议 L2CAP)以及非专用协议(如对象交换协议 OBEX 和用户数据报协议 UDP)。设计协议和协议栈的主要原则是尽可能利用现有的各种高层协议,保证现有协议与蓝牙技术的融合以及各种应用之间的互操作,充分利用兼容蓝牙技术规范的软硬件系统。

蓝牙协议体系中的协议按蓝牙特别兴趣组 BSIG 的需要分为四层。

(1) 核心协议:BaseBand、LMP、L2CAP、SDP;

(2) 电缆替代协议:RFCOMM;

(3) 电话传送控制协议:TCSBinary、AT 命令集;

(4) 可选用协议:PPP、UDP/TCP/IP、OBEX、WAP、vCard、vCal、IrMC、WAE 等。

除上述协议层外,规范还定义了主机控制器接口(HCI),它为基带控制器、连接管理器、硬件状态和控制寄存器提供命令接口。蓝牙核心协议由 BSIG 制定的蓝牙专用协议组成。绝大部分蓝牙设备都需要核心协议(加上无线部分),而其他协议则根据应用的需要而定。总之,电缆替代协议、电话控制协议和可选用的协议在核心协议基础上构成了面向应用的协议。

4. 蓝牙的特点

(1) 全球范围适用:蓝牙工作在 2.4GHz 的 ISM 频段,全球大多数国家 ISM 频段的范围是 2.4~2.4835GHz,使用该频段无须向各国的无线电资源管理部门申请许可证。

(2) 可同时传输语音和数据:蓝牙采用电路交换和分组交换技术,支持异步数据信道、三路语音信道以及异步数据与同步语音同时传输的信道。

(3) 可以建立临时性的对等连接(Ad-hoc Connection):根据蓝牙设备在网络中的角色,可分为主设备(Master)与从设备(Slave)。主设备是组网连接主动发起连接请求的蓝牙设备,几个蓝牙设备连接成一个皮网(Piconet)时,其中只有一个主设备,其余的均为从设备。皮网是蓝牙最基本的一种网络形式,最简单的皮网是一个主设备和一个从设备组成的点对点的通信连接。通过时分复用技术,一个蓝牙设备便可以同时与几个不同的皮网保持同步,具体来说,就是该设备按照一定的时间顺序参与不同的皮网,即某一时刻参与某一皮网,而下一时刻参与另一个皮网。

【知识链接 6-1】

皮网(Piconet)

皮网(Piconet),又叫微微网,是蓝牙最基本的拓扑结构,每个皮网由 1 个主节点和最多 7 个激活的从节点组成。

(4) 具有很好的抗干扰能力。蓝牙采用了跳频方式来扩展频谱,将 2.402~2.48GHz 频段分成 79 个频点,相邻频点间隔 1MHz。蓝牙设备在某个频点发数据之后,再跳到另一个频点发送,而频点的排列顺序则是伪随机的,每秒频率改变 1600 次,每个频率持续 $625\mu s$。

(5) 蓝牙模块体积很小、便于集成。嵌入移动设备内部的蓝牙模块体积很小,如爱立信公司的蓝牙模块 ROK101008 的外形尺寸仅为 32.8mm×16.8mm×2.95mm。

(6) 低功耗。蓝牙设备在通信连接状态下,有 4 种工作模式:激活(Active)模式、呼吸(Sniff)模式、保持(Hold)模式和休眠(Park)模式。Active 模式是正常的工作状态,另外

3 种模式是为了节能规定的低功耗模式。

（7）开放的接口标准。蓝牙的技术标准全公开,全世界范围内的任何单位和个人都可以进行蓝牙产品的开发,只要最终通过 BSIG 的蓝牙产品兼容性测试,就可以推向市场。

（8）成本低。随着市场需求的扩大,蓝牙产品价格飞速下降。

5. 蓝牙应用领域

蓝牙主要应用在手机、掌上电脑、在其他数字设备(如数字照相机、数字摄像机等)、蓝牙技术构成的电子钱包和电子锁、嵌入蓝牙系统的传统家用电器(如微波炉、洗衣机、电冰箱、空调机等)。

【知识链接 6-2】

蓝牙 5.0 概述

蓝牙联盟于 2016 年 12 月 6 日发布最新版的蓝牙 5.0 标准,提供了与时俱进的技术更新,更加面向应用需求和 IoT 发展。

蓝牙 5.0 有如下新特性。

（1）2 倍 BLE 带宽提升:在 BLE4.2 的 1Mbps 的物理层(PHY)增加可选的 LE Coded 调制解调方式,支持 125kbps 和 500kbps,同时增加一个可选的 2Mbps 的 PHY。

（2）4 倍通信距离提升:通过上述降低带宽提升通信距离同时保持功耗不变,而且允许的最大输出功率从之前的 10mW 提升至 100mW。

（3）8 倍广播数据容量提升:从 BLE4.2 的 31B 提升至 255B,并且可以将原来的 3 个广播通道扩展到 37 个广播通道。

（4）BR/EDR(传统蓝牙)时间槽可用掩码:检测可用的发送接收的时间槽并通知其他蓝牙设备。

6.2.4　UWB

UWB(Ultra Wideband)也称为超宽带技术,是一种无载波通信技术,利用纳秒至微微秒级的非正弦波窄脉冲传输数据。总的来说,UWB 在早期被应用于近距离高速数据传输上,近年来国外开始利用其亚纳秒级超窄脉冲来做近距离精确室内定位。

1. UWB 历史

UWB 出现于 20 世纪 60 年代,但其应用一直仅限于军事、灾害救援搜索雷达定位及测距等方面。2002 年 2 月,这项无线技术首次获得了美国联邦通信委员会(FCC)的批准用于民用和商用通信,这项技术的市场前景开始受到世人的瞩目。

UWB 在保证了高数据速率传输的同时解决了移动终端的功耗问题。因此它被认为是对目前被炒得沸沸扬扬的无线互联(Wi-Fi)技术最具威胁的技术。

2．UWB 技术的工作原理

UWB 采用时间间隔极短(小于 1ns)的非正弦波窄脉冲进行通信的方式,也称脉冲无线电或无载波通信。这种通信方式占用带宽非常小,且频谱的功率密度极小,具有通常扩频的特点。

UWB 调制采用脉冲宽度在纳秒级的快速上升和下降脉冲,脉冲覆盖的频谱从直流至吉赫。频谱形状可通过单脉冲形状和天线负载特征来调整,UWB 信号类似于基带信号,可采用脉冲键控。UWB 信号在时间轴上是稀疏分布的,其功率密度相当低,FR 可同时发射多个 UWB 信号。

3．UWB 标准体系

UWB 是一种短距离的无线通信方式,在 10m 以内的范围里以至少 100Mbps 的速率传输数据。这种通信方式比较适合在家庭内部使用,市场应用前景非常广阔,目前,UWB 的标准有两个：来自 Freescale 的 DS-UWB 和由 TI 倡导的 MBOA。

在理解 UWB 的时候有必要知道 UWB 不仅指的是 DS-CDMA 或 MBOA,它们仅仅处于 UWB 完整架构的最底层(如图 6-8 所示)。

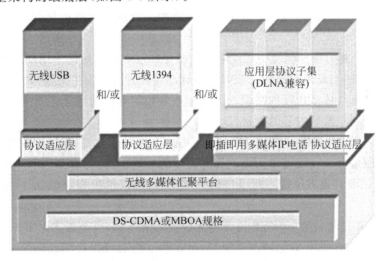

图 6-8　UWB 架构示意图

DS-CDMA 或 MBOA 相当于物理层,位于整个架构的最底层,还分为两个子层,即物理层(PHY)和物理层的控制层(MAC)。在其上面是 WiMedia 的汇聚层,有点类似于链路层或事务层,介于物理层和应用层的中间。在 WiMedia 汇聚层的上面就是应用层面的无线USB、无线 1394 和其他的应用环境,这些层多已被 IEEE 802.15.3a 确认。

4．UWB 的技术特点

这种通信方式具有较宽的频谱、较低的功率、脉冲化数据,这意味着 UWB 引起的干扰小于传统的窄带无线解决方案,并能够在室内无线环境中提供与有线相媲美的性能。UWB具有以下特点：

（1）系统结构的实现比较简单。UWB不使用载波，它通过发送纳秒级脉冲来传输数据信号，UWB发射器直接用脉冲小型激励天线，不需要传统收发器所需要的上变频，从而不需要功用放大器与混频器，因此，UWB允许采用非常低廉的宽带发射器。同时在接收端，UWB接收机也有别于传统的接收机，不需要中频处理，因此，UWB系统结构的实现比较简单。

（2）高速的数据传输。在民用商品中，一般要求UWB信号的传输范围为10m以内，再根据经过修改的信道容量公式，其传输速率可达500Mbps，是实现个人通信和无线局域网的一种理想调制技术。UWB以非常宽的频率带宽来换取高速的数据传输，共享其他无线技术使用的频带。

（3）功耗低。UWB系统使用间歇的脉冲来发送数据，脉冲持续时间很短，一般为0.20～1.5ns，有很低的占空因数，系统耗电可以做到很低，在高速通信时系统的耗电量仅为几百微瓦至几十毫瓦。民用的UWB设备功率一般是传统移动电话所需功率的1/100左右，是蓝牙设备所需功率的1/20左右。

（4）安全性高。作为通信系统的物理层技术具有天然的安全性能。由于UWB信号一般把信号能量弥散在极宽的频带范围内，对一般通信系统，UWB信号相当于白噪声信号，并且大多数情况下，UWB信号的功率谱密度低于自然的电子噪声，从电子噪声中将脉冲信号检测出来是一件非常困难的事。采用编码对脉冲参数进行伪随机化后，脉冲的检测将更加困难。

（5）多径分辨能力强。超宽带无线电发射的是持续时间极短的单周期脉冲且占空比极低，多径信号在时间上是可分离的。假如多径脉冲要在时间上发生交叠，其多径传输路径长度应小于脉冲宽度与传播速度的乘积。由于脉冲多径信号在时间上不重叠，很容易分离出多径分量以充分利用发射信号的能量。

（6）定位精确。冲激脉冲（超短脉冲）具有很高的定位精度，采用超宽带无线电通信，很容易将定位与通信合一。超宽带无线电具有极强的穿透能力，可在室内和地下进行精确定位；与GPS提供绝对地理位置不同，超短脉冲定位器可以给出相对位置，其定位精度可达厘米级。

（7）工程简单造价便宜。UWB比其他无线技术要简单，可全数字化实现。它只需要以一种数学方式产生脉冲，并对脉冲产生调制，而这些电路都可以被集成到一个芯片上，设备的成本将很低。

5. UWB的应用领域

UWB技术多年来一直是美国军方使用的作战技术之一，但由于UWB具有极大的传输速率优势，同时发射功率较小，在近距离范围内提供高速无线数据传输将是UWB的重要应用领域。

（1）数字家庭。UWB的一个重要应用领域是数字家庭娱乐中心。通过UWB技术，互相独立的信息产品可以有机地结合起来，储存的视频数据可以在PC、DVD、TV、PDA等设备上共享观看，遥控PC可以控制家电，可以用无线手柄结合音像设备营造出逼真的虚拟游戏空间，通过联机可以自由地同互联网交互信息。

（2）精确地理定位。使用UWB技术能够提供三维地理定位信息的设备，UWB地理定位系统最初的开发和应用是在军事领域,其目的是使战士在城市环境条件下能够以 0.3m 的分辨率来测定自身所在的位置。目前其主要商业用途之一是路旁信息服务系统,能够提供突发且高达 100Mbps 的信息服务,其信息内容包括路况信息、建筑物信息、天气预报和行驶建议,还可以用作紧急援助事件的通信。

6.2.5 60GHz 通信

尽管 UWB 技术能够提供数百 Mbps 的无线数据传输速率,但依旧不能满足人们对日益增长的数据业务的需求。目前众多室内无线应用需要高速互联网接入和实时数据传输,所需的数据传输速率在 1~3Gbps,60GHz 通信技术就是在这样的背景下产生的。

1. 60GHz 通信的起源

从理论上看,要进一步提高系统容量,增加带宽势在必行。但是 10GHz 以下的无线频谱已经拥挤不堪,要实现高速数据通信,还需要开辟新的频谱资源。

自 2000 年以来,美、日、澳、中等众多国家及欧洲大部分国家相继在 60GHz 附近划分出免许可的 ISM 频段,这非常有利于在世界范围内开发这个频段的技术和产品。北美和韩国开放了 57~64GHz 频段,欧洲和日本开放了 59~66GHz 频段,澳大利亚开放了 59.4~62.9GHz 频段,我国开放了 59~64GHz 频段。这一空前的频段数量,几乎等于所有其他免许可无线通信频段的总和。这些开放的连续频谱,用户不需要负担昂贵的资源费用,使 60GHz 通信成为室内近距离应用的必然选择。

2. 60GHz 技术的组成

基于 60GHz 技术的通信系统一般包括接收机、频率合成器、发射机、相位偏移器以及天线等器件,如图 6-9 所示。

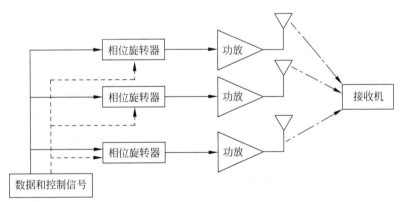

图 6-9 60GHz 技术的通信系统

3. 60GHz 通信的标准

2000 年以来,美、日等众多国家及欧洲大部分国家相继在 60GHz 附近划分出 5~7GHz 的免许可连续频谱,丰富的带宽资源奠定了实现 2Gbps 超高速无线传输的基础。学术界、工业界和标准化组织已经投入大量精力研究 60GHz 通信技术和标准。其中,工业界有 WirelessHD 和 WiGig 联盟,标准化组织有 ECMA,IEEE 802.15.3c(TG3c)和 IEEE 802.11ad(TGad)小组。

(1) WirelessHD 组织。2006 年 12 月,LG、松下、NEC、三星、索尼以及东芝等消费电子领域的六大巨头就共同成立了 WirelessHD 工作组,旨在开发一种可替代 HDMI 的无线数字高清传输技术,让各种高清设备如电视、影碟播放机、机顶盒、录像机、游戏机等实现高清信号的无线传输标准。随后,Intel 和 SiBeam 加入 WirelessHD 工作组并成为核心开发成员,于 2008 年 1 月 30 日发布了 WirelessHD 1.0 规范,并于 2010 年公布了无线高清标准 WirelessHD 1.1 版。

(2) TGad。2009 年初,Intel 和 Broadcom、Atheros 等领先的 WLAN 芯片厂商在 IEEE 802 委员会里成立了毫米波 WLAN 标准化工作小组 TGad。TGad 工作小组组长、Intel 首席工程师 Eldad Perahia 表示:"毫米波通信可以作为现有 WLAN 标准 802.11n 的互补技术,适用于家庭、办公室等多种场合。"

(3) WiGig 联盟。2009 年 5 月,Intel、微软、诺基亚、戴尔、松下等 15 家公司联合成立了 WiGig 联盟,定义面向数字家电的毫米波通信标准。基于 WiGig 联盟制定的 WiGig 1.0 标准,最高传输速度将达到 7Gbps。

(4) ECMA。位于日内瓦,与国际标准化组织(ISO)和国际电工委员会(IEC)总部相邻,其主要任务是研究和通信技术方面的标准并发布有关技术报告。2008 年 12 月 ECMA 公布了 ECMA-387 标准,是欧洲的 60GHz 无线标准,在单载波模式下可以提供 6.35Gbps 的速率,在 OFDM 模式下可以提供 4.032Gbps 的速率。ECMA-387 符合开放系统互联 (OSI)标准,规定了物理层(PHY)、介质访问控制层(MAC)和高清晰度多媒体接口协议适应层(PAL)。

(5) TG3c。2005 年 3 月,IEEE 成立了 802.15.3c 小组,其主要目的是考虑 60GHz 通信技术在无线个域网方面的应用。2009 年 10 月,TG3c 小组通过了 IEEE 802.15.3c—2009 标准,该标准定义了一种可以工作在 60GHz 的无线介质访问控制层(MAC)和物理层 (PHY)规范,可以提供的最高速率超过 5Gbps。其中,WirelessHD 1.0 技术规范作为一种工作模式(AV-OFDM)也被 IEEE 802.15.3c—2009 标准接纳。

4. 60GHz 通信的特点

(1) 60GHz 信号传播的特性。60GHz 电磁波属于毫米波范畴。60GHz 电磁波具有高度的直线传播特性,绕射能力差,容易受障碍物的遮挡。60GHz 电磁波在空气中传播时,氧气和水蒸气都对电磁波有吸收,尤其是氧气的吸收损耗特别大,能够产生 7～15.5db/km 的衰减。60GHz 电磁波的路径损耗也很大,在传输距离相同的情况下,损耗比 2.4GHz 的电磁波高出许多。

(2) 60GHz 技术特点。60GHz 的毫米波容易被氧气吸收,也容易被障碍物所阻挡,可以采用增大发射功率、选用高增益天线、增加中继站、采用相控阵天线的技术来解决。2010 年 5 月,IBM 和 MTK 联合开发了 60GHz 收发芯片,毫米波天线也被集成在标准封装中,该芯片采用军事应用的相控阵雷达技术,拥有低成本的多层 16 位带宽的阵列天线,可以覆盖 60GHz 的 4 个频段。

（3）毫米波通信收发电路的部件成本非常高,毫米波芯片和相关电路的制造需要高成本的特殊工艺,而且需要特殊的封装。

5. 60GHz 应用领域

60GHz 无线通信系统应用范围涵盖毫米波高速无线通信、无线高清多媒体接口、汽车雷达、医疗成像等应用。各国在 60GHz 附近的连续频谱资源都可以提供 5GHz 以上的频宽,实现 2～4Gbps 的高传输速率的无线数据通信。

（1）无线个域网（WPAN）。60GHz 无线通信是实现无线个域网的理想选择,60GHz 在实现超高速无线数据通信方面有很大的优势。无线个域网可以连接笔记本电脑、数字相机、PDA、监视器等电子设备,实现电子设备间的无线互联,如无线显示器、无线扩展坞、无线数据流传输等功能。

（2）无线高清多媒体接口（Wireless HDMI）。高清多媒体接口是高清电视的接口标准,随着显示器的数据处理能力增强,使得接收完全非压缩方式的高清多媒体信号成为可能。60GHz 无线通信网络可以支持高于 2Gbps 的无线数据传输,因此可以利用 60GHz 无线通信系统供用户通过 DVD、机顶盒、手机等终端,以无线方式向显示器、扬声器系统传送非压缩方式的视频音频数据。

（3）汽车雷达。近几十年来,美、日、西欧等国家的多家汽车公司投入巨资,先后研制成功了 24GHz、60GHz、76.5GHz 等频率的单脉冲雷达系统,并已在国外的一些汽车公司的高档轿车中应用,但由于其成本高昂而未得到广泛的应用。我国对汽车防撞雷达的研究起步晚,但已得到业界的高度重视,可以基于 60GHz 频率开展我国汽车防撞雷达的研究,采用 CMOS 工艺研究汽车防撞雷达系统,可有效降低硬件成本,为此技术的市场化提供良好的保证。

（4）医疗成像。在医疗设备中,核磁共振和超声波检测成像的数据传输速率为 4～5Gbps,目前都采用传送电缆连接此类医疗设备和成像系统,这种方式往往限制了此类设备的应用地点与方式,若无线毫米波通信可以提供 5GHz 的传输速率,则可以提高医疗设备的移动性和灵活性,方便医疗救治工作的展开,能够更好地为医疗急症事件和重大突发事故服务。

（5）点对点链路。点对点链路应用于无线通信回传,采用高增益天线以扩大链路的范围。60GHz 波段在此应用已经投入市场,系统中射频芯片采用Ⅲ-Ⅴ族元素器件实现,价格相对昂贵。研究基于 CMOS 工艺的 60GHz 射频收发器芯片,可以降低这类系统的成本,使之具有更强的市场竞争力。

（6）卫星星际通信。可以采用 60GHz 频段作为星座各卫星之间的交叉通信频率,由于此频率的大气损耗高,不易受到地面的干扰,保密性强。正在发展的美国军用通信卫星 Milstar（军用战略、战术和中继卫星）,其在星座各卫星之间有交叉通信链,正是使用 60GHz 频段,以减少对地面站的依赖,在失去地面站支持的情况下,通信网能自主工作半年之久。

6.2.6　WLAN

无线局域网络（WLAN）是相当便利的数据传输系统,是利用射频技术,使用电磁波,取代旧式的由双绞铜线构成的局域网络,在空中进行通信连接,使得无线局域网络能利用简单的存取架构让用户通过它达到"信息随身化、便利走天下"的理想境界。

1. WLAN 起源

1990 年 IEEE 802 标准化委员会成立 IEEE 802.11WLAN 标准工作组,开始制定无线局域网标准。

1997 年 6 月,由大量局域网和计算机专家审定通过,WLAN 第一标准 IEEE 802.11 诞生。IEEE 802.11 是 IEEE 最初制定的一个无线局域网标准,主要用于解决办公室和某些公共场所中用户与用户终端的无线接入。

1999 年 IEEE 又相继推出两种版本:IEEE 802.11b 和 IEEE 802.11a 标准。其中 IEEE 802.11a 作在 5.15～5.825GHz,数据传输速率达到 54Mbps;IEEE 802.11b 工作在 2.4～2.4835GHz 数据传输率达到 11Mbps。

21 世纪初,IEEE 又推出多个 WLAN 版本,包括 IEEE 802.11g 标准、IEEE 802.11i 标准、IEEE 802.11e 标准、IEEE 802.11f 标准、IEEE 802.11h 标准等。

2. WLAN 工作原理及组成

WLAN 由无线网卡、接入控制器设备(AC)、无线接入点(AP)、计算机和有关设备组成。下面以最广泛使用的无线网卡为例说明 WLAN 的工作原理。

一个无线网卡主要包括网卡(NIC)单元、扩频通信机和天线 3 个组成功能块。NIC 单元属于数据链路层,由它负责建立主机与物理层之间的连接。扩频通信机与物理层建立了对应关系,实现无线电信号的接收与发射。当计算机要接收信息时,扩频通信机通过网络天线接收信息,并对该信息进行处理,判断是否要发给 NIC 单元,如是则将信息帧上交给 NIC 单元,否则丢弃。如果扩频通信机发现接收到的信息有错,则通过天线发送给对方一个出错信息,通知发送端重新发送此信息帧。当计算机要发送信息时,主机先将待发送的信息传送给 NIC 单元,由 NIC 单元首先监测信道是否空闲,若空闲则立即发送,否则暂不发送,并继续监测。可以看出,WLAN 的工作方式与 IEEE 802.3 定义的有线网络的载体监听多路访问/冲突检测(CSMA/CD)工作方式很相似。

3. WLAN 标准

由于 WLAN 基于计算机网络与无线通信技术,在计算机网络结构中,逻辑链路控制(LLC)层及其之上的应用层对不同的物理层的要求可以是相同的,也可以是不同的,因此,WLAN 标准主要是针对物理层和介质访问控制层(MAC),涉及所使用的无线频率范围、空中接口通信协议等技术规范与技术标准。其中常用的 IEEE 802.11X 系列标准如下:

(1) IEEE 802.11。1990 年 IEEE 802 标准化委员会成立 IEEE 802.11WLAN 标准工作组。IEEE 802.11 是在 1997 年 6 月由大量的局域网以及计算机专家审定通过的标准,该标准定义物理层和介质访问控制(MAC)规范。物理层定义了数据传输的信号特征和调制,定义了两个 RF 传输方法和一个红外线传输方法,RF 传输标准是跳频扩频和直接序列扩频,工作在 2.4000～2.4835GHz 频段。

IEEE 802.11 是 IEEE 最初制定的一个无线局域网标准,主要用于解决办公室局域网和校园网中用户与用户终端的无线接入,业务主要限于数据访问,速率最高只能达到 2Mbps。由于它在速率和传输距离上都不能满足人们的需要,所以 IEEE 802.11 标准已被 IEEE 802.11b 取代了。

(2) IEEE 802.11b。1999 年 9 月 IEEE 802.11b 被正式批准,该标准规定 WLAN 工作频段在 2.4~2.4835GHz,数据传输速率达到 11Mbps,传输距离控制在 50~150 英尺。该标准是对 IEEE 802.11 的一个补充,采用补偿编码键控调制方式,采用点对点模式和基本模式两种运作模式,在数据传输速率方面可以根据实际情况在 11Mbps、5.5Mbps、2Mbps、1Mbps 的不同速率间自动切换,它改变了 WLAN 设计状况,扩大了 WLAN 的应用领域。

IEEE 802.11b 已成为当前主流的 WLAN 标准,被多数厂商所采用,所推出的产品广泛应用于办公室、家庭、宾馆、车站、机场等众多场合,但是由于许多 WLAN 的新标准的出现,IEEE 802.11a 和 IEEE 802.11g 更是备受业界关注。

(3) IEEE 802.11a。1999 年,IEEE 802.11a 标准制定完成,该标准规定 WLAN 工作频段在 5.15~8.825GHz,数据传输速率达到 54Mbps/72Mbps,传输距离控制在 10~100m。该标准也是 IEEE 802.11 的一个补充,扩充了标准的物理层,采用正交频分复用(OFDM)的独特扩频技术,采用 QFSK 调制方式,可提供 25Mbps 的无线 ATM 接口和 10Mbps 的以太网无线帧结构接口,支持多种业务如语音、数据和图像等,一个扇区可以接入多个用户,每个用户可带多个用户终端。

IEEE 802.11a 标准是 IEEE 802.11b 的后续标准,其设计初衷是取代 IEEE 802.11b 标准,然而,工作于 2.4GHz 频带是不需要执照的,该频段属于工业、教育、医疗等专用频段,是公开的,工作于 5.15~8.825GHz 频带是需要执照的。

(4) IEEE 802.11g。目前,IEEE 推出最新版本 IEEE 802.11g 认证标准,该标准提出拥有 IEEE 802.11a 的传输速率,安全性较 IEEE 802.11b 好,采用两种调制方式,含 IEEE 802.11a 中采用的 OFDM 与 IEEE 802.11b 中采用的 CCK,做到与 IEEE 802.11a 和 IEEE 802.11b 兼容。虽然 IEEE 802.11a 较适用于企业,但 WLAN 运营商为了兼顾现有 IEEE 802.11b 设备投资,选用 IEEE 802.11g 的可能性极大。

(5) IEEE 802.11i。IEEE 802.11i 标准是结合 IEEE 802.1x 中的用户端口身份验证和设备验证,对 WLAN MAC 层进行修改与整合,定义了严格的加密格式和鉴权机制,以改善 WLAN 的安全性。IEEE 802.11i 新修订标准主要包括两项内容:"Wi-Fi 保护访问"(WPA)技术和"强健安全网络"(RSN)。Wi-Fi 联盟计划采用 IEEE 802.11i 标准作为 WPA 的第二个版本,并于 2004 年初开始实行。

IEEE 802.11i 标准在 WLAN 网络建设中的是相当重要的,数据的安全性是 WLAN 设备制造商和 WLAN 网络运营商应该首先考虑的头等工作。

(6) IEEE 802.11e/f/h。IEEE 802.11e 标准对 WLAN MAC 层协议提出改进,以支持多媒体传输,以支持所有 WLAN 无线广播接口的服务质量保证 QoS 机制。

IEEE 802.11f,定义访问节点之间的通信,支持 IEEE 802.11 的接入点互操作协议(IAPP)。

IEEE 802.11h 用于 IEEE 802.11a 的频谱管理技术。

4. WLAN 特点

WLAN 开始是作为有线局域网络的延伸而存在的,社会团体、企事业单位广泛地采用了 WLAN 技术来构建其办公网络。但随着应用的进一步发展,WLAN 正逐渐从传统意义上的局域网技术发展成为"公共无线局域网",成为国际互联网宽带接入手段。WLAN 具有易安装、易扩展、易管理、易维护、高移动性、保密性强、抗干扰等特点。

5. WLAN 应用领域

(1) 移动办公的环境:大型企业、医院等移动工作的人员应用的环境;

(2) 难以布线的环境:历史建筑、校园、工厂车间、城市建筑群、大型的仓库等不能布线或者难于布线的环境;

(3) 频繁变化的环境:活动的办公室、零售商店、售票点、医院以及野外勘测、试验、军事、公安和银行金融等领域;

(4) 公共场所:航空公司、机场、货运公司、码头、展览和交易会等;

(5) 小型网络用户:办公室、家庭办公室(SOHU)用户。

6.2.7 WiMAX

WiMAX(World Wide Interoperability for Microwave Access)即全球微波互联接入,也叫 IEEE 802.16 无线城域网,是一项新兴的宽带无线接入技术,能提供面向互联网的高速连接,数据传输距离最远可达 50km。WiMAX 还具有 QoS 保障、传输速率高、业务丰富多样等优点。WiMAX 的技术起点较高,采用了代表未来通信技术发展方向的 OFDM/OFDMA、AAS、MIMO 等先进技术,随着技术标准的发展,WiMAX 逐步实现宽带业务的移动化,而 3G 则实现移动业务的宽带化,两种网络的融合程度会越来越高。

1. WiMAX 的起源

无线城域网(WMAN)主要用于解决城域网的无线接入问题,覆盖范围为几千米到几十千米,除提供固定的无线接入外,还提供具有移动的接入能力。IEEE 802.16 是无线城域网的标准之一,IEEE 802.16 标准的研发初衷是在 WMAN 领域提高性能的"最后一公里"宽带无线接入技术。2001 年 4 月,由支持 IEEE 802.16 标准的设备和器件供应商、软件开发商、运营商成立了世界微波接入互操作性论坛(WiMAX)。WiMAX 论坛致力于推广基于 IEEE 802.16 标准实现的宽带无线接入设备,并对不同厂家设备进行认证测试,保证其兼容性和互操作性。

为了促进 IEEE 802.16 的应用,2003 年由 Intel 牵头,联合西门子、富士通、AT&T 等公司成立了旨在推进无线宽带接入技术的 WiMAX 论坛,我国中兴通信公司也名列其中。之后,英国电信、法国电信、Qwest 通信公司、Relince 电信和 XO 通信等公司也先后加入论坛。目前 WiMAX 论坛已经拥有约 100 个成员,其中运营商占 25%。现在,IEEE 802.16 这个标准已经被统称为 WiMAX,WiMAX 正成为继 Wi-Fi 之后的最受业界关注的宽带无线接入技术。

2. WiMAX 的技术原理

WiMAX 曾被认为是最好的一种接入蜂窝网络,让用户能够便捷地在任何地方连接到运营商的宽带无线网络,并且提供优于 Wi-Fi 的高速宽带互联网体验。它是一个新兴的无线标准。用户还能通过 WiMAX 进行 WiMAX 订购或付费点播等业务,类似于移动电话服务。

WiMAX 是一种无线城域网(WMAN)技术。运营商部署一个信号塔,就能得到数英里的覆盖区域。覆盖区域内任何地方的用户都可以立即启用互联网连接。和 Wi-Fi 一样,WiMAX 也是一种基于开放标准的技术,它可以提供消费者所希望的设备和服务,它会在全球范围内创造一个开放而具有竞争优势的市场。

3. WiMAX 标准

IEEE 802.16 标准又称为 IEEE Wireless MAN 空中接口标准,是工作于 2～66GHz 无线频带的空中接口规范。由于它所规定的无线系统覆盖范围可高达 50km,因此 IEEE 802.16 系统主要应用于城域网,符合该标准的无线接入系统被视为可与 DSL 竞争的"最后一公里"宽带接入解决方案。

2001 年 12 月颁布的 IEEE 802.16 标准,对使用 10～66GHz 频段的固定宽带无线接入系统的空中接口物理层和 MAC 层进行了规范,由于其使用的频段较高,因此仅能应用于视距范围内。

2003 年 1 月颁布的 IEEE 802.16a 标准对之前颁布的 IEEE 802.16 标准进行了扩展,对使用 2～11GHz 许可和免许可频段的固定宽带无线接入系统的空中接口物理层和 MAC 层进行了规范,该频段具有非视距传输的特点,覆盖范围最远可达 50km,通常小区半径为 6～10km。另外,IEEE 802.16a 的 MAC 层提供了 QoS 保证机制,可支持语音和视频等实时性业务。这些特点使得 IEEE 802.16a 标准与 IEEE 802.16 标准相比更具有市场应用价值,从而真正成为适合应用于城域网的无线接入手段。

2002 年正式发布的 IEEE 802.16c 标准是对 IEEE 802.16 标准的增补文件,是使用 10～66GHz 频段 IEEE 802.16 系统的兼容性标准,它详细规定了 10～66GHz 频段 IEEE 802.16 系统在实现上的一系列特性和功能。

IEEE 802.16d 标准是 IEEE 802.16 标准系列的一个修订版本,是相对比较成熟并且最具有实用性的一个标准版本,在 2004 年下半年正式发布。IEEE 802.16d 对 2～66GHz 频段的空中接口物理层和 MAC 层进行了详细规定,定义了支持多种业务类型的固定宽带无线接入系统的 MAC 层和相对应的多个物理层。该标准对前几个 IEEE 802.16 标准进行了整合和修订,仍属于固定宽带无线接入规范。

IEEE 802.16e 标准是 IEEE 802.16 标准的增强版本,该标准规定了可同时支持固定和移动宽带无线接入的系统,工作在 2～6GHz 适于移动性的许可频段,可支持用户站以车辆速度移动,同时 IEEE 802.16a 规定的固定无线接入用户能力并不因此受到影响。同时该标准也规定了支持基站或扇区间高层切换的功能。IEEE 802.16e 标准面向更大范围的无线点到多点城域网系统,该系统可提供核心公共网接入。

IEEE 802.16f 标准定义了 IEEE 802.16 系统 MAC 层和物理层的管理信息库(MIB)以

及相关的管理流程。

IEEE 802.16g 标准制定的目的是为了规定标准的 IEEE 802.16 系统管理流程和接口，从而能够实现 IEEE 802.16 设备的互操作性和对网络资源、移动性和频谱的有效管理。

4. WiMAX 的特点

(1) 传输距离远。WiMAX 无线信号传输最远可达 50km，网络覆盖面积是 3G 基站的 10 倍，只要建设少数基站就能实现全成覆盖，扩大无线网络应用范围。

(2) 接入速度高。WiMAX 提供的最高接入速度是 70Mbps，是 3G 提供宽带速度的 30 倍。WiMAX 采用与无线 LAN 标准 IEEE 802.11a 和 IEEE 802.11g 相同的 OFDM 调制方式，每个频道的带宽为 20MHz。

(3) 无"最后一公里"瓶颈限制。可以将 Wi-Fi 热点连接到互联网，也可以作为 DSL 等有线接入方式的无线扩展，实现"最后一公里"的宽带接入，用户无线缆即可与基站建立宽带连接。

(4) 提供广泛的多媒体通信服务。由于 WiMAX 较之 Wi-Fi 具有更好的可扩展性和安全性，从而实现电信级的多媒体通信服务。高带宽可以将 IP 网的缺点大大降低，从而大幅度提高 QoS(服务质量)。

从技术层面讲，WiMAX 更适合于城域网建设的"最后一公里"无线接入部分，尤其适合新兴的运营商。

5. WiMAX 的应用范围

WiMAX 标准支持移动、便携式和固定服务。这使无线供应商可以提供宽带互联网访问给相对不发达，但是有电话和电缆接入的公司。在 WiMAX 部署中，服务提供商提供客户端设备(CPE)，作为无线 Modem，以适应各种不同的特定位置，如家庭、网吧或办公室。WiMAX 也适合新兴市场，使经济不太发达的国家或城市也能得到高速互联网服务。

6.2.8 3G

第三代移动通信技术 3G(3rd Generation)，相对第一代模拟制式手机(1G)和第二代 GSM、TDMA 等数字手机(2G)，它是将无线通信与国际互联网等多媒体通信结合的新一代移动通信系统。它能够处理图像、音乐、视频等多种媒体服务。无线网络必须能够分别支持至少 2Mbps、384kbps 以及 144kbps 的传输速度。

1. 3G 起源

1940 年，美国女演员海蒂·拉玛和她的作曲家丈夫乔治·安塞尔提出一个频谱(Spectrum)的技术概念，这个被称为"展布频谱技术"(也称码分扩频技术)的技术理论最终演变成我们今天的 3G 技术，展布频谱技术就是 3G 技术的基础原理。1941 年 6 月 10 日，申请展布频谱技术(扩频技术)，1942 年 8 月 11 日通过美国专利，专利号为 2 292 387 的"保密通信系统"专利。这个技术是为帮助美国军方制造出能够对付纳粹德国的电波干扰或防窃听的军事通信系统。根据美国国家专利局网站上的存档,这个技术专利最初是用于军事用途的,第二次世界大战结束后因为暂时失去了价值,美国军方封存了这项技术。

1985 年,美国的圣迭戈成立了一个名为"高通"的小公司(现已成为世界五百强公司),利用美国军方解禁的"展布频谱技术"开发出名为 CDMA 的新通信技术,直接导致了 3G 的诞生。

2008 年 5 月,国际电信联盟正式公布第三代移动通信标准——中国提交的 TD-SCDMA 正式成为国际标准,与欧洲 WCDMA、美国 CDMA2000 成为 3G 时代最主流的三大技术之一。它们都是在 CDMA 的技术基础上开发出来的。

截至 2012 年,全球 CDMA2000 用户已超过 2.56 亿,遍布 70 个国家的 156 家运营商已经商用 3G CDMA 业务。包含高通授权 LICENSE 的安可信通信技术有限公司在内全球有数十家 OEM 厂商推出了 EVDO 移动智能终端。

2. 3G 网络组成

3G 的网络结构主要包括核心网(Core Network,CN)、无线接入网(Radio Access Network,RAN)和用户终端模块,其中核心网和无线接入网是第三代移动通信系统的重要内容。与原来的移动通信相比,3G 核心网在电路域(Circuit Switched,CS)的基础上增加了分组域(Packet Switched,PS)。

3G 通过微微小区,到微小区,到宏小区,直到连接全球网络,可以与全球公共交换电话网(Public Switched Telephone Network,PSTN)、互联网、公共陆地移动网(Public Land Mobile Network,PLMN)相连,形成覆盖全球的广域网络。

(1) 核心网。主要负责与其他网络的连接,以及对用户终端的通信和管理。核心网从逻辑上划分为 CS 域和 PS 域,其中 CS 域用于普通通话、视频通话等 2G 常见的"电路型连接"业务,PS 域用于网络数据的传输。CS 域特有的实体包括移动交换中心(Mobile Switching Center,MSC)、访问位置寄存器(Visitor Location Register,VLR)、移动交换关口局(Gateway Mobile-Services Switching Center,GMSC)等;PS 域特有的实体包括服务 GPRS 支持节点(Serving GPRS Support Node,SGSN)、网关 GPRS 支持节点(Gateway GPRS Support Node,GGSN)。本地位置寄存器(Home Location Register,HLR)、鉴权中心(Authentication Center,AuC)等为 CS 域和 PS 域共用。

(2) 无线接入网。主要包括基站控制器和基站。基站控制器(RNC)是无线网络控制器,主要执行系统信息广播与接入控制功能,完成切换和 RNC 迁移等移动性管理工作,执行宏分集合并、功率控制、无线承载分配等无线资源管理和控制功能。Node B 是系统的基站,即无线收发信机。无线接入网在基站与 RNC 之间用 IUB 接口,在 RNC 与 RNC 之间用 IUR 接口,在 RNC 与核心网之间用 IU-PS 和 IU-CS 接口。

(3) 用户终端模块。用户终端模块(UE)包括移动设备(ME)和用户识别模块(UIM)。3G 网络在手机与基站之间用 UU 接口,UE 通过 UU 接口与网络进行数据交换,为用户提供电路域和分组域的各种功能。

【知识链接 6-3】

(1) 无线接口(UU 接口)是指终端(UE)和接入网(UTRAN)之间的接口。无线接口协议主要是用来建立、重配置和释放各种 3G 无线承载业务的。无线接口是完全开放的接口,只要符合规范,任何 TD-SCDMA 手机终端都可以通过 UU 接口接入系统。该接口对应于 GSM 的 UM 接口。

(2) IUR 接口。在 UTRAN 内部,任何两个 RNC 之间的逻辑连接被称为 IUR 接口。用来传送 RNC 之间的控制信令和用户数据。同时逻辑上代表一个在 RNC 之间的点对点链路,它的物理实现并不需要一个点对点的链路。

(3) IUB 接口是 RNC 和 Node B 之间的接口,用来传输 RNC 和 Node B 之间的信令及无线接口的数据。

3. 3G 标准

目前,国际电信联盟(ITU)认可的三大 3G 主流标准分别是由 GSM 延伸出的 WCDMA、由 CDMA 演进的 CDMA2000 及由中国拥有自主知识产权的 TD-SCDMA,具体如表 6-2 所示。

表 6-2　3G 标准

技术标准	TD-SCDMA	W-CDMA	CDMA2000
上行速率	2.8Mbps	14.4Mbps	1.8Mbps
下行速率	384Mbps	5.76Mbps	3.1Mbps
部署国家或地区	在中国、缅甸、非洲建有试验网,小规模放号	100 多个国家,258 张网络	62 个国家
简评	中国自有 3G 技术,获政府支持	产业链最广,全球用户最多,技术最完善	本身技术优秀,但因产业链为一家独占,发展不乐观

4. 3G 的特点

(1) 全球范围设计的,与固定网络业务及用户互联,无线接口的类型尽可能少,具有高度兼容性。

(2) 具有与固定通信网络相比拟的高语音质量和高安全性。

(3) 具有在本地采用 2Mbps 高速率接入和在广域网采用 384kbps 接入速率的数据率分段使用功能。

(4) 具有在 2GHz 左右的高效频谱利用率,且能最大程度地利用有限带宽。

(5) 移动终端可连接地面网络和卫星网,可移动使用,可与卫星业务共存和互连。

(6) 可同时提供高速电路交换和分组交换业务,能处理包括国际互联网、视频会议、高速数据传输和非对称数据传输等业务。

(7) 支持分层小区结构,也支持包括用户与不同地点通信时浏览国际互联网的多种同步连接。

（8）语音只占移动通信业务的一部分，大部分业务是数据和视频信息，可使每个用户在连接到局域网的同时还能够接收语音呼叫。

（9）一个共用的基础设施，可支持同一地方的多个公共的和专用运营公司。

（10）手机体积小、重量轻，具有真正的全球漫游能力。

（11）具有根据数据量、服务质量和使用时间为收费参数，而不是以距离收费的新收费机制。

5. 3G 应用领域

（1）宽带上网。3G 手机的一项很重要的功能，使手机变成移动电脑。

（2）手机商务。手机办公人员可以随时随地访问政府和企业的数据库，进行实时办公和处理业务，极大地提高了办公和执法的效率。

（3）视频通话。视频通话和语音信箱等业务成为主流。

（4）手机电视。手机流媒体软件成为 3G 时代最多使用的手机电视软件，视频影像的流畅和画面质量不断提升，被大规模应用。

（5）无线搜索。随时随地用手机搜索变成手机用户一种生活习惯。

（6）手机音乐。手机上安装手机音乐软件，随时随地让手机变身音乐魔盒。

（7）手机购物。移动电子商务是 3G 时代手机上网用户的最爱。手机用户已经习惯在手机上消费，高质量的图片与视频会话能拉近商家与消费者的距离，提升购物体验，让手机购物变为新潮流。

（8）手机网游。手机网游平台稳定、快速、兼容性更高、方便携带、随时可以玩，利用零碎时间的网游是年轻人的新宠，也是 3G 时代的一个重要资本增长点。

6.2.9　4G

4G（第四代移动通信技术），是集 3G 与 WLAN 于一体并能够传输高质量视频图像并且图像传输质量与高清晰度电视不相上下的技术产品。4G 系统能够以 100Mbps 的速度下载，比目前的拨号上网快 2000 倍，上传的速度也能达到 20Mbps，并能够满足几乎所有用户对于无线服务的要求。

1. 4G 起源

4G 通信技术是继第三代以后的又一次无线通信技术演进，其开发具有更加明确的目标性：提高移动装置无线访问互联网的速度。

2. 4G 系统网络结构及其关键技术

4G 移动系统网络结构可分为 3 层：物理网络层、中间环境层、应用网络层。第四代移动通信系统主要是以正交频分复用（OFDM）为技术核心。

OFDM 实际上是多载波调制的一种，其核心思想是：将信道分成若干正交子信道，将高速数据信号转换成并行的低速子数据流，调制到每个子信道上进行传输。

OFDM 技术的特点是网络结构高度可扩展,具有良好的抗噪声性能和抗多信道干扰能力,可以提供比目前无线数据技术质量更高(速率高、时延小)的服务和更好的性能价格比,能为 4G 无线网提供更好的方案。

3. 4G 的特点

4G 通信具有以下特点:

(1) 通信速度更快。4G 通信给人印象最深刻的特征莫过于它具有更快的无线通信速度。第四代移动通信系统可以达到 10～20Mbps,甚至最高可以达到每秒 100Mbps 的速度传输无线信息。

(2) 网络频谱更宽。要想使 4G 通信达到 100Mbps 的传输,通信营运商必须在 3G 通信网络的基础上,进行大幅度的改造和研究,以便使 4G 网络在通信带宽上比 3G 网络的蜂窝系统的带宽高出许多。据估计,每个 4G 信道将占有 100MHz 的频谱,相当于 W-CDMA 3G 网络的 20 倍。

(3) 通信更加灵活。4G 手机更应该算得上是一台小型电脑,4G 通信使我们不仅可以随时随地通信,更可以双向下载传递资料、图画、影像,当然更可以和从未谋面的陌生人网上连线对打游戏。

(4) 智能程度更高。智能性不仅表现在 4G 通信的终端设备的设计和操作具有智能化,还可以实现许多难以想象的功能。例如,4G 手机能根据环境、时间以及其他设定的因素来适时地提醒手机的主人此时该做什么事,或者不该做什么事,4G 手机可以将电影院票房资料直接下载到 PDA 之上,这些资料能够把目前的售票情况、座位情况显示得清清楚楚,大家可以根据这些信息在线购买自己满意的电影票;4G 手机也可以被看作是一台移动电视,用来看体育比赛之类的各种现场直播。

(5) 兼容性能更平滑。以现有通信为基础,让更多的现有用户在投资最少的情况下轻松过渡到 4G 通信。从这个角度来看,未来的第四代移动通信系统应当具备全球漫游,接口开放,能跟多种网络互联,终端多样化以及能从第二代系统平稳过渡等特点。

(6) 提供各种增值服务。4G 通信核心建设技术不同于 3G 技术,3G 移动通信系统主要是以 CDMA 为核心技术,而 4G 移动通信系统技术则以正交多任务分频技术(OFDM)最受瞩目,利用这种技术人们可以实现例如无线区域环路(WLL)、数字音讯广播(DAB)等方面的无线通信增值服务。

(7) 实现更高质量的多媒体通信。第四代移动通信系统提供的无线多媒体通信服务将包括语音、数据、影像等在内的大量信息通过宽频的信道传送出去,为此第四代移动通信系统也称为“多媒体移动通信”。

(8) 频率使用效率更高。第四代主要是运用路由技术为主的网络架构。按照最乐观的情况估计,这种有效性可以让更多的人使用与以前相同数量的无线频谱做更多的事情,而且做这些事情的时候速度相当快,下载速率有可能达到 5～10Mbps。

(9) 通信费用更加便宜。4G 通信除了让现有通信用户能轻松升级到 4G 通信,还引入了许多尖端的通信技术,保证了 4G 通信能提供一种灵活性非常高的系统操作方式,通信运营商们将考虑直接在 3G 通信网络的基础设施之上,采用逐步引入的方法,这样就能够有效地降低运营者和用户的费用,4G 通信的无线即时连接等某些服务费用将比 3G 通信更加便宜。

【知识链接 6-4】

移动通信技术代际分期

代际	1G	2G	2.5G	3G	4G
信号	模拟	数字	数字	数字	数字
制式		CSM CDMA	GPRS	W-CDMA CDMA2000 TD-SCDMA	TD-LTE
主要功能	语音	数据	窄带	宽带	广带
典型应用	通话	短信、彩信	蓝牙	多媒体	高清

6.3 有线接入网技术

国际电信联盟电信标准化部门(ITU-T)提出了"接入网"的概念。从整个电信网的角度讲,可以将全网划分为公用网和用户驻地网(CPN)两大块;公用网又划分为长途网、中继网和接入网 3 部分,长途网和中继网合并称为核心网。

宽带有线接入网技术包括基于双绞线的 ADSL 技术、基于 HFC 网(光纤和同轴电缆混合网)的 Cable Modem 技术、基于五类线的以太网接入技术以及光纤接入技术。

6.3.1 基于双绞线传输的接入网技术

非对称数字用户线系统(ADSL)是充分利用现有电话网络的双绞线资源,实现高速、高带宽的数据接入的一种技术。ADSL 是 DSL 的一种非对称版本,它采用 FDM(频分复用)技术和 DMT 调制技术,在保证不影响正常电话使用的前提下,利用原有的电话双绞线进行高速数据传输。

从实际的数据组网形式上看,ADSL 所起的作用类似于窄带的拨号 Modem,担负着数据的传送功能。按照 OSI 七层模型的划分标准,ADSL 的功能从理论上应该属于七层模型的物理层。它主要实现信号的调制、提供接口类型等一系列底层的电气特性。同样,ADSL 的宽带接入仍然遵循数据通信的对等层通信原则,在用户侧对上层数据进行封装后,在网络侧的同一层上进行开封。因此,要实现 ADSL 的各种宽带接入,在网络侧也必须有相应的网络设备。

ADSL 的接入模型主要由中央交换局端模块和远端模块组成,中央交换局端模块包括中心 ADSL Modem 和接入多路复用系统 DSLAM,远端模块由用户 ADSL Modem 和滤波器组成。

ADSL 能够向终端用户提供 8Mbps 的下行传输速率和 1Mbps 的上行速率,比传统的

28.8kbps 模拟调制解调器快将近 200 倍,这也是传输速率达 128kbps 的 ISDN(综合业务数据网)所无法比拟的。与电缆调制解调器(Cable Modem)相比,ADSL 具有独特的优势是:它是针对单一电话线路用户的专线服务,而电缆调制解调器则要求一个系统内的众多用户分享同一带宽。尽管电缆调制解调器的下行速率比 ADSL 高,但考虑到将来会有越来越多的用户在同一时间上网,电缆调制解调器的性能将大大下降。另外,电缆调制解调器的上行速率通常低于 ADSL。

不容忽视的是,目前,全世界有将近 7.5 亿铜制电话线用户,而享有电缆调制解调器服务的家庭只有 1200 万。ADSL 无须改动现有铜缆网络设施就能提供宽带业务,由于技术成熟,产量大幅上升,ADSL 已开始进入大力发展阶段。

目前,众多 ADSL 厂商在技术实现上,普遍将先进的 ATM 服务质量保证技术融入 ADSL 设备中,DSLAM(ADSL 的用户集中器) 的 ATM 功能的引入,不仅提高了整个 ADSL 接入的总体性能,为每一用户提供了可靠的接入带宽,为 ADSL 星形组网方式提供了强有力的支撑,而且完成了与 ATM 接口的无缝互联,实现了与 ATM 骨干网的完美结合。

6.3.2　基于光传输的接入网技术

光纤通信具有通信容量大、质量高、性能稳定、防电磁干扰、保密性强等优点。在干线通信中,光纤扮演着重要角色;在接入网中,光纤接入也将成为发展的重点。光纤接入网是发展宽带接入的长远解决方案。

1. 光纤接入网的基本构成

光纤接入网(OAN)是指用光纤作为主要的传输介质,实现接入网的信息传送功能。通过光线路终端(OLT)与业务节点相连,通过光网络单元(ONU)与用户连接。光纤接入网包括远端设备——光网络单元和局端设备——光线路终端,它们通过传输设备相连。系统的主要组成部分是 OLT 和远端 ONU。它们在整个接入网中完成从业务节点接口到用户网络接口间有关信令协议的转换。接入设备本身还具有组网能力,可以组成多种形式的网络拓扑结构。同时接入设备还具有本地维护和远程集中监控功能,通过透明的光传输形成一个维护管理网,并通过相应的网管协议纳入网管中心统一管理。

OLT 的作用是为接入网提供与本地交换机之间的接口,并通过光传输与用户端的光网络单元通信。它将交换机的交换功能与用户接入完全隔开。光线路终端提供对自身和用户端的维护和监控,可以直接与本地交换机一起放置在交换局端,也可以设置在远端。

ONU 的作用是为接入网提供用户侧的接口。它可以接入多种用户终端,同时具有光电转换功能以及相应的维护和监控功能。ONU 的主要功能是终结来自 OLT 的光纤,处理光信号并为多个小企业、事业用户和居民住宅用户提供业务接口。ONU 的网络端是光接口,而其用户端是电接口。因此 ONU 具有光/电和电/光转换功能。它还具有对语音的数/模和模/数转换功能。ONU 通常放在距离用户较近的地方,其位置具有很大的灵活性。

光纤接入网(OAN)从系统分配上分为有源光网络(Active Optical Network,AON)和无源光网络(Passive Optical Network,PON)两类。

2. 有源光纤接入网

有源光网络又可分为基于 SDH 的 AON 和基于 PDH 的 AON。有源光网络的局端设备(CE)和远端设备(RE)通过有源光传输设备相连,传输技术是骨干网中已大量采用的 SDH 和 PDH 技术,但以 SDH 技术为主。

1) 基于 SDH 的有源光网络

SDH 网是对原有 PDH(Plesiochronous Digital Hierarchy,准同步数字系列)网的一次革命。PDH 是异步复接,在任一网络节点上接入接出低速支路信号都要在该节点上进行复接、码变换、码速调整、定时、扰码、解扰码等过程,并且 PDH 只规定了电接口,对线路系统和光接口没有统一规定,无法实现全球信息网的建立。随着 SDH 技术引入,传输系统不仅具有提供信号传播的物理过程的功能,而且提供对信号的处理、监控等过程的功能。SDH 通过多种容器和虚容器以及级联的复帧结构的定义,使其可支持多种电路层的业务,如各种速率的异步数字系列、DQDB、FDDI、ATM 等,以及将来可能出现的各种新业务。段开销中大量的备用通道增强了 SDH 网的可扩展性。通过软件控制实现了交叉连接和分插复用连接,提供了灵活的上/下电路的能力,并使网络拓扑动态可变,增强了网络适应业务发展的灵活性和安全性,可在更大几何范围内实现电路的保护和通信能力的优化利用,从而为增强组网能力奠定基础,只需几秒就可以重新组网。特别是 SDH 自愈环,可以在电路出现故障后,在几十毫秒内迅速恢复。SDH 的这些优势使它成为宽带业务数字网的基础传输网。

在接入网中应用 SDH(同步光网络)的主要优势在于:SDH 可以提供理想的网络性能和业务可靠性;SDH 固有的灵活性使得发展极其迅速的蜂窝通信系统采用 SDH 系统尤其适合。当然,考虑到接入网对成本的高度敏感性和运行环境的恶劣性,适用于接入网的 SDH 设备必须是高度紧凑、低功耗和低成本的新型系统,其市场应用前景看好。

接入网用 SDH 的最新发展趋势是支持 IP 接入,目前至少需要支持以太网接口的映射,于是除了携带语音业务量以外,可以利用部分 SDH 净负荷来传送 IP 业务,从而使 SDH 也能支持 IP 的接入。支持的方式有多种,除了现有的 PPP 方式外,利用 VC12 的级联方式来支持 IP 传输也是一种效率较高的方式。总之,SDH 作为一种成熟可靠提供主要业务收入的传送技术,在可以预见的将来仍然会不断改进支持电路交换网向分组网的平滑过渡。

2) 基于 PDH 的有源光网络

准同步数字系列(PDH)以其廉价的特性和灵活的组网功能,曾大量应用于接入网中。尤其近年来推出的 SPDH 设备将 SDH 概念引入 PDH 系统,进一步提高了系统的可靠性和灵活性,这种改良的 PDH 系统在相当长一段时间内,仍会广泛应用。

3. 无源光纤接入网络

无源光网络(PON)是指在 OLT 和 ONU 之间是光分配网络(ODN),没有任何有源电子设备,它包括基于 ATM 的无源光网络 APON 及基于 IP 的 PON。

APON 采用基于信元的传输系统,允许接入网中的多个用户共享整个带宽。这种统计复用的方式,能更加有效地利用网络资源。APON 能否大量应用的一个重要因素是价格问题。目前第一代的实际 APON 产品的业务供给能力有限,成本过高,其市场前景由于 ATM 在全球范围内的受挫而不确定,但其技术优势是明显的。特别是综合考虑运行维护成本,在新建地区,高度竞争的地区或需要替代旧铜缆系统的地区,此时敷设 PON 系统,无论是采用 FTTC,还是 FTTB 方式都是一种有远见的选择。在未来几年能否将性能价格比改进到市场能够接受的水平是 APON 技术生存和发展的关键。

基于 IP 的 PON 的上层是 IP,这种方式可更加充分地利用网络资源,容易实现系统带宽的动态分配,简化中间层的复杂设备。基于 PON 的 OAN 不需要在外部站中安装昂贵的有源电子设备,因此使服务提供商可以高性价比地向企业用户提供所需的带宽。

现在,影响光纤接入网发展的主要原因不是技术,而是成本,到目前为止,光纤接入网的成本仍然很高。但是采用光纤接入网是光纤通信发展的必然趋势,尽管目前各国发展光纤接入网的步骤各不相同,但光纤到户是公认的接入网的发展趋势。

6.3.3　基于五类线的以太网接入技术

从 20 世纪 80 年代开始以太网就成为最普遍采用的网络技术,根据 IDC 的统计,以太网的端口数约为所有网络端口数的 85%。1998 年以太网卡的销售是 4800 万端口,而令牌网、FDDI 网和 ATM 等网卡的销售量总共才 500 万端口,只是整个销售量的 10%。而以太网的这种优势仍然有继续保持下去的势头。

传统以太网技术不属于接入网范畴,而属于用户驻地网(CPN)领域。然而其应用领域却正在向包括接入网在内的其他公用网领域扩展。历史上,对于企事业单位用户,以太网技术一直是最流行的方法,利用以太网作为接入手段的主要原因是:

(1) 以太网已有巨大的网络基础和长期的经验知识;

(2) 目前所有流行的操作系统和应用都与以太网兼容;

(3) 性能价格比好、可扩展性强、容易安装开通以及可靠性高;

(4) 以太网接入方式与 IP 网很适应,同时以太网技术已有重大突破,容量分为 10Mbps/100Mbps/1000Mbps 三级,可按需升级 10Gbps 以太网系统。

基于以太网技术的宽带接入网由局侧设备和用户侧设备组成。局侧设备一般位于小区内,用户侧设备一般位于居民楼内;或者局侧设备位于商业大楼内,而用户侧设备位于楼层内。局侧设备提供与 IP 骨干网的接口,用户侧设备提供与用户终端计算机相接的 10/100BASE-T 接口。局侧设备具有汇聚用户侧设备网管信息的功能。

宽带以太网接入技术具有强大的网管功能。与其他接入网技术一样,能进行配置管理、性能管理、故障管理和安全管理;还可以向计费系统提供丰富的计费信息,使计费系统能够按信息量、按连接时长或包月制等计费方式。

基于五类线的高速以太网接入无疑是一种较好的选择。它特别适合密集型的居住环境,非常适合中国国情。因为中国居民的居住情况不像西方发达国家那样,个人用户居住分散,中国住户大多集中居住,这一点尤其适合发展光纤到小区,再用快速以太网连接到户的接入方式。在局域网中 IP 协议都是运行在以太网上,即 IP 包直接封装在以太网帧中,以太网协议是目前与 IP 配合最好的协议之一。大部分的商业大楼和新建住宅楼都进行了综合布线,布放了五类 UTP,将以太网插口布到了桌边。以太网接入能给每个用户提供 10Mbps 或 100Mbps 的接入速率,它拥有的带宽是其他方式的几倍或者几十倍。完全能满足用户对带宽接入的需要。以太网接入方式,在性能价格比上更适合中国国情。

6.3.4　混合光纤和同轴接入网技术

基于 HFC 网(光纤和同轴电缆混合网)的电缆调制解调器技术是宽带接入技术中最先成熟并进入市场的,其巨大的带宽和相对经济性使其对有线电视网络公司和新成立的电信公司很具吸引力。

电缆调制解调器的通信和普通 Modem 一样,是数据信号在模拟信道上交互传输的过程,但也存在差异,普通 Modem 的传输介质在用户与访问服务器之间是独立的,即用户独享传输介质,而电缆调制解调器的传输介质是 HFC 网,将数据信号调制到某个传输带宽与有线电视信号共享介质;另外,电缆调制解调器的结构较普通 Modem 复杂,它由调制解调器、调谐器、加/解密模块、桥接器、网络接口卡、以太网集线器等组成,它无须拨号上网,不占用电话线,可提供随时在线连接的全天候服务。

目前电缆调制解调器产品有欧、美两大标准体系,DOCSIS 是北美标准,DVB/DAVIC是欧洲标准。

欧、美两大标准体系的频道划分、频道带宽及信道参数等方面的规定,都存在较大差异,因而互不兼容。北美标准是基于 IP 的数据传输系统,侧重于对系统接口的规范,具有灵活的高速数据传输优势;欧洲标准是基于 ATM 的数据传输系统,侧重于 DVB 交互信道的规范,具有实时视频传输优势。我国信息产业部 CM 技术要求类似于兼容欧洲标准的 Euro DOCSIS1.1 标准。

电缆调制解调器的工作过程是:以 DOCSIS 标准为例,电缆调制解调器的技术实现一般是从 87~860MHz 电视频道中分离出一条 6MHz 的信道用于下行传送数据。通常下行数据采用 64QAM(正交调幅)调制方式或 256QAM 调制方式。上行数据一般通过 5~65MHz 的一段频谱进行传送,为了有效抑制上行噪音积累,一般选用 QPSK 调制(QPSK比 64QAM 更适合噪音环境,但速率较低)。CMTS(Cable Modem 的前端设备)与电缆调制解调器的通信过程为:CMTS 从外界网络接收的数据帧封装在 MPEG-TS 帧中,通过下行数据调制(频带调制)后与有线电视模拟信号混合输出 RF 信号到 HFC 网络,CMTS 同时接收上行接收机输出的信号,并将数据信号转换成以太网帧给数据转换模块。用户端的Cable Modem 的基本功能就是将用户计算机输出的上行数字信号调制成 5~65MHz 射频信号进入 HFC 网的上行通道,同时,CM 还将下行的 RF 信号解调为数字信号送给用户计算机。

电缆调制解调器的前端设备 CMTS 采用 10Base-T、100Base-T 等接口通过交换型集线器与外界设备相连,通过路由器与 Internet 连接,或者可以直接连到本地服务器,享受本地业务。电缆调制解调器是用户端设备,放在用户的家中,通过 10Base-T 接口,与用户计算机相连。

有线电视 HFC 网络是一个宽带网络,具有实现用户宽带接入的基础。1998 年 3 月,ITU 组织接受了 MCNS 的 DOCSIS 标准,确定了在 HFC 网络内进行高速数据通信的规范,为电缆调制解调器系统的发展提供了保证。与 ADSL 不同,HFC 的数据通信系统Cable Modem 不依托 ATM 技术,而直接依靠 IP 技术,所以很容易开展基于 IP 的业务。通过 Cable Modem 系统,用户可以在有线电视网络内实现国际互联网访问、IP 电话、视频会议、视频点播、远程教育、网络游戏等功能。此外,电缆调制解调器也没有 ADSL 技术的严格距离限制。采用 Cable Modem 在有线电视网上建立数据平台,已成为有线电视事业发展的必然趋势。

6.4 未来物联网通信技术

通信技术是物联网的关键支撑。从物联网通信技术发展中面临的问题,以及信息和网络技术的发展趋势看,物联网通信技术将重点向如下 3 方向发展。

1. 适应泛在网络的通信技术

"泛在网络(Ubiquitous)"是指"无所不在"的网络。日本和韩国在 Weiser 于 1991 年提出"泛在计算"概念后,首次提出建设"泛在网络"构思。"泛在网络"是由智能网络、先进计算技术和信息基础设施构成。其基本特征是"无所不在、无所不包、无所不能",目标是实现在任何时间、任何地点、任何人、任何物体都能顺畅地通信,是人类信息社会和物联网的发展方向。因此,物联网通信技术的发展必须适应"泛在网络"的未来要求,营造高速、宽带、品质优良的通信环境,解决影响通信传输的问题,真正实现"无处不在"的目标。

2. 支撑异构网络的通信技术

随着信息技术和网络技术的快速发展,使得接入物联网的设备数量越来越多,造成传感器网络和接入通信网络的结构多种多样,引入的通信技术和协议越来越复杂,形成了不同的通信网络结构共存的局面,影响了物联网的互联互通和互操作性能。需要将多种不同的无线通信网络融合在一起,形成一个异构无线通信网络。为各级用户提供无缝切换和优质的通信服务。异构通信网络将是未来物联网技术的发展方向,未来的通信技术必须为物联网异构通信网络的融合提供支撑,解决多协议冲突等问题。

3. 支撑大数据与云计算的通信技术

未来大数据时代,物联网的规模将越来越大,必将产生大量的数据。这些由不同接入网络产生的数据呈现出规模大、类型多、速度快、结构复杂等特点,具有大数据的显著特征,给数据的存储、处理、传输带来了影响。大数据获取、预处理、存储、检索、分析、可视化等关键技术,以及云计算的集中数据处理和分布式运算技术为物联网中的大规模数据处理提供了支撑。因此,必须发展广泛支撑云计算和大数据技术的物联网通信技术,解决因物联网规模扩大对通信速度、带宽等需求增加问题。

【知识链接 6-5】

第五代移动通信技术(5G)

第五代移动电话行动通信标准,也称第五代移动通信技术,英文缩写为 5G,也是 4G 之后的延伸,网速可达 5～6Mbps。

诺基亚与加拿大运营商 Bell Canada 合作,完成加拿大首次 5G 网络技术的测试。测试中使用了 73GHz 范围内频谱,数据传输速率为加拿大现有 4G 网络的 6 倍。鉴于两者的合作,外界分析加拿大很有可能在 5 年内启动 5G 网络的全面部署。

由于物联网尤其是互联网汽车等产业的快速发展,其对网络速度有着更高的要求,这无疑成为推动 5G 网络发展的重要因素。因此无论是加拿大政府还是全球各地,均在大力推进 5G 网络,以迎接下一波科技浪潮。

阅读文章 6-1

智能家居产业

摘自:关于智能家居产业,看这一篇就够了

一、何谓智能家居

智能家居是在互联网的影响之下的物联化体现,它可以定义为一个过程或者一个系统,属于智能穿戴设备的一个分支,主要以住宅为平台,是兼备建筑、网络通信、信息家电、设备自动化,集系统、结构、服务、管理于一体的高效、舒适、安全、便利、环保的居住环境。

二、智能家居的现状

传统的智能家居,涵盖了智能家电控制、智能灯光控制、智能安防、智能影音等方面,在 20 世纪末与 21 世纪初已经在一些国家的不同层面得到了比较广泛的应用。基于物联网的智能家居,可以说是随着智能穿戴产业引爆之后所形成的一种以远程、无线技术为主要载体的智能家居。主要是在传统智能家居的基础上涵盖了远程监控、家庭医疗保健和监护、信息服务、网络教育以及联合智慧社区、智慧城市的各项拓展应用,主要表现在以下 8 个方面:

(1) 智能家电控制;

(2) 智能灯光控制;

(3) 智能影音;

(4) 智能安防;

(5) 基于物联网的远程监控;

(6) 基于物联网的家庭医疗监护;

(7) 基于物联网的讯息服务;

(8) 基于物联网的网络教育。

在物联网时代的智能家居可以理解为一个更复杂、庞大、系统的家居智能化系统,借助于总线、无线等各种通信技术的融合,让各种融合了智能、监测的产品可以借助于系统平台实现互联互通互动,并为用户带来一种便捷的智能生活方式。

三、智能家居产业前景

智能家居在美国、德国、日本、新加坡已经实现了广泛的运用。美国是家居智能与自动化系统与设备最大的市场,而谷歌、苹果、微软这些行业巨头更是在智能家居领域领跑全球。相关数据显示,2011 年美国智能家居市场规模已经达到 34 亿美元。日本也是家居智能化发展较快的区域,除了家庭电器联网自动化,它还通过生物认证技术实现了自动门禁识别系统,即使家庭用户双手提着东西,站在安装于入口处的摄像机前,摄像机仅需要大约 1 秒钟的时间进行生物认证,如果确定为该户户主,门禁便会立即打开。

　　智能家居引入中国,由于诸多原因,其发展步伐相对缓慢,作为一个新生产业,目前国内正处于一个成长期的临界点,市场消费观念还未形成,创业者所推出的相关智能硬件产品一直处于争议状态。但随着智能家居市场推广普及的进一步落实,培育消费者的使用习惯,智能家居市场的消费潜力必然是巨大的;国家政策扶持与规范引导、智慧城市建设的逐步深入与完善也为智能家居的发展注入了原动力,加之物联网技术的发展与兴盛更是给传统智能家居指明了发展变革之路,家居大智能化时代已经到来,智能家居产业前景十分广阔。

　　四、一个充满梦想的产业

　　智能家居包括围绕家庭的一切智能,智能电视、智能电器、智能灯光、智能开关、智能插座、智能厨卫、智能温控、智能安防、智能音响、智能空气监测以及智能路由器等等。"家"正在成为科技要接管的下一个重镇。随着科技的发展,尤其是云计算、物联网、智能穿戴的出现,智能家居的概念频频出现在各种媒体上,进入公众的视线,也是当前创客们最关注的产业之一。

　　巨头寻找新的增长点、创业者寻找新的创业机会,资本和媒体助推,一起让智能家居发展呈现百花齐放态势。智能家居巨大的市场潜力下面,已经开始了一场"没有硝烟的战争",智能家居热潮席卷全球,未来这种形势还将愈演愈烈。

6.5　练习

1. 名词解释

ZigBee　蓝牙　WLAN　Wi-Fi　无线接入技术　UWB　3G

2. 填空

(1) 从覆盖范围看,无线网络可分为三大类:系统内部互连/_____、无线局域网、无线城域网/_____。

(2) 从应用角度看,划分为:_____、无线 Mesh 网络、_____、无线体域网等,这些网络一般是基于已有的无线网络技术,针对具体的应用而构建的无线网络。

(3) 无线接入网由_____接口和相关网络接口之间的一系列传送实体组成,为传送用户所需的传送能力的设施全部或部分采用无线设施。

(4) 宽带有线接入网技术包括:_____、基于 HFC 网(光纤和同轴电缆混合网)的Cable Modem 技术、基于五类线的以太网接入技术以及_____接入技术。

3. 简答

(1) 简述无线接入技术,并列举 5 种以上常用技术。

(2) 简述 60GHz 无线技入技术的特点及应用。

(3) 简述无线网络体系结构。

(4) 简述 WiMAX 无线技入技术的特点及应用。

(5) 简述基于双绞线的 ADSL 技术。

4. 思考

（1）4G 技术已经给我们的生活带来了变化，写一篇小报告，举出身边 1 个或 2 个生活案例，探讨 4G 技术在我们生活的哪些方面带来了改变。

（2）根据现有物联网通信技术的发展和涵盖面，思考未来物联网技术还需要解决哪些问题。

第7章
CHAPTER 7
无线传感网络

内容提要

分布式的环境感知能力,基于无线通信技术简单灵活的部署方式,自组织、动态性、以应用为中心等特性,使得无线传感网成为影响我们生活和生产的重要因素。本章主要介绍无线传感网的概念、特点、发展和应用,无线传感网协议与拓扑结构,无线传感网的拓扑管理、定位技术、时间同步、数据融合、安全技术等关键技术,以及无线传感网的 MAC 和路由协议。

学习目标和重点

- 了解无线传感网发展与现状;
- 理解无线传感网关键技术的工作原理与应用;
- 掌握无线传感网的概念、特点、MAC 和路由协议;
- 掌握无线传感网的体系结构。

引入案例

大榭岛开发区环境监测与安全预防

宁波大榭岛开发区,面积超过 30 平方公里,建有一个国家级化工园区,超过 8 家世界 500 强的化工企业落户其中。为了保障环保和安全,开发区管委会建立了一套能在危险发生前预知和制止,事故发生后快速的应急响应,以及对整个园区能够实时巡检的环境监测系统。

> 该系统由无线传感器监测终端设备、中继站、监控软件 3 部分组成。无线传感器监测终端将监测到的实时数据和 GPS 信息发送到中继站，中继站再将数据发送到数据监控中心。
>
> 无线传感器网络技术使每个节点便于安装部署，免去了有线接入的烦琐过程，降低了成本。

现代半导体技术、微机电系统技术、片上系统、纳米材料、无线通信技术、信号处理技术等技术的进步以及互联网的迅猛发展，推动了低功耗多功能传感器的快速发展，使其在微小体积内能够集成信息采集、数据处理和无线通信等多种功能。传感器信息获取技术从独立的、单一化模式向微型化、集成化、网络化、智能化方向发展，成为一种最重要和最基本的信息获取技术。

7.1　无线传感网概述

当前传感器、计算机和通信技术领域取得了跨越式进步，整个网络世界正在发生巨大的变革，万物互联已不再局限于互联网的广泛使用。无线传感网技术被认为是未来改变世界的十大技术之一、全球未来四大高技术产业之一。随着无线传感网络的成熟与普及，一些全新的应用把强大的计算能力和无线通信能力带入人们的日常生活，最终将成熟到允许物理世界和虚拟世界进行无缝互连。

7.1.1　无线传感网概念

无线传感网络（Wireless Sensor Network，WSN）是为了达成一个或多个目的，将大量的带有无线通信功能的传感器节点分布到监测区域，以自组织的方式组成特定网络，参与组网的传感器之间协同工作，通过感知、采集、处理和传输等环节，通过卫星、互联网、移动通信网络等载体将信息传递到终端用户。无线传感器网络是大规模、无线、自组织、多跳、无分区、无基础设施支持的网络，其中的节点是同构的，成本较低、体积较小，大部分节点不移动，随意散布在工作区域，要求网络系统有尽可能长的工作时间。

如果说 Internet 构成了逻辑上的信息世界，改变了人与人之间的沟通方式，那么，无线传感网络就是将逻辑上的信息世界与客观上的物理世界融合在一起，改变人类与自然界的交互方式。

无线传感网是由部署在监测区域内大量的具有感知、计算及通信能力的廉价微型传感器节点组成，通过无线通信方式形成的一个多跳的自组织网络系统。这些节点部署在要监视的区域之中，其目的是协作地感知、采集和处理感知对象的信息，如温度、振动、化学成分浓度等数据，并发送给观察者，供其分析、决策和反馈执行。无线传感网与当今主流无线网络技术使用同一标准 IEEE 802.15.14，它可应用于布线和电力供给困难的区域、人员不能到达的区域、人身安全不能保障的区域和一些临时场合等。它不需要固定网络支持，具有快速展开、抗损坏性强等特性，可广泛应用于军事、工业、交通、环保等领域无线传感网实现了海量数据的采集、处理和传输全过程,它与通信技术、计算机技术共同构成信息技术的三大支柱。类似于人的信息系统,传感器技术等同于人的感官功能,计算机技术等同于人的大脑功能,通信技术等同于人的神经功能,传感器网络就是将三者有机结合起来,有效地协调工作,如图7-1所示。

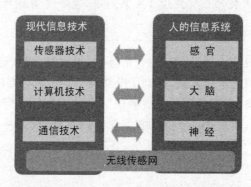

图 7-1　现代信息技术与人的信息系统的对应关系

【知识链接 7-1】

传感网、物联网、互联网的联系与区别

物联网是在互联网基础上发展起来的,它是互联网的延伸,它与互联网在基础设施上有一定程度的重合,但是它不是互联网概念、技术与应用的简单扩展。互联网促进了人与人之间信息共享的深度与广度,而物联网更加强调它在人类社会生活的各个方面、国民经济的各个领域广泛与深入地应用,促进人人、人物、物物之间的信息互动、共享的深度与广度。物联网的重要基础和核心仍旧是互联网,目前正处于互联网与物联网共存的局面。传感网主要是指由无线传感器组成的无线传感器网络,另一类传感器网络是由智能光纤传感器组成的光纤传感器网络。无论是采用无线传感器网络,还是光纤传感器网络,它们都是物联网的重要组成部分,也是万物互联的基础技术。

7.1.2　无线传感网的发展

1. 无线传感网技术的发展阶段

无线传感网 WSN 是信息科学领域中一个全新的发展方向,同时也是新兴学科与传统学科进行领域间交叉的结果。无线传感器网络经历了智能传感器、无线智能传感器、无线传感网 3 个阶段。智能传感器将计算能力嵌入到传感器中,使得传感器节点不仅具有数据采集能力,而且具有滤波和信息处理能力;无线智能传感器在智能传感器的基础上增加了无线通信能力,大大延长了传感器的感知触角,降低了传感器的工程实施成本;无线传感网则将网络技术引入到无线智能传感器中,使得传感器不再是单个的感知单元,而是能够交换信息、协调控制的有机结合体,实现物与物的互联,把感知触角深入到世界各个角落,将成为下一代互联网的重要组成部分。

2. 国外无线传感网的发展现状

2005 年,美国军方成功测试了由美国 Crossbow 产品组建的枪声定位系统,为救护、反恐提供有力手段。美国科学应用国际公司采用无线传感网,构筑了一个电子周边防御系统,为美国军方提供军事防御和情报信息。在医疗监控方面,美国 Intel 公司目前正在研制家庭护理的无线传感网系统,作为美国"应对老龄化社会技术项目"的一项重要内容。在智能交通方面,美国交通部提出了"国家智能交通系统项目规划",预计到 2025 年全面投入使用。该系统综合运用大量传感网,配合 GPS 系统、区域网络系统等资源,实现对交通车辆的优化调度,并为个体交通推荐实时的、最佳的行车路线服务。佛罗里达宇航中心计划借助于航天器布撒的传感器节点实现对星球表面大范围、长时期、近距离的监测和探索。在民用安全监控方面,英国的一家博物馆利用无线传感网设计了一个报警系统,他们将节点放在珍贵文物或艺术品的底部或背面,通过侦测灯光的亮度改变和振动情况,来判断展览品的安全状态。2005 年,澳洲的科学家利用 WSN 技术来探测北澳大利亚蟾蜍的分布情况。

3. 国内无线传感网的发展现状

中国中科院微系统所主导的团队积极开展基于 WSN 的电子围栏技术的边境防御系统的研发和试点,已取得了阶段性的成果。中科院计算所在故宫博物院实施的文物安全监控系统也是 WSN 技术在民用安防领域中的典型应用。浙江大学计算机系的研究人员开发了一种基于 WSN 网络的无线水表系统,能够实现水表的自动抄录。复旦大学、电子科技大学等单位研制了基于 WSN 网络的智能楼宇系统,其典型结构包括了照明控制、警报门禁,以及家电控制的 PC 系统。各部件自治组网,最终由 PC 将信息发布在互联网上。人们可以通过互联网终端对家庭状况实施监测。

4. 无线传感网的发展趋势

在对特殊医院(精神类或残障类)中病人的位置监控方面,WSN 有巨大应用潜力。WSN 网络自由部署、自组织工作模式使其在自然科学探索方面有巨大的应用潜力。智能家居领域是 WSN 技术能够大展拳脚的地方。WSN 在应用领域的发展可谓方兴未艾,要想进一步推进该技术的发展,让其更好地为社会和人们的生活服务,不仅需要研究人员开展广泛的应用系统研究,更需要国家、地区以及优质企业在各个层面上的大力推动和支持。

7.1.3　无线传感网的特点

1. 无线传感网与传统无线基础网的区别

无线传感网不同于传统的无线基础网。无线基础网需要基础设施的支撑,例如使用的手机属于无线蜂窝网,需要高大的天线和大功率基站来支持,基站就是最重要基础设施;使用无线网卡上网的无线局域网,由于采用了接入点这种特定设施,也属于有基础设施的网络。无基础设施的网络一类是移动 Ad hoc(点对点)网络,另一类就是无线传感网。

无线传感网一般通过飞行器或其他工具将大量传感器节点抛撒到所要监测的区域,每个节点自检测和启动唤醒状态,可根据监测到周围节点的情况,采用相关的组网算法,按预设的方式或规律结合形成网络,并根据路由算法选择合适的路径进行有效通信。

2. 无线传感网特点

(1) 规模庞大。有两层含义:第一是部署的区域很大,例如整个沙漠、大森林、湖泊、海洋等;第二是节点数量多,传感网可能包含多达数千甚至上万个传感器节点,并且部署密集,在单位面积中部署大量的节点。通过大规模布网和分布式处理,使所获得的信息更加精确、更加完整,减少盲区,提高容错性和可靠性。

(2) 自组织网络。通常情况下,传感器节点的位置不能预先精确设定,节点之间的相互邻居关系预先也不清楚,如通过飞机播撒到面积广阔的原始森林。这样就要求传感器节点具有自组织的能力,能够自主进行配置和管理,能够快速适应这种特殊的环境变化,自动生成多跳无线系统。由于传感器节点在自然环境中变数大,有时有一些节点会失效,也不时会增加一部分节点,这就促使网络拓扑发生频繁变化,WSN(无线传感网)的自组织功能就能很好地适应这些变化。无线传感网是由对等节点构成的网络,不存在中心控制,管理和组网都非常简单灵活,不依赖固定的基础设施,每个节点都具有路由功能,可以通过自我协调、自动布置而形成网络,不需要其他辅助设施和人为手段。

(3) 动态性。传感网的拓扑结构可能会因为环境或对象因素的突变而变化。如极端气候或电能耗尽造成的部分节点出现故障或失效;人为增加部分节点来弥补失效节点,或为了增强监测精度而补充新节点,这样节点个数就会动态地增加或减少,从而使网络的拓扑结构随之动态地变化;环境条件变化可能造成无线通信链路带宽变化造成节点临时性失效,使有些节点时断时通;传感器、感知对象和观察者都可能具有移动性等,造成工作位置不断变更。这些变化就要求 WSN 具有较强的动态系统可重构性,以适应这些可能出现的变化。

(4) 应用相关。无线传感网为特定应用而设计,它不会考虑过多的需求,只关注与本身应用相关的部分,因此不同的无线传感网具有不同的个性,它的硬件平台、软件系统和网络协议有很大差别。无线传感网追求高效,让系统绝对贴近应用,减少一切不必要的消耗。行业内必须针对每一个具体应用来研究和设计专门的无线传感网技术,这方面不同于传统无线网络,也不能像 Internet 一样具有统一的通信协议平台,必须针对具体应用来研究传感网技术。

(5) 以数据为中心和空间位置寻址。互联网是先有计算机终端系统,然后再互联成为网络,终端系统可以脱离网络独立存在。

传感网是任务型的网络,脱离传感网谈论传感器节点没有任何意义。例如,在应用于目标跟踪的传感网中,跟踪目标可能出现在任何地方,对目标感兴趣的用户只关心目标出现的位置和时间,并不关心哪个节点监测到目标。事实上,在目标移动的过程中,必然是由不同的节点提供目标的位置消息。无线传感网一般不需要支持任意两个传感器节点之间的点对点通信,传感器节点不必具有全球唯一的标识,不必采用 Internet 的 IP 寻址。用户往往不关心数据采集自哪一个节点,而关心数据所属的空间位置,因此可采取空间位置寻址方式。

(6) 高冗余与健壮性。节点的大规模部署使得无线传感网通常具有较高的节点冗余、网络链路冗余以及采集的数据冗余,从而使得系统具有很强的容错能力。由于能量限制、环境干扰和人为破坏等因素的影响,传感器节点会损坏,导致一些传感器节点不能正常工作,但随机分布的大量节点之间可以协调互补,保证部分传感器节点的损坏不会影响到全局任务。

7.1.4 无线传感网的应用

无线传感网是面向应用的,是属于贴近客观物理世界的网络系统,是物联网的具体化体现,其产生和发展一直都与具体应用相联系。多年来经过不同领域研究人员的演绎,无线传感网技术在军事领域、农业生产、安全监控、环保监测、建筑施工、医疗监护、工业监控、智能交通、物流管理、自由空间探索、智能家居等领域的应用得到了充分的肯定和展示。

1. 军事领域的应用

在军事领域,由于无线传感网具有高度密集、随机分布、动态适应、快速实施、充分隐蔽等特点,使其非常适合于恶劣的战场环境的应用部署。通过飞机或炮弹直接将传感器节点散播到敌方阵地内部,以自组织的方式构建无线传感网,从而能够实现监测敌军区域内的兵力和装备、实时监视战场状况、定位目标、监测核攻击或者生物化学攻击等。或者在公共隔离带部署传感网络,就能隐蔽而且近距离地准确收集战场信息,并针对所收集的海量信息进行有效分析,为正确地决策服务。

2. 辅助农业生产

无线传感网特别适用于农业生产和研究。例如,可借助无线传感网来监测农业大棚内土壤的温度、湿度、光照等数据,从而更好地分析与测算经济作物生长规律,保障优质育种和生产,有助于农村发展与农民增收。采用无线传感网建设农业环境自动监测系统,用一套基于传感网的联动设备完成风、光、水、电、热和农药等的数据采集和环境控制,可有效提高农业集约化生产程度,提高农业生产种植的科学性。

3. 生态监测与灾害预警

无线传感网可以广泛地应用于生态环境监测、生物种群研究、气象和地理研究、地质灾害监测等。通过网络动态获取的大量环境监测数据为环境保护提供科学的决策依据,是生态保护的基础。在人迹罕至地区或者危险性强的不宜人工监测的区域布置 WSN,可以进行长期无人值守的不间断监测,为生态环境的保护和研究提供实时的数据资料。具体的应用包括:通过跟踪珍稀动物的栖息、觅食习惯进行濒危种群的研究;在江河、湖泊沿线区域布置传感器节点,动态监测水位及水资源被污染的情况,并能明确被污染的位置;在泥石流、滑坡等自然灾害易发地区布置节点,可提前发出灾害预警,及时采取相应抗灾措施;可在重点保护林区布置大量节点随时监控火险情况,数据超过阈值可立刻发出警报,并给出具体位置及当前火势的大小信息;可将节点布置在发生地震、水灾等灾害的地区,边远山区或偏僻野外地区,用于临时应急通信。

4. 基础设施状态监测系统

无线传感网对于大型工程的安全施工、质量控制以及建筑物安全状况的监测有积极的帮助作用。通过部署大量传感器节点来构建传感网络,可以及时准确地观察大楼、桥梁和其他建筑物的状况,及时发现险情并预警,可有针对性地进行维修,避免造成严重后果。

5. 在工业领域的应用

在工业安全方面,传感网技术可用于危险的工作环境,例如在煤矿、石油钻井、核电厂和具有危害性的生产线上布置传感器节点,可以随时监测工作环境的安全状况,为工作人员的安全提供保证。另外,传感器节点还可以代替部分工作人员到危险的环境中执行任务,不仅降低了危险程度,还提高了对险情的反应精度和速度。

6. 智能交通

智能交通系统是借助物联网技术在传统交通体系的基础上发展起来的新型交通系统,有效地将信息、通信、控制和其他现代通信技术综合应用于交通领域,有机地将"人—车—路—环境—管理机构"结合在一起。在原有交通设施中引入无线传感网技术,通过该网络获取海量数据,并能自动、实时地进行数据分析,并做出科学决策,从而能够从根本上缓解困扰现代交通的安全、通畅、高效、节能和环保等问题,优化交通系统软硬资源。智能交通系统主要包括交通信息的采集、交通信息的传输、交通控制和诱导等几个方面,将无线传感网络技术应用于智能交通系统已经成为近几年的研究热点。无线传感网络可以为智能交通系统的信息采集和传输提供一种有效手段,用来监测路面与路口各个方向的车流量、车速等信息。它主要由信息采集输入、策略控制、输出执行、各子系统间的数据传输与通信等子系统组成。信息采集子系统主要通过传感器采集车辆和路面信息,然后由策略控制子系统根据设定的目标,运用计算方法计算出最佳方案,同时输出控制信号给执行子系统,以引导和控制车辆的通行,从而达到预定的目标。无线传感器网络在智能交通中还可以用于交通信息发布、电子收费、车速测定、停车管理、综合信息服务平台、智能公交与轨道交通、交通诱导系统和综合信息平台等技术领域。

7. 智慧医疗护理

近年来,无线传感网在医疗系统和健康护理方面已有很多应用,例如,监测人体的各种生理数据,跟踪和监控医院中医生和患者的行动,以及医院的药物管理等。如果在住院病人身上安装特殊用途的传感器节点,例如心率和血压监测设备,医生就可以随时了解被监护病人的病情,在发现异常情况时能够迅速抢救。罗切斯特大学的一项研究表明,这些计算机甚至可以用于医疗研究。科学家使用无线传感器创建了一个"智能医疗之家","智能医疗之家"使用微尘来测量居住者的重要特征(血压、脉搏和呼吸)、睡觉姿势以及每天24小时的活动状况。所搜集的数据将被用于开展以后的医疗研究。通过在鞋、家具和家用电器等设备中嵌入网络传感器,可以帮助老年人、重病患者以及残疾人的家庭生活。利用传感网可高效传递必要的信息从而方便接受护理,而且可以减轻护理人员的负担,提高护理质量。利用传感网长时间收集人的生理数据,可以加快研制新药品的过程,而安装在被监测对象身上的微型传感器也不会给人的正常生活带来太多的不便。此外,在药物管理等诸多方面,也有新颖而独特的应用。

8. 家电设备智能化

无线传感器网络的逐渐普及,促进了信息家电、网络技术的快速发展,家庭网络的主要设备已由单一机向多种家电设备扩展,基于无线传感器网络的智能家居网络控制节点为家庭内、外部网络的连接及内部网络之间信息家电和设备的连接提供了一个基础平台。

在家电中嵌入传感器节点,通过无线网络与互联网连接在一起,将为人们提供更加舒适、方便和更人性化的智能家居环境。利用远程监控系统可实现对家电的远程遥控,也可以通过图像传感设备随时监控家庭安全情况。利用传感网可以建立智能幼儿园,监测儿童的早期教育环境,以及跟踪儿童的活动轨迹。

无线传感器网络利用现有的互联网、移动通信网和电话网将室内环境参数、家电设备运行状态等信息告知住户,使住户能够及时了解家居内部情况,并对家电设备进行远程监控,实现家庭内部和外界的信息传递。无线传感器网络使住户不但可以在任何可以上网的地方通过浏览器监控家中的水表、电表、煤气表、电热水器、空调、电饭煲等及安防系统、煤气泄漏报警系统、外人侵入预警系统等,而且可通过浏览器设置命令,对家电设备进行远程控制。无线传感器网络由多个功能相同或不同的无线传感器节点组成,对一种设备进行监控,从而形成一个无线传感器网络,通过网关接入互联网系统,采用一种基于星形结构的混合星形无线传感网结构系统模型。传感器节点在网络中负责数据采集和数据中转节点的数据采集,模块采集户内的环境数据,如温度、湿度等,由通信路由协议直接或间接地将数据传输给远方的网关节点。

9. 空间探索

借助于航天器在外星体撒播一些传感网节点,可以对星球表面进行长时间监测。这些节点成本低、体积小,相互之间可以进行通信,也可以和地面站进行通信。例如,NASA 的 JPL 实验室研制的 Sensor Webs 就是为将来的火星探测进行技术准备。该系统已经在实施测试和完善。

7.2　无线传感网的体系结构

无线传感网体系结构的主要功能是组网与通信,是网络得到正常工作的基础。无线传感网是面向具体应用的网络,它的体系结构设计应根据具体应用场景来专门构建,设计中要充分体现能量有效性、智能化工作模式、网络动态拓扑、低成本、通用性等实际需求。

7.2.1　无线传感网节点类型与结构

无线传感网的结构可以从节点类型、节点结构以及基于功能的无线传感网结构模型等方面展开研究。

1. 节点类型

无线传感网体系结构包括 4 类实体对象：目标信号、汇聚节点(观测节点)、传感器节点和感知视场(监测区域)，还需定义外部网络、远程任务管理单元、用户。

传感器节点通常是一个微型的嵌入式系统，它们的处理能力、存储能力和通信能力相对较弱，通过携带有限能量的电池供电。从功能上看这些节点，它们不仅要对本地的信息进行收集及处理，而且要对其他节点转发来的数据进行存储、管理和融合等处理，同时与其他节点协作完成一些特定的任务。传感器节点依据具体应用需求，还可以携带定位、能源补给和移动通信等模块，可采用飞行器撒播、火箭弹射或人工埋置等方式部署。

目标信号是网络感兴趣的对象及其属性，有时特指某类信号源。传感器节点通过目标的热、红外、声纳、雷达或震动等信号，获取目标温度、光强度、噪声、压力、运动方向或速度等属性。传感器节点对感兴趣目标的信息获取范围称为该节点的感知视场，网络中所有节点视场的集合称为该网络的感知视场。当传感器节点检测到目标信息超过设定阈值，需提交给汇聚节点时，被称为有效节点。

汇聚节点的各方面能力大大强于其他传感器节点，它可连接不同类型网络，实现多种协议栈之间的通信协议转换。汇聚节点具有双重身份。一方面，在网内作为接收者和控制者，被授权监听和处理网络的事件消息和数据，可向传感网发布查询请求或派发任务；另一方面，面向网外作为中继和网关完成传感网络与外部网络间信令和数据的转换，是连接传感网络与其他网络的桥梁。

无线传感网由 3 种节点类型组成，分别为传感器节点、汇聚节点和管理节点。如图 7-2 所示，大量传感器节点随机分布在监测区域内部，这些节点通过自组织方式构成网络。传感器节点监测的目标信号通过中间传感器节点逐跳进行传输，例如 A->B->C->D->E，在传输过程中，目标信号可能被多个节点处理，信号在经过多跳路由后到达汇聚节点，最后通过卫星、互联网、移动通信网络传输到管理节点。用户通过管理节点沿着相反的方向对传感网络进行配置和管理，发布监测任务以及收集监测数据。

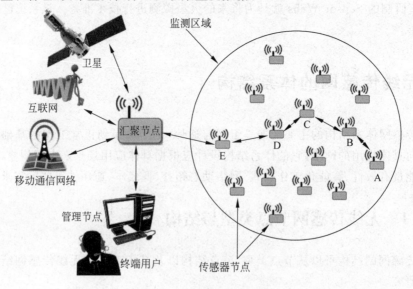

图 7-2 无线传感网结构图

2. 节点结构

无线传感器节点包括数据采集、处理控制、无线通信、能量供应四大模块,如图 7-3 所示。其中,处理控制模块是整个系统的中枢,负责感知数据、处理数据、通信联网、协助电源管理以及承载定位、同步等各种高级服务;数据采集模块负责采集监视区域的目标信息并完成数据转换;无线通信模块负责与其他节点进行无线通信,交换控制消息和收发采集数据;能量供应模块为其他 3 个模块提供电源支持。

无线传感器节点设计需遵循低成本、具有足够的数据处理及存储能力、低功耗、可扩展性和灵活性、微型化、稳定性和安全性等原则。

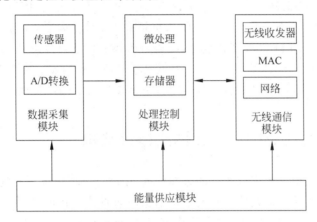

图 7-3　传感器节点结构

【知识链接 7-2】

常用传感器节点

1. Mote 系列节点

Mote 系列节点是无线传感网领域的主流节点。该系统节点是由美国军方资助,加州大学伯克利分校研制的用于传感网络研究的演示平台试验节点。Mote 系列节点包括 WeC、Renee、Mica、Mica2 和 Mica2dot,具体技术和性能指标如表 7-1 所示。

表 7-1　Mote 系列节点具体技术和性能指标

技术和性能		WeC	Renee	Mica	Mica2	Mica2dot
处理器	芯片类型	AT90S8535	Atmega163	Atmega128		
	CPU 时钟	4MHz			7.3728MHz	4MHz
	程序空间	8KB	16KB	128KB		
	内存	0.5KB	1KB	4KB		
射频芯片	芯片类型	TR1000(RFM)			CC1000(chipcon)	
	载波频率	916Hz(单频点)			916Hz/433Hz(多频点调频)	
	调制方式	OOK		ASK	FSK	
	发送功率	可编程电阻分压控制			CC1000 寄存器软件控制	
	编码方式	SedSeed 软件编码			硬件曼彻斯特编码	

2. GAINS 系列节点

GAINS 系列节点是由宁波中科集成电路设计中心开发的。miniGAINS 是在 GAINS3 节点的基础上将功能、功耗和体积变得更为简洁的产品。它采用低功耗微处理器芯片 ATmega128,射频部分采用 Chipcon 公司的 CC1000 芯片,整个系统分为处理器模块、供电模块和射频模块。同时处理器模块集成传感器功能,供电模块采用高质量的纽扣电池供电,从而大大缩小了模块的体积。同时,与之配套的编程调试板可为 miniGAINS 提供标准的 JITG 接口,并可连接 USB 和外接直流电源。

3. Telos 节点

Telos 节点是美国国防部 DARPA 支持 NEST 项目的一部分,在处理器芯片和无线射频芯片选择上,使用 TI 公司的 MSP430 超低功耗系列处理器和 Chipcon 公司的 CC2420 芯片;节点本身带有 SHT11 温湿度传感器,能够独立作为传感器节点使用,而不需要外接传感器板;外部接口为一个 10 脚的接口,可以连接简单的传感器板;使用 USB-COM 的桥接口,可以直接通过 USB 接口供电、编程和控制,进一步简化了外部接口。

7.2.2 无线传感网层次化网络协议结构

层次化网络的低层需要完成所有的感知任务,中间层需要完成所有的计算任务,高层需要实现所有的数据传递。无线传感网的设计都是面向具体应用的,网络结构也相对较为简单。现针对智能检测的应用需求,结合网络规模和无线传感网的特点,参考 OSI 的 7 层体系结构,提出了一种带协议栈的层次式网络通信体系结构模型,包含 6 个层次协议和三大分层管理平台,如图 7-4 所示。为节省系统资源,传感器节点可将网络层与传输层合二为一。

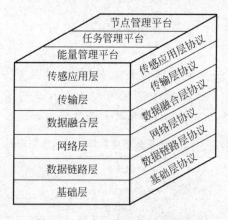

图 7-4 层次网络通信结构模型

1. 分层协议

1) 基础层

属于体系结构的底层,所要研究的问题核心是网络节点的硬、软件资源,主要包括传感器基础技术,传感器材料和信息传感器装置,恶劣环境下可操作的传感器技术,单集成电路片的微型传感器技术,缩小传感器的体积和重量,传感器的电源技术,增强传感器计算能力、感知能力和感知精度,提高传感器健壮性和容错性,传感器自校准与自测试技术,传感器制造和封装技术,嵌入式容错操作系统等问题的研究。

2)数据链路层

针对网络环境中存在噪声和传感器节点具有移动特性,数据链路层的主要功能包括组帧、物理编址、帧检测、流量控制、差错控制、介质访问和数据流多路技术等。该层协议的目标是向网络层提供可靠的支持单播和多播的服务接口,用于建立可靠的点到点或点到多点通信链路。

3)网络层

该层协议的功能是在网络中任意需要通信的两点之间建立并维护数据传递路径。以节能为基础,建立并维护多路通信路由表,依据本地地址信息和路由信息决定是否转发收到的数据帧,同时向应用层提供一个简单易用的软件接口,实现传感器节点与用户之间的通信。

4)数据融合层

该层遵循对感知信息"先融合、后传输"的原则,通过加权平均、投票、贝叶斯、统计决策、证据融合、模糊逻辑等算法将汇聚节点接收到的多路信息进行关联、组合、分类、统计等融合操作,从而形成更小、更明确的出口帧并转发给下一跳。发挥利用多个传感器联合操作的优势,提高整个系统的有效性。

5)传输层

按照传感网络的需求产生数据流,负责数据流的传输控制,确保数据流的可靠传输。当传感网络需要和 Internet 或其他外部网络连接时需要传输层发挥协调作用。

6)传感应用层

传感网络的应用层为用户接入网络提供接口,也提供对多种服务的支持。

2. 分层管理平台

1)能量管理平台

传感器节点的能量使用是否合理、科学会影响整个传感网络的可用性和稳定性。统一的能量管理平台有助于管理和支撑各个协议层网络节点高效、节省使用能量。例如,传感器节点在完成数据帧的接收任务后立刻关闭相应的接收装置,在完成数据帧发送任务后关闭相应的发送装置,在任务驱动后再唤醒;当传感器节点的能量过低,达到阈值后将自身低能量的情况通过广播告知相邻节点,该节点将不参加路由信息,剩余的能量仅仅用于保留感知信息。

2)任务管理平台

任务管理平台在给定的区域内平衡和调度监测任务,为某一特定区域的传感器节点安排任务和设定时间计划。节点是否执行任务取决于节点自身的能源级别和任务管理平台对它当前状态的判决。

3)节点管理平台

节点管理平台用来执行节点发现和探测邻居节点状态变迁、移动等任务管理,知道了它们的相邻节点,就能平衡地利用能量和完成任务。同时维护到汇聚节点的路由,并保证节点获得邻居状态信息,以平衡网络能量消耗和任务管理。

7.2.3　无线传感网拓扑结构

1. 按组网形态和方式分类

无线传感网的网络拓扑结构按其组网形态和方式可分集中式、分布式和混合式。集中式结构类似移动通信的蜂窝结构,可集中管理;分布式结构类似于 Ad Hoc 网络结构,通过自组织网络自由接入网络,可分布管理;混合式结构是集中式和分布式结构两者的组合。

2. 按节点功能及结构层次分类

按无线传感网节点功能及结构层次通常可分为平面网络结构、分级网络结构、混合网络结构,以及 Mesh 网络结构。

1) 平面网络结构

平面网络结构是无线传感器网络中最简单的一种拓扑结构,全部节点地位平等,功能特性完全一致,每个节点的 MAC、路由、管理和安全协议均相同,如图 7-5 所示。优点为:这种网络拓扑结构简单,易维护,源节点和目的节点之间一般存在多条路径,网络负荷由这些路径共同承担,一般情况下不存在瓶颈,网络比较健壮。缺点为:由于没有中心管理节点,网络采用自组织协同算法形成,因此组网算法比较复杂;节点的组织、路由建立、控制与维持的报文开销上都存在问题,这些开销会占用很大的带宽,影响网络数据的传输速率;整个系统在宏观上将损耗很大的能量;可扩充性差。

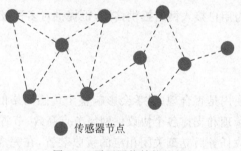

● 传感器节点

图 7-5　平面网络结构拓扑

2) 分级网络结构

分级网络结构是平面网络结构的一种扩展拓扑结构,如图 7-6 所示,分为上层和下层两个部分,上层为中心骨干节点,下层为一般传感器节点。通常网络可能存在一个或多个骨干节点,骨干节点群采用平面网络结构,所有骨干节点为对等关系。具有汇聚功能的骨干节点和一般传感器节点之间采用的是分级网络结构,骨干节点与一般传感器节点的功能特性不同,每个骨干节点均包含相同的 MAC、路由、管理和安全等功能协议,而一般传感器节点没有路由、管理及汇聚处理等功能。

这种分级网络通常以簇的形式呈现,网络被划分为多个分簇,每个簇由一个簇头(即具有汇聚功能的骨干节点)和多个簇成员(一般传感器节点)组成。簇头节点负责簇间数据的转发,簇成员只负责数据的采集。优点为:大大减少了网络中路由控制信息的数据;具有很好的可扩充性,便于集中管理,可降低系统建设成本,提高网络覆盖率和可靠性。缺点为:

簇头的能量消耗问题较大,簇头发送和接收报文的频率要高出普通节点几倍或十几倍;在簇内运行簇头选择程序来更换簇头,管理开销大。

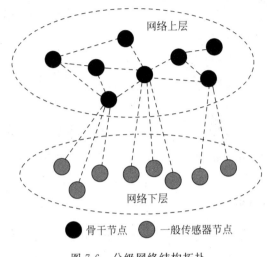

图 7-6 分级网络结构拓扑

3)混合网络结构

混合网络结构是无线传感网中平面和分级网络结构相结合的一种拓扑结构,如图 7-7 所示。骨干节点之间、一般传感器节点之间都采用平面网络结构,网络骨干节点和一般传感器节点之间采用分级网络结构,一般传感器节点之间可以直接通信,可不通过汇聚骨干节点来转发数据。这种结构结合了平面和分级结构的优点,组网与运行更加灵活,但所需硬件成本较高。

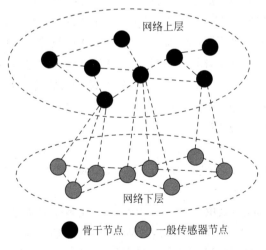

图 7-7 混合网络结构拓扑

4)Mesh 网络结构

Mesh 网络结构是一种新型的无线传感网结构,较前面的传统无线网络拓扑结构具有一些结构和技术上的不同。从结构来看,Mesh 网络是规则分布的网络,不同于完全连接的网络结构(如图 7-8 所示),通常只允许和节点最近的邻居通信,如图 7-9 所示。网络内部的节点一般都是相同的,因此 Mesh 网络也称为对等网。

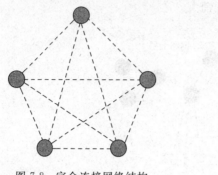 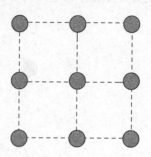

图 7-8　完全连接网络结构　　　　　　图 7-9　Mesh 网络结构

3. ZigBee 网络拓扑结构

现以具体的 ZigBee 网络为例进一步介绍无线传感网的拓扑结构。

1) 网络节点

ZigBee 网络定义了 3 种节点类型:协调器、路由器和终端设备。协调器和路由器必须是全功能器件(Full Function Device,FFD),终端设备可以是全功能器件,也可以是简约器件(Reduce Function Device,RFD)。一个 ZigBee 网络只允许有一个协调器,也称作 ZigBee 协调点,协调点是一个特殊的 FFD,它具有较强的功能,是整个网络的主要控制者。RFD 的应用相对简单,例如在传感器网络中,它们只负责将采集的数据信息发送给它的协调点,不具备数据转发、路由发现和路由维护等功能。RFD 占用资源少,需要的存储容量也小,在不发射和接收数据时处于休眠状态,因此成本比较低,功耗低。FFD 除具有 RFD 功能外,还需要具有路由功能,可以实现路由发现、路由选择,并转发数据分组。

一个 FFD 可以和另一个 FFD 或 RFD 通信,而 RFD 只能和 FFD 通信,RFD 之间是无法通信的。一旦网络启动,新的路由器和终端设备就可以通过路由发现、设备发现等功能加入网络。当路由器或终端设备加入 ZigBee 网络时,设备间的父子关系(或说从属关系)即形成,新加入的设备为子,允许加入的设备为父。ZigBee 中每个协调点最多可连接 255 个节点,一个 ZigBee 网络最多可容纳 65 535 个节点。

2) 网络拓扑

ZigBee 技术具有强大的组网能力,可以形成根据实际项目需要来选择合适的网络结构。

星形网(如图 7-10 所示)是由一个协调点和一个或多个终端节点组成的。协调点必须是 FFD,它负责发起建立和管理整个网络,其他的节点(终端节点)一般为 RFD,分布在协调点的覆盖范围内,直接与协调点进行通信。星形网的控制和同步都比较简单,通常用于节点数量较少的场合。

网状网(Mesh 网)如图 7-11 所示,一般是由若干个 FFD 连接在一起形成,它们之间是完全的对等通信,每个节点都可以与它的无线通信范围内的其他节点通信。在 Mesh 网中,一般将发起建立网络的 FFD 节点作为协调点。Mesh 网是一种高可靠性网络,具有"自恢复"能力。它可为传输的数据包提供多条路径,一旦一条路径出现故障,则存在另一条或多条路径可供选择。

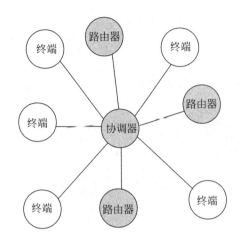

图 7-10　星形网

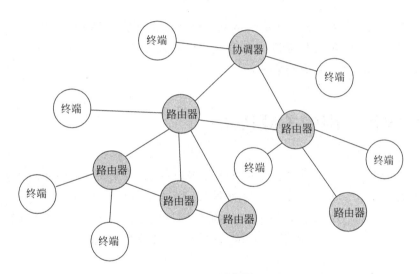

图 7-11　网状网

　　树形网如图 7-12 所示，其实这种结构可以从图中看出是简化了的网状结构。可靠性介于星形、树形和网状网之间。

　　在实际应用中，可根据节点数目的多少和网络规模大小，传感器网络的结构可以采用平面结构和分层结构。如果网络的规模较小，一般采用平面结构；如果网络规模很大，则必须采用分级网络结构。

　　平面结构的网络比较简单，所有节点的地位平等，又称为对等式结构。优点为：源节点和目的节点之间一般存在多条路径，网络负荷由这些路径共同承担，一般情况下不存在瓶颈，网络比较健壮。缺点为：平面型的网络结构在节点的组织、路由建立、控制与维持的报文开销上都存在问题；这些开销会占用很大的带宽，影响网络数据的传输速率；整个系统在宏观上将损耗很大的能量；可扩充性差。

　　分层结构，也称为树形结构，该网络被划分为多个分簇；每个簇由一个簇头和多个簇成员组成。这些簇头形成了高一级的网络。簇头节点负责簇间数据的转发，簇成员只负责数

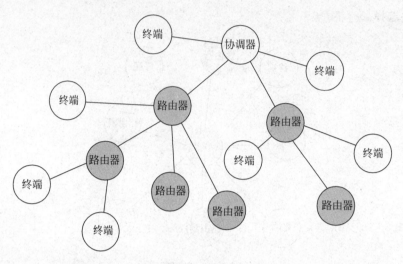

图 7-12　树形网

据的采集。优点为：大大减少了网络中路由控制信息的数据；具有很好的可扩充性。缺点为：簇头的能量消耗问题较大，簇头发送和接收报文的频率要高出普通节点几倍或十几倍；在簇内运行簇头选择程序来更换簇头。

7.3　无线传感网的关键技术

无线传感网的核心关键技术包括组网模式、拓扑控制、介质访问控制和链路控制、路由、数据转发及跨层设计、QoS 保障和可靠性设计、移动控制模型等，而关键支撑技术包括 WSN 网络的时间同步技术、基于 WSN 的自定位和目标定位技术、分布式数据管理和信息融合、WSN 的安全技术、精细控制、深度嵌入的操作系统技术、能量工程等。

7.3.1　无线传感网拓扑管理

无线传感网良好的拓扑结构能够提高路由协议、MAC 协议效率，为数据融合、时间同步、目标定位提供基础，延长网络生存时间。目前拓扑管理主要有部署、发射功率控制、活动调度、分簇 4 种技术，不同的技术关系到拓扑结构的不同属性，既可单独使用，也可组合使用。

1. 网络部署

拓扑管理的第一个阶段是网络部署，部署技术在网络的覆盖范围以及连通度方面起着重大的作用，它决定了网络中节点的位置。应当根据网络的覆盖范围和连通度来部署无线传感网中的节点。

无线传感网中的传感器节点受到无线通信能力的限制，通常会以多跳的方式来扩大通信范围。为保障高连通度，节点的物理位置至关重要，应当根据网络的覆盖范围和连通度来部署传感节点。同时,传感器工作周期的缩短和传感器部署的冗余之间的关系也非常重要。虚拟力算法(Virtual Force Algorithm,VFA)是目前主流的无线传感网网络部署解决方案。

2. 功率控制

无线传感网是一种能量受限型网络,一旦节点的电源耗尽就会直接影响整个网络功能的实现。这一特点是由其应用环境所决定的:网络节点的使用往往是一次性的,或者由于条件限制,传感器节点的电池不可能经常更换,需要能被使用若干年。所以无线传感网协议设计的主要目标就是提高系统的能量效率,延长网络的使用寿命。基于这个目标,在硬件和协议设计过程中必须严格控制能耗,尽可能地提升网络的可用性和使用寿命。

无线传感网的功率控制技术是在不牺牲系统性能的前提下,尽可能地降低节点的发射功率,从而降低节点的能耗,提高网络的生存时间和系统的能量效率。功率控制是一个跨层的技术,它不仅能够提高网络层、MAC 层和物理层的性能,同时还能提高各层的能量效率。

1) 功率控制对网络层的影响

无线传感网可以采用多跳和单跳两种路由选择方式。多跳路由消耗的能量比单跳路由少。因此为了提高系统的能量效率,无线传感网多采用多跳路由方式,尽管多跳方式可能带来更大的处理延迟。无线传感网可通过功率控制来影响网络拓扑结构,以维持全网络的最小连通性,减少拓扑开销。在节点分布特定的情况下,如何以最小的发射功率确保整个网络的连通性是人们关注的研究点。

从图 7-13 可以看出,其中(a)发射功率较低,导致网络不能连通,部分节点被孤立,网络性能受到严重影响;(c)发射功率太大,虽然确保了网络的连通性,但拓扑开销太大,造成了能量的浪费,并且加剧了 MAC 层的竞争冲突;(b)发射功率折中,在以合适的发射功率以确保整个网络连通(即最小连通性)的基础上尽可能节约能量。

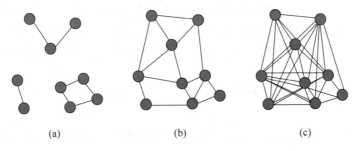

(a)　　　　　　　　(b)　　　　　　　　(c)

图 7-13　功率控制对网络层的影响

2) 功率控制对 MAC 层的影响

当节点之间传送的数据包发生冲突时,许多数据包被损坏,此时该节点消耗了发送和接收数据上的能量。冲突越激烈,这种消耗就越大,然而通过功率大小控制可以降低 MAC 的冲突率,提高 MAC 层的能效。对于网络层而言,功率控制是以较小的发射功率保证网络的连通性,而对于 MAC 层而言则是在保证节点有一定数量的邻居节点的前提下,尽量减小冲突域,从而使冲突的概率尽可能小。

功率控制对 MAC 层的另一个影响是确保每条链路的双向连通性,即链路两端的两个节点能够互相通信。由于现有的大多数 MAC 层协议理论上都是要确保链路的双向连通性,然而在实际情况下,由于无线信道的时变性、节点的移动性和节点发射功率的不对称性,不能完全保证链路的双向连通性,双向连通率低会造成大量的通信开销,所以能自适应于环境变化的功率控制技术就显得非常重要。

功率控制是一个典型的跨层设计问题,它不仅可以减小物理层信号间的干扰、提高信号的传输质量和频谱的空间复用度,而且由于节点的发射功率大小决定了其邻居节点的数量、网络的连通性等,它还对 MAC 层和网络层的性能产生影响。通常功率控制技术都是与物理层的干扰抑制技术、MAC 层的调度机制、网络层的路由算法结合考虑的。

3. 活动调度

在无线传感网运行过程中,访问独立的传感器节点是困难的,甚至是不可能的。而且,由于节点故障和能量耗尽,传感器的拓扑结构会发生改变。因此,即使进行了有效部署,为了使网络的生存期延长及保证高效率的通信,无线传感网的拓扑结构应该得到控制。

活动调度机制用控制节点的活动和休眠状态的方式来满足特定需求。在活动调度协议的设计中,连通度和覆盖范围是两个主要的度量标准。协议在全部节点集合中选择一定数量的节点,使其在网络中处于活动状态,用来维持网络的连通性。协议所选节点构成了网络的骨干,这些节点也被称为活动节点。骨干节点负责在网络中继发业务和维持连通度,剩余节点可以完全关闭或休眠,或被激活后发送传感的数据到最近的骨干节点。活动调度协议利用网络中的冗余将有限个节点作为中继,延长了网络生存期。活动调度协议目前采用的算法有 GAF、ASCENT、SPAN 等。

4. 分簇

高部署密度是无线传感网区别于传统网络的特性之一。在无线传感网范围内,节点部署密度高,对网络的连通度和覆盖范围有利,但也会增加冲突量,获得邻接点信息的协议开销也会增大。随着节点数量的增加,无线传感网中协议的可扩展性就成为了一个重要问题。

平面结构协议存在的扩展性问题可以通过构建分层结构的分簇机制来解决。分簇协议有以下优点:

(1)可扩展性。基于簇的协议限制了节点间的传输数量,因此可以在网络中部署更多的节点。

(2)减少碰撞。因为节点的大多数功能都是由簇头完成的,很少会有节点竞争信道,这就提高了信道接入协议的效率。

(3)能量效率。在一个簇中,簇头大多数时间是活动的,同时其他节点仅在需要有数据传输给簇头的特定时隙内才会醒来。此外,通过动态改变节点中簇头的功能,可以使网络的能量消耗显著降低。

(4)本地信息。簇内信息交换在簇头与簇成员之间进行,这有助于簇头总结本地网络状态和传感信息。

(5)路由骨干。只要在传感器节点到汇聚节点之间有可靠的路径,基于簇的方法还可以提高网络中路由骨干的构建效率。因为到达汇聚节点的信息只能通过簇头启动,所以网络中的直达路由业务量会减小。

7.3.2 无线传感网的定位技术

1. 基本概念

无线传感网的定位技术一般指对于一组未知位置坐标的网络节点,依靠有限的位置已知的锚节点,通过测量未知节点至其余节点的距离或跳数,或者通过估计节点可能处于的区域范围,结合节点间交换的信息和锚节点的已知位置,来确定每个节点的位置。

所谓定位就是确定位置,它有两种含义:一种是确定自己在系统中的位置,另一种是确定目标在系统中的位置。位置信息包括物理位置和符号位置,前者是指目标在特定坐标系下的位置数值,表示目标的相对或者绝对位置;后者是指目标与一个基站或者多个基站接近程度的信息,表示目标与基站之间的连通关系,提供目标大致的所在范围。

根据节点是否已知自身的位置,把传感器节点分为信标节点(也称为锚点)和未知节点。其中信标节点在传感器节点总量中占比很小,它可携带 GPS 定位设备获得自身的精准位置,作为其他未知节点定位的参考点;非信标节点通过信标节点的位置信息来确定自身位置。非信标节点通过与邻近的信标节点或已获取到信息的非信标节点之间进行通信,根据一定的定位算法计算出自身的位置。

信标节点确定位置的主要方法是 GPS,它是目前应用最广泛、最成熟的定位系统,通过卫星的授时和测距对用户节点进行定位。该方法具有定位精度高、实时性好、抗干扰能力强的优点,但它只适应于无遮挡的室外环境,具有节点能耗高、体积大、成本高,需要固定的基础设施等不足之处。

2. 定位算法的特点

在传感网中,因为传感器节点能量有限、可靠性差、节点规模大且随机分布、无线模块的通信距离有限等问题,对定位算法和定位技术提出了更高的要求。定位算法特点如下:

(1) 自组织性。传感网的节点随机分布,不能依靠全局的基础设施协助定位。

(2) 健壮性。传感器节点的硬件配置低、能量少、可靠性差,测量距离时会产生误差,算法必须具有较好的容错性。

(3) 能量高效。尽可能地减少算法中计算的复杂性,减少节点间的通信开销,以尽量延长网络的生存周期。通信开销是传感网络的主要能量开销。

(4) 分布式计算。每个节点计算自身位置,不能将所有信息传送到某个节点进行集中计算。

3. 定位算法的分类

因功耗和成本因素以及粗精度定位对大多数应用已足够(当定性误差小于传感器节点无线通信半径的 40% 时,定位误差对路由性能和目标追踪精度的影响不会很大),无须测距的定位方案备受关注。

1) 基于测距技术的定位和无须测距技术的定位算法

根据定位算法是否需要通过物理测量来获得节点之间的距离(角度)信息,可以把定位算法分为基于测距的定位算法和无须测距的定位算法两类。前者是利用测量得到的距离或角度信息来进行位置计算,而后者一般是利用节点的连通性和多跳路由信息交换等方法来估计节点间的距离或角度,并完成位置估计。

基于测距的定位算法总体上能取得较好的定位精度,但在硬件成本和功耗上受到一些限制。基于测距的定位机制使用各种算法来减小测距误差对定位的影响,包括多次测量,循环定位求精,这些都要产生大量计算和通信开销。所以,基于测距的定位机制虽然在定位精度上有可取之处,但并不适用于低功耗、低成本的应用领域。基于测距的定位算法有AHLos、基于 AOA 的 APS 算法、DADAR 算法、LCB 算法等;非基于测距的定位典型算法有质心算法、DVHop 算法、移动导标节点定位算法、HiRLoc 算法、凸规划算法和 MDS-MAP 算法等。

2) 基于导标节点的定位算法和非基于导标节点的定位算法

根据定性算法是否假设网络中存在一定比例的导标节点,可以将定位算法分为基于导标节点的定位算法和非基于导标节点的定位算法两类。对于前者,各节点在定位过程结束后可以获得相对于某个全局坐标系的坐标,对于后者则只能产生相对的坐标,在需要和某全局坐标系保持一致的时候可以通过引入少数几个导标节点和进行坐标变换的方式来完成。基于导标节点的定位算法有质心算法、DVHop、AHLos、LCB 等,典型的非基于导标节点的定位算法有 ABC、AFL 等。

3) 物理定位算法与符号定位算法

定位系统可提供两种类型的定位结果:物理位置和符号位置。例如,某个节点位于的经纬度,就是物理位置;而某个节点在建筑物的 423 号房间就是符号位置。一定条件下,物理定位和符号定位可以相互转换。与物理定位相比,符号定位更适于某些特定的应用场合,例如,在安装有无线烟火传感网的智能建筑物中,管理者更关心某个房间或区域是否有火警信号,而不是火警发生地的经纬度。大多数定位系统和算法都提供物理定位服务,符号定位的典型系统和算法有 Active Badge、微软的 Easy Living 等,MIT 的 Cricket 定位系统则可根据配置实现两种不同形式的定位。

4) 递增式定位算法和并发式定位算法

根据计算节点位置的先后顺序可分为递增式定位算法和并发式定位算法两类。递增式定位算法通常是从 3 或 4 个节点开始,然后根据未知节点与已经完成定位的节点之间的距离或角度等信息采用简单的三角法或局部最优策略逐步对未知节点进行位置估计。该类算法的主要不足是具有较大的误差累积。并发式定位算法则是节点以并行的方式同时开始计算位置。有些并发式算法采用迭代优化的方式来减小误差。并发式定位算法能更好地避免局部最小和误差累积。大多数算法属于并发式,像 ABC 算法则是递增式的。

5) 紧密耦合与松散耦合算法

紧密耦合定位系统是指导标节点不仅被仔细地部署在固定的位置,并且通过有线介质连接到中心控制器;而松散型定位系统的节点采用无中心控制器的分布式无线协调方式。紧密耦合定位系统适用于室内环境,具有较高的精确性和实时性,时间同步和信标节点间协调问题容易解决。典型的紧密耦合定位系统包括 AT&T 的 Active Bat 系统和 Active Badge、Hiball Tracker 等。但这种部署策略限制了系统的可扩展性,代价较大,无法应用于布线工作不可行的室外环境。近年来提出的许多定位系统和算法,如 Cricket、AHLos 等都属于松散耦合型解决方案。

6) 集中式计算与分布式计算算法

集中式计算是指把所需信息传送到某个中心节点,并在那里进行节点定位计算的方式;分布式计算指依赖节点间的信息交换和协调,由节点自行计算的定位方式。

集中式计算的优点在于从全局角度统筹规创,计算量和存储量几乎没有限制,可以获得相对精确的位置估算。它的缺点包括与中心节点位置较近的节点会因为通信开销大而过早地消耗完电能,导致整个网络与中心节点信息交流的中断,无法实时定位等。集中式定位算法包括 Convex Optionization、MDS-MAP 等。

7) 三角测量、场景分析和接近度定位算法

定位技术也可分为三角测量、场景分析和接近度定位算法。其中,三角测量和接近度定位与粗、细粒度定位相似;而场景分析定位是根据场景特点来推断目标位置,通常被观测的场景都有易于获得、表示和对比的特点,如信号强度和图像。场景分析的优点在于无须定位目标参与,有利于节能并具有一定的保密性;它的缺点在于需要事先预制所需的场景数据集,而且当场景发生变化时必须重建该数据集。RADAR(基于信号强度分析)系统和 MIT 的 Sinart Rooms 就是典型的场景分析定位系统。

8) 粗粒度与细粒度定位算法

依据定位所需信息的粒度可将定位算法和系统分为两类:根据信号强度或时间等来度量与信标节点距离的称为细粒度定位技术;根据与信标节点的接近度来度量的称为粗粒度定位技术。其中细粒度又可细分为基于距离和基于方向性测量两类。另外,应用在 Radio-Camera 定位系统中的信号模式匹配专利技术也属于细粒度定位。粗粒度定位的原理是利用某种物理现象来感应是否有目标接近一个已知的位置,如 Active Badge、Convex Optionization、Xeror 的 Pare TAB 系统、佐治亚理工学院 Smart Floor 等。属于细粒度定位算法的有 Cricker、AHLos、RADAR、LCB 等都属于细粒度定位算法。

9) 绝对定位与相对定位算法

绝对定位与物理定位类似,定位结果是一个标准的坐标位置,如经纬度。而相对定位通常是以网络中部分节点为参考,建立整个网络的相对坐标系统。绝对定位可为网络提供唯一的命名空间,受节点移动性影响较小,有更广泛的应用领域。研究发现,在相对定位的基础上也能够实现部分路由协议,尤其是基于地理位置的路由,而且相对定位不需要信标节点。大多数定位系统和算法都可以实现绝对定位服务,典型的相对定位算法和系统有 SPA、LPS,而 MDS-MAP 定位算法可以根据网络配置的不同分别实现两种定位。

4. 定位技术的性能指标

1) 定位精度

定位精度指提供的位置信息的精确程度,它分为相对精度和绝对精度。绝对精度指以长度为单位度量的精度,例如,GPS 的精度为 $1 \sim 10\text{m}$,现在使用 GPS 导航系统的精度约 5m。一些商业的室内定位系统提供 30cm 精度,可以用于工业环境、物流仓储等场合。相对精度通常以节点之间距离的百分比来定义。例如,若两个节点之间距离是 20m,定位精度为 2m,则相对定位精度为 10%。由于有些定位方法的绝对精度会随着距离的变化而变化,因而使用相对精度可以很好地表示精度指标。

2) 覆盖范围

覆盖范围和定位精度是一对矛盾的指标。例如超声波可以达到分米级精度,但是它的覆盖范围只有 10m 多;Wi-Fi 和蓝牙的定位精度为 3m 左右,覆盖范围可以达到 100m 左右;GSM 系统能覆盖千米级的范围,但是精度只能达到 100m。由此可见,覆盖范围越大,提供的精度就越低。在大范围内提供高精度通常是难以实现的。

3) 刷新速度

刷新速度是指提供位置信息的频率。例如,如果 GPS 每秒刷新 1 次,则这种频率对于车辆导航已经足够了,能使人体验到实时服务的感觉。对于移动的物体,如果位置信息刷新较慢,就会出现严重的位置信息滞后,直观上感觉已经前进了很长距离,提供的位置还是以前的位置。因此,刷新速度会影响定位系统实际工作提供的精度,它还会影响位置控制者的现场操作。如果刷新速度太低,可能会使得操作者无法实施实时控制。

4) 功耗

功耗作为传感网设计的一项重要指标,对于定位这项服务功能,需要计算为此所消耗的能量。采用的定位方法不同,功耗的差别会很大,主要原因是定位算法的复杂度不同,需要为定位提供的计算和通信开销方面存在数量上的差别,导致完成定位服务的功耗有所不同。

5) 代价

定位系统或算法的代价可从 3 个不同方面来评价。

(1) 时间代价:包括一个系统的安装时间、配置时间、定位所需时间。

(2) 空间代价:包括一个定位系统或算法所需的基础设施和网络节点的数量、硬件尺寸等。

(3) 资金代价:包括实现一种定位系统或算法的基础设施、节点设备的总费用。

7.3.3 无线传感网的时间同步机制

1. 时间同步机制的意义

在分布式的无线传感网的应用中,每个传感器节点都有各自的本地时钟,其晶体振荡器频率都存在偏差,外界干扰也会造成节点之间的运行时间偏差,但分布式系统的协同工作需要节点间的时间同步,这一矛盾需要特定的时间同步机制来解决。时间同步机制是分布式系统基础框架中的一个关键机制。在分布式系统中,时间同步涉及"物理时间"和"逻辑时间"两个不同的概念。"物理时间"表示人类社会使用的绝对时间,而"逻辑时间"体现了事件发生的顺序关系,是一个相对概念。分布式系统通常需要一个表示整个系统时间的全局时间,全局时间根据需要可以是物理时间,也可以是逻辑时间。时间同步机制在传统网络中已经得到了广泛应用,如网络时间协议 NTP 是 Internet 采用的时间同步协议。另外 GPS 和无线测距等技术也可以用来提供网络的全局时间同步。

传感网的很多应用中都需要时间同步机制,其意义和作用主要体现在:

(1) 传感器节点通常需要彼此协作去完成复杂的监测和感知任务。例如,在车辆跟踪系统中,传感器节点记录车辆的位置和时间,并传给网关汇聚节点,然后结合这些信息来估计车辆的位置和速度,如果传感器节点缺乏统一的时间同步,则对车辆的位置估计将是不准确的。

(2) 传感网的一些节能方案是利用时间同步来实现的。例如,传感器可以在适当的时候休眠,在需要的时候再被唤醒。在应用这种节能模式的时候,网络节点应该在相同的时间休眠或被唤醒,也就是说,在数据到来时,节点的接收器并没有关闭,在这里,传感网时间同步机制的设计目的是为网络中所有节点的本地时钟提供共同的时间戳。

2. NTP、GPS 和传感网时间同步机制

传感网时间同步机制具有如下特点:

(1) 节点成本低,体积小,价格和体积是传感网时间同步的主要限制条件。

(2) 节点无人值守,有限能量,侦听通信会消耗能量,运行同步协议需考虑消耗的能量。

(3) 现有网络的时间同步机制关注以最小化同步误差来达到最大的同步精度,很少考虑计算和通信的开销及能量消耗。

传感网时间同步机制协议与传统的时间同步机制协议不同,无法套用传统的网络时间协议(NTP),主要原因有:

(1) 在传感网中,无线链路的通信质量受环境影响较大,时常会有通信中断的情况。但NTP 协议一般不考虑网络链路失效问题。

(2) 传感网的拓扑结构是动态变化的,简单的静态手工配置无法适应这种变化。但NTP 协议只适用于网络结构相对稳定的情况。

(3) 在传感网的许多应用中,无法取得相应基础设施的支持,如 GPS 系统和无线电广播报时系统。但 NTP 协议中时间基准服务器间的同步需要通过其他基础设施协助。

(4) 传感网存在资源约束,必须考虑能量消耗。但 NTP 协议需要频繁交换信息,来不断校准时钟频率偏差带来的误差;并通过复杂的修正算法,消除时间同步消息在传输和处理过程中受到的非确定因素干扰,CPU 使用、信道侦听和占用都不受任何约束。

GPS 系统虽然能够以纳秒级的精度与世界标准时间 UTC 保持同步,但需要配置高成本的接收机,同时无法在室内、森林或水下等有障碍的环境中使用。如果是用于军事目的,没有主控权的 GPS 系统也是不可依赖的。在传感网中只可能为极少数节点配备 GPS 接收机,这些节点可以为传感网提供基准时间。基于传感网的特点及其在能量、价格和体积等方面的约束,使得 NTP、GPS 等现有时间同步机制并不适用于通常的传感网,需要专门的时间同步协议才能使其正常工作。

3. 传感网时间同步协议

目前适用于传感网时间同步协议有 3 种:RBS、Tiny-sync/Mini-Sync 和 TPSN。

1) RBS 同步协议

多个节点接收同一个同步信号,然后在多个收到同步信号的节点之间进行同步。这种同步算法消除了同步信号发送方的时间不确定性。RBS 同步协议的优点是时间同步与MAC 层协议分离,它的实现不受限于应用层是否可以获得 MAC 层的时间戳,协议的互操作性较好。这种同步协议的缺点是协议开销较大。

2) Tiny-sync/Mini-sync

它是两种简单的轻量级时间同步机制。这两种算法假设节点的时钟漂移遵循线性规

律,因此两个节点之间的时间偏移也是线性的,通过交换时标分组来估计两个节点间的最优匹配偏移量。为了降低算法的复杂度,通过约束条件丢弃冗余分组。

3）TPSN 时间同步协议

传感网络 TPSN 时间同步协议类似于传统网络的 NTP 协议,目的是提供传感网全网范围内节点间的时间同步。在网络中有一个节点与外界可以通信,从而获到外部时间,这种节点称为根节点。根节点可装配诸如 GPS 接收机这样的复杂硬件部件,并作为整个网络系统的时钟源。

TPSN 协议采用层次型网络结构,首先将所有节点按照层次结构进行分级,然后每个节点与上一级的一个节点进行时间同步,最终所有节点都与根节点时间同步,节点对之间的时间同步是基于发送者-接收者的同步机制。

TPSN 协议的操作过程如下:

阶段一,生成层次结构,每个节点赋予一个级别,根节点赋予最高级别第 0 级,第 i 级的节点至少能够与一个第 $i-1$ 级的节点通信;

阶段二,实现所有树节点的时间同步,第 1 级节点同步到根节点,第 i 级的节点同步到 $i-1$ 级的一个节点,最终所有节点都同步到根节点,实现整个网络的时间同步。

4. 相邻级别节点间的同步机制

邻近级别的两个节点对间通过交换两个消息实现时间同步。

如图 7-14 所示,边节点 Q 在 T_1 时间发送同步请求分组给节点 P,分组中包含 Q 的级别和 T_1 时间。节点 P 在 T_2 时间收到分组,$T_2=(T_1+d+\Delta)$,然后在 T_3 时间发送应答分组给节点 Q,分组中包含节点 P 的级别以及 T_1、T_2 和 T_3 的信息。

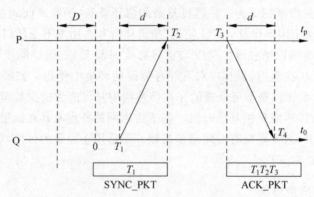

图 7-14 相邻节点间的时间同步

节点 Q 在 T_4 时间收到应答,$T_4=(T_3+d-\Delta)$。

因此可以推导出算式:

$$\Delta=\frac{(T_2-T_1)-(T_4-T_3)}{2}\quad d=\frac{(T_2-T_1)+(T_4-T_3)}{2}$$

节点 Q 在计算时间偏差之后,将它的时间同步到节点 P。

7.3.4　无线传感网的数据融合

数据融合方法在日常生活中也普遍存在,例如在辨别一个事物时会综合各种感官信息进行分析,包括视觉、触觉、嗅觉和听觉等。单独依赖一种感官获得的信息往往不足以对事物做出准确的判断,而综合多种感官数据,对事物的描述会更准确。

1. 数据融合的概念

数据融合是指充分利用不同时间与空间的多传感器数据资源,采用计算机技术按时间序列获得多传感器的观测数据,在一定的准则下进行分析、综合、支配和使用。获得对被测对象的一致性解释与描述,进而实现相应的决策和估计,使系统获得比其各组成部分更为充分的信息。

数据融合以收集各类传感器所采集的信息为目的,这些信息以信号、波形、图像、数据、文字、声音等形式提供。各种传感器直接给出的信息称为源信息,它是信息系统处理的对象,若信息已经经过数字化处理,则称为源数据。再具体一些,如果所给出的是图像就称之为源图像。信息系统的功能就是对各种各样的传感器提供的信息进行加工处理,以获得人们所期待的、可以直接使用的某些波形、数据或结论。

源信息、传感器与环境之间的关系如图 7-15 所示。

图 7-15　源信息、传感器与环境的关系

实现对观测目标的连续跟踪和测量等一系列问题的处理方法,就是多传感器的数据融合技术,有时也被称为多传感器信息融合技术或多传感器融合技术。数据融合也被称为信息融合,是一种多源信息处理技术。它通过对来自同一目标的多源数据进行优化合成,获得比单一信息源更精确、完整的估计或判断。多传感器数据融合是一种多层次、多方面的处理过程,这个过程是对多源数据进行检测、关联、估计和组合,并以更高精度、较高置信度得到目标的状态估计和身份识别,以及完整的势态估计和威胁评估,为用户提供有用的决策信息。

数据融合定义实际上包含了 3 个含义:数据融合是多信源、多层次的处理过程,每个层次代表了信息的不同抽象程度;数据融合过程包括数据的检测、关联、估计与合并;数据融合的输出包括低层次上的状态身份估计和高层次上的总战术态势的评估。

数据融合的内容包括多传感器的目标探测、数据关联、跟踪与识别、情况评估与预测。

总之,数据融合是一种多源信息的综合技术,通过对来自不同传感器的数据进行分析和综合,可以获得被测对象及其性质的最佳一致估计。将经过集成处理的多种传感器信息进行集成,可以形成对外部环境某一特征的一种表达方式。

2. 数据融合的作用

1）节省能量

传感网是由大量的传感器节点覆盖在监测区域形成的。通常在部署网络时,需要使传感器节点达到一定的密度,以增强整个网络的鲁棒性和监测信息的准确性,有时甚至需要使多个节点的监测范围互相交叠。监测区域的互相重叠导致邻近节点报告的信息存在一定程度的冗余。在冗余程度很高的情况下,把这些节点报告的数据全部发送给汇聚节点与仅发送一份数据相比,除了使网络消耗更多的能量外,并未使汇聚节点获得更多的有意义的信息。数据融合就是要针对上述情况对冗余数据进行网内处理,即中间节点在转发传感器数据之前,首先要对数据进行综合,去掉冗余信息,在满足应用需求的前提下将需要传输的数据量最小化。网内处理利用的是节点的计算资源和存储资源,其能量消耗与传送数据比要少很多。

美国加州大学伯克利分校计算机系研制开发了微型传感网节点 Micadot,其研究试验表明,该节点发送 1bit 的数据所消耗的能量约为 4000nJ,而处理器执行一条指令所消耗的能量仅为 5nJ,即发送 1bit 数据的能耗可以用来执行 800 条指令。因此,在一定程度上应该尽量进行网内处理,这样可以减少数据传输量,有效地节省能量。在理想的融合情况下,中间节点可以把 n 个长度相等的输入数据分组合并成 1 个等长的输出分组,只需要消耗不进行融合时所消耗能量的 $1/n$ 即可完成数据传输。在最差的情况下,融合操作并未减少数据量,但通过减少分组个数,可以减少信道的协商或竞争过程造成的能量开销。

2）获得更准备的信息

传感网由大量廉价的传感器节点组成,部署在各种各样的应用环境中。人们从传感器节点获得的信息存在着较高的不可靠性,这些不可靠因素主要来源于 3 个方面,分别为:

(1) 受到成本和体积的限制,节点装配的传感器元器件的精度一般较低。

(2) 无线通信的机制使得传送的数据更容易因受到干扰而遭到破坏。

(3) 恶劣的工作环境除了影响数据传送以外,还会破坏节点的功能部件,令其工作异常,可能报告出错误的数据。

仅收集少数几个分散的传感器节点的数据,是难以保证所采集信息的正确性的。因此需要通过对监测同一对象的多个传感器所采集的数据进行综合,从而有效地提高所获得信息的精度和可信度。由于邻近的传感器节点也在监测同一区域,所以它们所获得信息之间的差异性很小。如果个别节点报告了错误的或误差较大的信息,那么很容易在本地处理中通过简单的比较算法进行排除。虽然可以在数据全部单独传送到汇聚节点后再进行集中融合,但这种方法得到的结果往往不如在网内预先进行融合处理的结果精确,有时甚至会产生融合错误。数据融合一般需要数据源所在地局部信息的参与,如数据产生的地点、产生数据的节点所在的组或簇等。

3）提高数据的收集效率

在传感网内部进行数据融合,可以在很大程度上提升网络收集数据的全局效率。数据融合减少了所需传输的数据量,大大减轻网络的传输压力,降低数据的传输延迟。通过对多个分组的合并,减少了分组个数,间接地减少了有效数据量。数据融合能减少网络数据传输的冲突碰撞所造成的开销,可以提高无线信道的利用率。

3. 数据融合体系结构

目标状态估计融合结构分为三大类：集中式、分布式、混合式，其中，集中式和分布式目标估计融合结构如图 7-16 和图 7-17 所示。

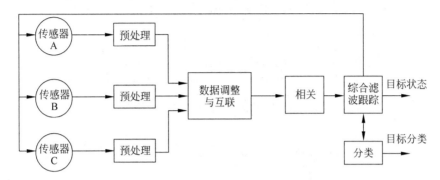

图 7-16 集中式目标状态估计融合结构

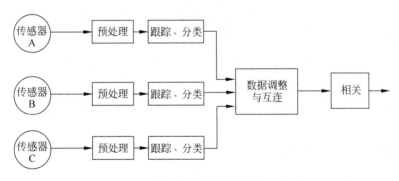

图 7-17 分布式目标状态估计融合结构

目标身份估计融合结构分为三大类：数据级、特征级、决策级，如图 7-18～图 7-20 所示。

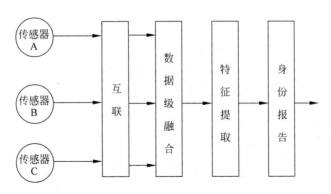

图 7-18 数据级目标身份估计融合结构

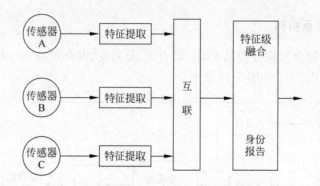

图 7-19　特征级目标身份估计融合结构

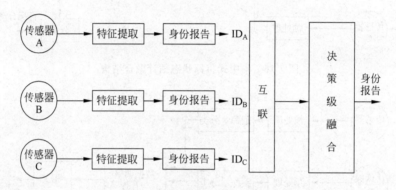

图 7-20　决策级目标身份估计融合结构

4. 数据融合过程和主要方法

1) 数据融合过程

数据融合的大致过程为：首先将被测对象的输出结果转换为电信号，然后经过 A/D 转换形成数字量，然后将数字化后的电信号进行预处理，滤除数据采集过程中的干扰和噪声，接着对经过处理后的有用信号进行特征抽取和融合计算，实现数据融合，最后输出融合的结果。过程如图 7-21 所示。

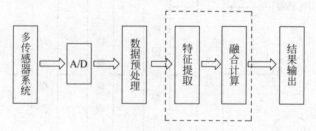

图 7-21　数据融合过程

2) 数据融合方法

目前常用的数据融合方法有：

(1) 综合平均法。把来自多个传感器的大量数据进行综合平均，这是最简单、最直观的数据融合方法，适用于同类传感器检测同一检测目标的场景。该方法将一组传感器提供的冗余信息进行加权平均,并将结果作为期望值。

(2) 卡尔曼滤波法。用于融合低层的实时动态多传感器的冗余数据,利用测量模型的统计特性,递推地确定融合数据的估计,该估计在统计意义下是最优的。如果系统可以用一个线性模型描述,且系统与传感器的误差均符合高斯白噪声模型,则卡尔曼滤波可为数据融合提供唯一统计意义上的最优估计。卡尔曼滤波器的递推特性使得它特别适合在那些不具备大量数据存储能力的系统中使用。它的应用领域包括目标识别、机器人导航、多目标跟踪等。

(3) 贝叶斯估计法。它是融合静态环境中多传感器底层信息的常用方法,将传感器信息依据概率原则进行组合,测量不确定性以条件概率表示。在传感器组的观测坐标一致时,可以用直接法对传感器的测量数据进行融合。在大多数情况下,传感器是从不同的坐标系对同一环境物体进行描述的,这时传感器的测量数据要以间接方式采用贝叶斯估计进行数据融合。多贝叶斯估计把每个传感器都作为一个贝叶斯估计,将各单独物体的关联概率分布组合成一个联合后验概率分布函数,通过使联合分布函数的似然函数最小,可以得到多传感器信息的最终融合值。

(4) D-S 证据推进法。是目前数据融合技术中比较常用的一种方法,是由 Dempster 首先提出,由 Shafer 发展的一种不精确推理理论。这种方法是贝叶斯方法的扩展,因为贝叶斯方法必须给出先验概率,证据理论能够处理由于未知因素所引起的不确定性,通常用于对位置、存在与否进行推断。在多传感数据融合系统中,每个信息源都提供了一组证据和命题,并且建立了一个相应的质量分布函数。因此,每一个信息源就相当于一个证据体。D-S证据推理法的实质是在同一个鉴别框架下,将不同的证据体通过 Dempster 合并规则合并成一个新的证据体,并计算证据体的似真度,最后采用某一决策选择规则,获得融合的结果。

除了以上几种方法以外,还有统计决策理论、模糊逻辑、产生式规则、神经网络等方法。

7.3.5　无线传感网的安全技术

无线传感网安全问题主要包括信息机密性、数据产生的可靠性、数据融合的高效性以及数据传输的安全性。由于传感器节点的处理能力、计算能力有限制,安全性与普通网络有很大的区别,这也是无线传感网在安全方面的主要挑战。无线传感网具有任务协作的特性和路由的局部特性,使节点之间存在安全耦合,单个节点的安全泄露一定会威胁网络的安全,在考虑安全算法时要尽量减少这种耦合性。在进行安全设计时,须着重考虑无线传感网资源有限、无线通信不可靠、网络规模大、非受控操作、面向应用等特点。无线信道的开放性需要加密体制,资源约束的节点需要轻量级、高效安全实现方案,非受控操作需要传感网安全策略具有较高的安全性。

1. 无线传感网安全威胁

与传统无线网络一样,传感器网络的消息通信会受到监听、篡改、伪造和阻断攻击,如图 7-22 所示。一般攻击者是精明的外行者、知识渊博的内行者、受到政府或组织资助的团队(可以轻易拥有超强的计算能力和灵敏的无线通信能力)。他们的攻击可分为非授权用户的外部攻击和被俘虏节点的内部攻击。

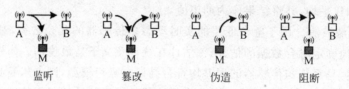

图 7-22　无线传感网的安全威胁

(1) 从传感器节点本身来看,安全威胁有:

① 欺骗——主要来自于环境和网络,可通过基于冗余的安全数据融合来防范。

② 控制——最具威胁的攻击行为,包括逻辑控制和物理控制。前者通过监听来分析所获知的关键信息,可通过加密机制和安全协议隐藏关键信息来防范;后者通过直接停止服务和物理剖析来直接破坏和损害节点,后果更加严重,可采用防分析、防篡改的硬件设计和提高抗俘获的安全能力来防范。

(2) 从网络通信角度来看,安全威胁有:

① 被动攻击——不易察觉,重点在于预防。

② 主动攻击——攻击手段多、动机多变,更难防范。

③ 重放攻击——运行时内攻击和运行时外攻击。

④ DoS 攻击——试图阻止网络服务被合法使用,包括阻塞、冲突、路由、泛洪等攻击。

⑤ Sybil 攻击——单一节点具有多个身份标识,通过控制系统的大部分节点来削弱冗余备份的作用。

2. 无线传感网基本安全技术

1) 安全体系结构

传感网容易受到各种攻击,存在许多安全隐患。目前比较通用的安全体系结构如图 7-23 所示。传感网协议栈由硬件层、操作系统层、中间件层和应用层构成。其安全组件分为 3 层,分别为安全原语、安全服务和安全应用。此外,当前正在研究基于代理的传感网络安全体系结构。

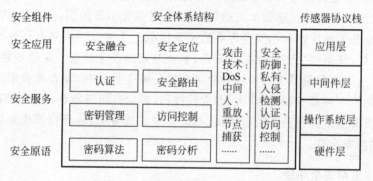

图 7-23　无线传感网安全体系结构

2) 基本安全协议

(1) SNEP 协议。SNEP 是为传感网量身打造的,具有低通信开销,能够实现数据机密性、完整性,保证数据新鲜度的简单高效的安全协议。

（2）μTESLA 协议。μTESLA 使用单向密钥链，通过对称密钥的延迟透露引入的非对称性进行广播认证，由密钥建立、广播密钥透露、传感器节点自举、认证广播数据包 4 个阶段组成。

（3）分层 μTESLA 协议。分层 μTESLA 协议采用预先设定初始化参数的方法。其基本思想是：将认证分成多层，使用高层密钥链认证低层密钥链，低层密钥认证广播数据包。

7.4 无线传感网协议

7.4.1 无线传感网的 MAC 协议

无线频谱是无线通信的介质，这种广播介质属于稀缺资源。在无线传感网中，可能有多个节点设备同时接入信道，导致分组之间相互冲突，使接收方难以分辨出接收到的数据，从而浪费了信道资源，导致网络吞吐量下降。为了解决这些问题，就需要设计介质访问控制协议。所谓 MAC 协议，就是通过一组规则和过程来有效、有序和公平地使用共享介质。

1. MAC 协议分类

目前无线传感网 MAC 协议可以按照采用分布式控制或集中控制、使用单一共享信道或多个信道、采用固定分配信道方式或随机访问信道方式进行分类。根据这 3 种分类方法，可将无线传感网的 MAC 协议分为以下 3 种：

（1）时分复用无竞争接入方式（分配型）。无线信道时分复用方式给每个传感器节点分配无线信道使用时段，避免节点之间相互干扰。

（2）随机竞争接入方式（竞争型）。如果采用无线信道的随机竞争接入方式，节点在需要发送数据时随机使用无线信道，尽量减少节点间的干扰。典型的方法是采用载波侦听多路访问的 MAC 协议。

（3）竞争与固定分配相结合的接入方式（混合型）。通过混合采用频分复用或者码分复用等方式，实现节点间无冲突的无线信道分配。

2. CSMA 工作模式

基于竞争的随机访问 MAC 协议采用按需使用信道的方式，它的基本思想是当节点需要发送数据时，通过竞争方式使用无线信道。如果发送的数据产生了碰撞，就按照某种策略重发数据，直到数据发送成功或放弃发送。

典型的基于竞争的随机访问 MAC 协议是载波侦听多路访问（CSMA）接入方式。在无线局域网 IEEE 802.11MAC 协议的发布式协调工作模式中，就采用了带冲突避免的载波侦听多路访问协议，它是基于竞争的无线网络 MAC 协议的典型代表。CSMA 有如下几种工作模式。

1）1-坚持 CSMA

当信道忙或发生冲突时，要发送帧的站不断持续侦听，一有空闲便可发送，其中，长的传播延迟和同时发送帧，会导致多次冲突而降低系统性能。

2) 非-坚持 CSMA

它并不持续侦听信道,而是在冲突时等待随机的一段时间,因此具有更好的信道利用率,但会导致更长的延迟。

3) P-坚持 CSMA

监听信道,如果信道空闲,则以 P 的概率发送,而以 $1-P$ 的概率延迟一个时间单位(最大传播时延的 2 倍)。延迟了一个时间单位后,再重复上面过程。如果信道是忙的,则继续监听直至信道空闲并重复前面步骤。P 的值决定了发送的可能次数,P 的值越大,发送所需的平均次数就越少,但同时冲突的概率也会相对提高;P 的值越小,发送所需的平均次数就越多,冲突的概率却会减少。

3. IEEE 802.11 MAC 协议

IEEE 802.11 MAC 协议是典型 MAC 协议。CSMA/CA 机制,是指在信号传输之前,发射机先侦听介质中是否有同信道载波,若不存在,则意味着信道空闲,将直接进入数据传输状态;若存在载波,则在随机退避一段时间后重新检测信道。这种介质访问控制层的方案简化了实现自组织网络应用的过程。在 IEEE 802.11MAC 协议基础上,人们设计出适用于传感网的多种 MAC 协议。IEEE 802.11 MAC 协议分为分布式协调功能(Distributed Coordination Function,DCF)和点协调功能(Point Coordination Function,PCF)两种访问控制方式,其中 DCF 方式是 IEEE 802.11 协议的基本访问控制方式。在 DCF 工作方式下,载波侦听机制通过物理载波侦听和虚拟载波侦听来确定无线信道的状态。物理载波侦听由物理层提供,虚拟载波侦听由 MAC 层提供。IEEE 802.11MAC 协议规定了 3 种基本帧间间隔(Inter-Frame Space,IFS),用来提供访问无线信道的优先级:SIFS(Short Interframe Space,最短帧间间隔)、PIFS(PCF Interframe Space,PCF 方式下节点使用的帧间间隔)和 DIFS(DCF Interframe Space,DCF 方式下节点使用的帧间间隔)。

根据 CSMA/CA 协议,当节点要传输一个分组时,它首先侦听信道状态。如果信道空闲,而且经过一个帧间间隔时间 DIFS 后,信道仍然空闲,则站点立即开始发送信息。如果信道忙,则站点始终侦听信道,直到信道的空闲时间超过 DIFS。当信道最终空闲下来的时候,节点进一步使用二进制退避算法,进入退避状态来避免发生碰撞,如图 7-24 所示。

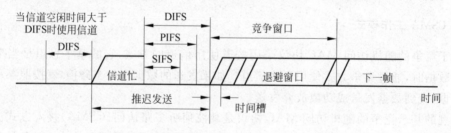

图 7-24　IEEE 802.11 MAC 协议工作过程

7.4.2　无线传感网的路由协议

在无线网络协议栈中,研究最多的就是网络层,其中重点就是路由选择算法,无线通信的影响和传感网络的功耗、可扩展性、寻址技术、鲁棒性、拓扑结构、应用类型等特性。

无线传感网路由协议是一套将数据从源节点传输到目的节点的机制。从路由选择解决方案角度可将路由协议分为 4 类: 以数据为中心的协议、分层的协议、基于位置的协议、基于 QoS 的协议,如表 7-2 所示。其中层次路由协议的基本思想是: 将网络节点进行分簇,其拓扑结构是层次型的,每簇由一个簇头节点及若干簇成员节点组成。簇头节点担任各簇的数据收集、处理和转发任务。层次路由通过分簇提高了网络可扩展性,降低了节点能耗,延长了网络生命周期。

表 7-2　无线传感网的路由协议分类

类　　别	具体解决方案(协议)			
以数据为中心的协议	Flooding	Gossiping	SPIN	Directed Diffusion
分层的协议	LEACH	PEGASIS	TEEN	APTEEN
基于位置的协议	MECH	SMECN	DRADA	
基于 QoS 的协议	SAR	Min-Cost Path	SPEED	

常见路由协议情况如下:

(1) Flooding。最简单的、最早的路由协议。不需要维护网络拓扑结构,网络中的节点仅简单地将它所收到的数据包广播出去,如此反复,直到数据到达目的节点为止,或者数据包达到最大跳数为止,或者所有节点都拥有此数据副本为止。该协议的缺点是节点将多次收到相同的消息,容易导致消息的内爆、重叠。所谓内爆,是指节点向邻居节点转发数据包,不管其是否收到过相同的;重叠是指感知节点感知区域有重叠,导致数据冗余。

(2) Gossiping。Gossiping 是对 Flooding 的一种改进。主要解决 Flooding 协议的内爆问题。节点在发送数据时,不是对所有邻居节点都进行广播,而是随机选择一个邻居节点发送数据副本,这样就避免了消息内爆问题。其缺点是无法解决消息重叠以及资源的盲目利用问题,此外还增加了端到端的数据时延。

(3) SPIN 协议。SPIN 是以数据为中心的自适应路由协议,通过协商机制和资源自适应机制来解决 Flooding 协议中的内爆和重叠问题。该协议主要有 4 种形式: SPIN-PP、SPIN-EC、SPIN-BC 和 SPIN-RL。

SPIN 协议利用 ADV(用于新数据广播)、REQ(表示请求发送数据)和 DATA(表示数据)3 种类型的消息进行数据协商。

① 节点有新的数据需要转发时,首先向自己的邻居节点广播 ADV 消息;

② 根据 ADV 消息中对新数据属性的描述,感兴趣的邻居节点会向该节点发送 REQ 消息表示请求发送数据;

③ 该节点根据收到的 REQ 消息的情况,向相应的邻居节点发送 DATA 消息。

优点: 可以有效地解决 Flooding 协议中消息的内爆和重叠问题,避免资源的盲目利用,节省了能量消耗。

缺点: 有可能会出现数据盲点。而且当网络规模较大时,仍然会出现 ADV 消息的内爆问题。

阅读文章 7-1

IEEE 802.15.4 与 IPv6

摘自:无线传感器网络标准化进展与协议分析

到目前为止,无线传感器网络的标准化工作受到了许多国家及国际标准组织的普遍关注,已经完成了一系列草案甚至标准规范的制定。其中最出名的就是 IEEE 802.15.4/ZigBee 规范,它甚至已经被一部分研究及产业界人士视为标准。IEEE 802.15.4 定义了短距离无线通信的物理层及链路层规范,ZigBee 则定义了网络互联、传输和应用规范。尽管 IEEE 802.15.4 和 ZigBee 协议已经推出多年,但随着应用的推广和产业的发展,其基本协议内容已经不能完全适应需求,加上该协议仅定义了联网通信的内容,没有对传感器部件提出标准的协议接口,所以难以承载无线传感器网络技术的梦想与使命;另外,该标准在落地不同国家时,也必然要受到该国家地区现行标准的约束。为此,人们开始以 IEEE 802.15.4/ZigBee 协议为基础,推出更多版本以适应不同应用、不同国家和地区的需求。

尽管存在不完善之处,IEEE 802.15.4/ZigBee 仍然是目前产业界发展无线传感网技术当仁不让的最佳组合。当然,无线传感器网络的标准化工作任重道远:首先,无线传感网络毕竟还是一个新兴领域,其研究及应用都还显得相当年轻,产业的需求还不明朗;其次,IEEE 802.15/ZigBee 并非针对无线传感网量身定制,在无线传感网环境下使用有些问题需要进一步解决;另外,专门针对无线传感网技术的国际标准化工作还刚刚开始,国内的标准化工作组也还刚刚成立。为此,我们要为标准化工作的顺利完成做好充分的准备。

无线传感器网络从诞生开始就与下一代互联网相关联,6LoWPAN(IPv6 over Low Power Wireless Personal Area Network)就是结合这两个领域的标准草案。该草案的目标是制定如何在 LoWPAN(低功率个域网)上传输 IPv6 报文。当前 LoWPAN 采用的开放协议主要指前面提到的 IEEE 802.15.4 介质访问控制层标准,在上层并没有一个真正开放的标准支持路由等功能。由于 IPv6 是下一代互联网标准,在技术上趋于成熟,并且在 LoWPAN 上采用 IPv6 协议可以与 IPv6 网络实现无缝连接,因此互联网工程任务组(Internet Engineering Task Force,IETF)成立了专门的工作组制定如何在 IEEE 802.15.4 协议上发送和接收 IPv6 报文等相关技术标准。

在 IEEE 802.15.4 上选择传输 IPv6 报文主要是因为现有成熟的 IPv6 技术可以很好地满足 LoWPAN 互联层的一些要求。首先在 LoWPAN 网络里面很多设备需要无状态自动配置技术,在 IPv6 邻居发现(Neighbor Discovery)协议里基于主机的多样性已经提供了两种自动配置技术:有状态自动配置与无状态自动配置。另外在 LoWPAN 网络中可能存在大量的设备,需要很大的 IP 地址空间,这个问题对于有着 128 位 IP 地址的 IPv6 协议不是问题;其次在包长受限的情况下,可以选择 IPv6 的地址包含 IEEE 802.15.4 介质访问控制层地址。

IPv6 与 IEEE 802.15.4 协议的设计初衷是应用于两个完全不同的网络,这导致了直接在 IEEE 802.15.4 上传输 IPv6 报文会有很多的问题。首先两个协议的报文长度不兼容,IPv6 报文允许的最大报文长度是 1280B,而在 IEEE 802.15.4 的介质访问控制层最大报文长度是 127B。由于本身的地址域信息(甚至还需要留一些字节给安全设置)占用了 25B,留给上层的负载域最多 102B,显然无法直接承载来自 IPv6 网络的数据包;其次两者采用的地址机制不相同,IPv6 采用分层的聚类地址,由多段具有特定含义的地址段前缀与主机号构成;而在 IEEE 802.15.4 中直接采用 64 位或 16 位的扁平地址;另外,两者设备的协议设计要求不同,在 IPv6 的协议设计时没有考虑节省能耗问题。而在 IEEE 802.15.4 很多设备都是电池供电,能量有限,需要尽量减少数据通信量和通信距离,以延长网络寿命;最后,两个网络协议的优化目标不同,在 IPv6 中一般关心如何快速地实现报文转发问题,而在 IEEE 802.15.4 中,如何在节省设备能量的情况下实现可靠的通信是其核心目标。

总之,由于两个协议的设计出发点不同,要 IEEE 802.15.4 支持 IPv6 数据包的传输还存在很多技术问题需要解决,如报文分片与重组、报头压缩、地址配置、映射与管理、网状路由转发、邻居发现等。

7.5　练习

1. 名词解释

无线传感网　传感器节点　无线传感网络的定位技术　数据融合

2. 填空

(1) 无线传感网具有规模庞大、_____、_____、_____和空间位置寻址等特点。

(2) 无线传感网体系结构包括目标信号、_____、_____、_____ 4 类实体对象。

(3) 无线传感网节点由_____、处理控制、无线通信、_____四大模块组成。

(4) 按无线传感网节点功能及结构层次通常可分为_____、_____、混合网络结构以及 Mesh 网络结构。

(5) 无线传感网安全组件分安全原语、_____和_____ 3 个层次。

(6) 典型的基于竞争的随机访问 MAC 协议是载波侦听多路访问(CSMA)接入方式 3 种工作模式分别是:1-坚持 CSMA、_____、_____。

3. 简答

(1) 正确描述无线传感网层次化网协议结构。

(2) 列举 ZigBee 网络的常见拓扑结构,并画出简图。

(3) 简述无线传感网拓扑管理的具体实现技术。

(4) 简述无线传感网定位技术的重要性能指标。

(5) 简述传感网时间同步机制特点,列举适用于传感网的时间同步协议。

(6) 简述数据融合的体系构分类情况。

(7) 简述数据融合过程,列举数据融合的主要方法。

(8) 简述无线传感网所面临的安全威胁。

(9) 简述无线传感网常见路由协议及优缺点。

4. 思考

(1) 阅读《无线传感器网络标准化进展与协议分析》,分析当前无线传感网各层面分别有哪些协议规范与标准。

(2) 寻找身边的无线传感网,请在自己生活的小区、学习的校园等不同的场合寻找无线传感网的应用,并简单描述其工作过程。

第8章 物联网软件和中间件

CHAPTER 8

内容提要

在物联网大规模的分布式异构网络中,物联网中间件是物联网软件的基础组成部分,能有效生成通用的应用和服务,是物联网发展过程中一个具有挑战性的新领域。本章主要介绍物联网软件和中间件、服务器端软件、嵌入式软件、中间件的分类和特点、RFID 中间件、云计算中间件和部分中间件产品等。

学习目标和重点

- 了解服务器端软件和嵌入式软件;
- 了解中间件产品;
- 理解物联网软件在物联网体系中的地位;
- 掌握物联网中间件的定义;
- 掌握物联网中间件的分类和特点;
- 掌握 RFID 中间件和云计算中间件。

引入案例

IBM 的移动中间件技术

IBM 的移动中间件技术——Extension Services for WebSphere Everyplace,它用于将新的或现有的应用程序和设备轻易地扩展到普及运算设备上,包括无线、手持、信息家电等。IBM 的移动中间件目前支持 Symbian 和 Pocket PC、Palm 等掌上操作系统。该系统允许随需应变和安全地访问任何网络上任何设备中的任何内容。

独立软件开发商将基于 IBM Tivoli 技术的 IBM WebSphere Device Management 软件集成到其解决方案中。如:

(1) Point,可控恢复软件开发商,使用 IBM WebSphere Device Management 软件为无线服务提供商提供运营商级的备份和恢复解决方案。

(2) Bitfone and Insignia,空运系统专家,将 IBM WebSphere Device Management 软件集成到其设备管理解决方案中。这些将允许服务提供商为移动设备传送嵌入式软件升级,而最终用户无须再将手机拿到服务中心。通过允许设备制造商部署远程特性升级,缩短了产品上市时间。这也将使运营商销售和分发本地应用程序更为容易,而且通过增加功能和修正,潜在地延长了掌上设备的使用寿命。

最早具有中间件技术思想及功能的软件是 IBM 的 CICS,但由于 CICS 不是分布式环境的产物,因此人们一般把 Tuxedo 作为第一个严格意义上的中间件产品。Tuxedo 是 1984 年在当时属于 AT&T 的贝尔实验室开发完成的,但由于分布式处理当时并没有在商业应用上获得像今天一样的成功,Tuxedo 在很长一段时期里只是实验室产品,后来被 Novell 收购,在经过 Novell 并不成功的商业推广之后,1995 年被 BEA 公司收购,Tuxedo 才成为一个真正的中间件厂商。尽管中间件的概念很早就已经产生,但中间件技术的广泛运用却是在最近 10 年之中。

8.1 物联网软件

物联网产业发展的重心是能够带来实际效果的应用,而软件是做好应用的关键。物联网软件包括服务器端的应用软件和中间件以及数据挖掘和分析软件,还有传输层和末端的嵌入式软件。

8.1.1 物联网软件和中间件是物联网的灵魂

物联网是一个由感知层、网络层和应用层一起构成的大规模信息系统。感知层由智能卡、射频识别电子标签及传感器网络等组成,主要承担信息采集的工作;传输层由计算机、无线网络与有线网络等组成,主要承担信息传输的工作;应用层完成信息的分析处理和控制决策,以实现用户定制的智能化应用和服务,最终达到物与物、人与物之间的连接、识别和控制任务。物联网软件和中间件处于三层架构的中上层和顶层,如果把物联网系统和人体做比较,那么感知层好比人体的四肢,传输层好比人的身体和内脏,应用层就好比人的大脑,软件和中间件是物联网系统的灵魂和中枢神经。

1995 年,比尔·盖茨在其《未来之路》一书中就看到了物联网的潜力。按物联网的定义,任何末端设备和智能物件只要嵌入了芯片和软件就都是物联网的连接对象,软件厂商在计算及物联网市场格局中占据了绝对主导地位。

物联网产业发展的关键在于把现有的智能物体和子系统连接起来,实现应用的大集成和管控营一体化,为实现高效、节能、安全、环保的社会服务,物联网软件(包括嵌入式软件)和中间件将作为核心起到至关重要的作用。在大集成工程中,系统变得更加智能化和网络化,会对末端设备和传感器提出更高的要求,循环螺旋上升会推动整个产业链的发展。因此,要占领物联网的制高点,软件和中间件的作用至关重要,应该得到国家层面的高度重视。

在包括物联网软件在内的软件领域,美国长期引领潮流,基本上垄断了世界市场,欧盟早已看到了软件和中间件在物联网产业链中的重要性,从 2005 年开始资助了 Hydra 项目,这是一个研发物联网中间件和网络化嵌入式系统软件的组织,已取得不少成果。目前在我国有很多传感器、传感网、RFID 研究中心及生产基地,如果我们的软件足够强,制定物联网标准也是会有话语权的,否则物联网产业基地只会是低层次的重复建设,造成生产过剩。

物联网中间件处于物联网的集成服务器端和感知、传输层的嵌入式设备中。服务器端中间件称为物联网业务基础中间件,一般都是基于传统的中间件如应用服务器、ESB/

MQ 等构建的,加入设备连接和图形化组态展示等模块;嵌入式中间件是一些支持不同通信协议的模块和运行环境。中间件的特点是它固化了很多通用功能,但在具体应用中多半需要通过二次开发来满足个性化的行业业务需求。

8.1.2 物联网之服务器端软件

基于中央服务器的大集成(Grand Integration)是物联网应用系统的主要形式,大集成包括原有的 EAI 信息集成和智能物体及物联网监控子系统的集成。企业应用集成(Enterprise Application Integration,EAI)、面向服务架构(Service Oriented Architecture,SOA)、企业服务总线/消息队列(Enterprise Service Bus/Message Queue,ESB/MQ)、软件即服务(Software as a Service,SaaS)等技术理念对物联网应用同样适用,物联网技术的要点是要消除"物-物相联的信息孤岛",而 SOA 的目标是要消除所有的 IT 信息孤岛。SOA、EAI、M2M 乃至物联网等技术的焦点都是消除信息孤岛,实现泛在的互联互通。原有面向互联网应用的基于 MVC(Model,View,Controller)三层架构的应用服务器中间件,包括基于 Java 技术的 IBM Websphere 和 Oracle BEA Weblogic,以及基于. NET 技术的微软应用服务器,仍将扮演重要的角色。这些厂家必将利用他们现有的优势推出面向物联网应用的中间件产品,例如 IBM 推出的 WebSphere EveryPlace Device Managerv 6.0 中间件产品,如图 8-1 所示。

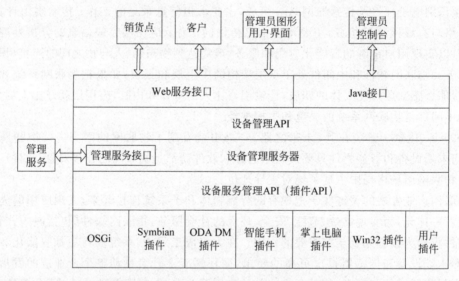

图 8-1 IBM WebSphere EveryPlace 设备管理器 V6.0

一些非传统中间件厂商也试图抓住物联网这个机遇推出面向物联网应用的专用中间件产品,并提出了一些新的应用范例,如 Axeda 公司仿照当年 Siebel 的 CRM 成功经验提出了 DRM(Device Relation Management,设备关系管理),还有基于 OMA(Open Mobile Alliance)标准的 MDM(Mobile Device Management),以及 IDM(Intelligent Device Management)等。

物联网应用要从物连网(Networks of Things)走向真正的物联网(Internet of

Things)，M2M 运营商(MMO)扮演着重要角色。MMO 的 ADC 中心服务器上运行的软件系统需要支持多租户 Multi-Tenants SaaS 应用模式。这种系统最开始是由 M2M 虚拟运营商(MVNO)开发运营的,但后来由于越来越多看好 M2M 业务的移动运营商的直接参与,M2M 虚拟运营商也成了 M2M SaaS 软件或中间件提供商(如美国的 JasperWireless 等公司)。中国移动和同方合资的同方合志公司是中国目前最大的 MMO。

M2M 这一概念来自英文 Machine to Machine,即机器对机器,当然也包括 Machine to Servcr 的大集成和展示。在某些情况下,M2M 也常被用来指代 Machine to Man,即机器对人;在无线应用中也可被理解为 Mobile to Mobile,即无线装置对无线网络。

2003 年 Nokia 产品经理 Damian Pisani 在题为《M2M 技术——让你的机器开口讲话》的白皮书中提到"M2M 旨在实现人、设备、系统间连接",此后"人、设备、系统的联合体"便成为了 M2M 的特点标签,这个事件也成为 M2M 发展史上一个重要的里程碑和转折点。在国内,同方可能是第一家倡导和全面开展 M2M 业务的厂商,M2M 的理念在 2003 年底就被引入到 ezIBS/ezONE 产品的开发设计之中。M2M 中间件基础架构如图 8-2 所示。

图 8-2　M2M 中间件基础架构

一个典型的 M2M 系统一般包括末端设备或子系统、通信连接系统和总控管理系统 3 个方面的内容。我们把它归结为 DCM,即包含应用软件和中间件的 Manage(管理)、包含通信网络和控制器的 Connect(连接)和包含末端设备和传感器的 Device(设备),M2M 技术和系统构成如图 8-3 所示。

M2M 可理解为通过多种通信技术连接各种末端设备或子系统,如 FieldBuses(CanBus、ModBus、ProfiBus 等)、RF Mesh/ZigBee/Insteon、GPRS、CDMA、Wi-Fi、TCP/IP 等等,采用 M2M Middleware/Web Services/SOA 等标准化数据表

图 8-3　M2M 技术和系统构成

达技术,将终端设备或子系统汇总到一个统一的管理系统,实现远程监视、自动报警、控制、诊断和维护,进而实现对设备的全局化管理和服务。例如,分布在全国的污染源排放监控设备和系统(D),可通过局部现场总线实时连接起来并通过 GPRS 网络技术(C),分级汇总到各级国家环保系统,最终汇总到国家环保总局,实现全局化管理(M)。

8.1.3 物联网之嵌入式软件

嵌入式系统也越来越多地以中间件的形式出现,由专业的第三方软件厂商提供,而不是直接由嵌入式设备提供商的内部软件部门开发提供,这种明确的产业分工方式更有利于发挥软硬件专业厂家的优势和产业化发展,做大做强。表 8-1 展示了部分嵌入式中间件及其特征。

表 8-1 中间件比较

中间件	Lonworks	Jini	oBIX	UPnP	OSGi
适用网络	电力线	独立	独立	独立	独立
平台	独立	Java	独立	Java	Java
地址	MAC	IP	IP	IP	IP
控制点	LNS	直接	Web 服务	控制点	网关
服务单元	Application	服务	Web 服务	服务	包
服务描述	XIF	代理对象	WSDL	XML	XML

最值得我们研究和借鉴的大集成中间件技术是 OSGi(Open Service Gateway initiative)。OSGi Alliance 是一个由 Sun、IBM、爱立信等于 1999 年成立的开放软件标准化组织,最初名为 Connected Alliance。

OSGi 联盟推出的 OSGi 中间件技术架构在物联网产业的服务器端和嵌入式系统中都得到了广泛的应用。OSGi 的应用包括服务网关、汽车、移动电话、工业自动化、建筑物自动化、PDA 等许多物联网相关领域。

OSGi 中间件体系架构模型是经营者管理的一个潜在的、巨大的服务网络平台。OSGi 规范假设这个服务平台完全被这个经营者控制,并且经营者使用该服务平台去运行来自不同服务提供者提供的服务。还有其他模型,例如 PC 的部署,工业应用、中间件模型等,OSGi 最广泛的应用是网络化的服务。OSGi 中间件体系架构如图 8-4 所示。

下面介绍 OSGi 中间件的相关内容。

1. OSGi 中间件架构涉及实体

(1)服务平台:一个 Java 虚拟机的实例、一个 OSGi 框架结构和运行着的服务包的集合。

(2)服务平台服务器:驻留一个或多个服务平台的硬件。

(3)服务集成者:负责确保来自不同服务提供者的服务应用的集成。

(4)服务开发者:开发服务应用的人或组织。

图 8-4　OSGi 中间件体系架构

（5）服务提供者：开发服务应用并且通过服务部署管理器部署到服务平台上。

（6）服务部署管理器：部署和部分管理一个或多个服务提供者提供的服务应用。

（7）运营商：掌控着许多服务平台的组织机构。

（8）服务应用：一套软件包，文档和支撑软件所组合起来的应用，这些应用向终端用户提供服务。

（9）制造商：制造服务平台服务器的组织或机构。

（10）拥有者：服务平台服务器拥有者。

（11）服务用户：获取服务应用服务的用户。

（12）收费提供者：接收账户信息，并且提供统一的账单给服务消费者。

（13）网络提供者：提供服务平台的网络链接。

（14）证书授权：管理证书的组织，这些证书被用来鉴别系统、个人和组织。

OSGi 服务平台提供了在多种网络设备上无须重启就能动态改变构造的功能。OSGi 技术提供一种面向服务的架构，它能使这些组件动态地发现对方。OSGi 联盟已经开发了很多公共功能标准组件接口，如 HTTP 服务器、配置、日志、安全、用户管理、XML 等。这些组件的兼容性可以通过插件来实现，插件实现可以从计算机服务提供商那里得到。因为 OSGi 技术为集成提供了预建立和预测试的组件子系统，所以 OSGi 技术能够大大缩短产品上市时间和降低开发成本。不仅如此，由于这些组件能够动态发布到设备上，因此 OSGi 技术也能够降低维护成本。

OSGi 联盟定义了很多服务，如日志服务、配置管理服务、设备访问服务、用户管理服务、IO 连接器服务和参数服务等。这些服务通过一个 Java 接口指定包实现这个接口，并在注册服务层注册该服务。服务的客户端在注册库中找到注册的服务，或者当它出现或消失时做出响应。OSGi 组件能够对这些服务的出现和消失做出响应。需要注意的是，每一种服务都是抽象定义的，与不同计算机服务商的实现相独立。OSGi 的 Web 服务要比采用 SOA 架构的 Web 服务要快几千倍。更多的信息可以从 OSGi 服务平台发行手册或者 PDF 下载中找到。

2. OSGi 体系架构的特点

（1）商业驱动：经营者的观点驱动 OSGi 的体系架构发展。

（2）完美：体系架构完善和详细，开发商生产出的产品更健壮。

（3）不受限的：由于经营者所操作的服务平台在性能和网络环境的变化非常大，所以OSGi体系架构的适应性要强。

（4）开放：标准是通用的，不是为一个具体的系统设计的。OSGi 参考体系架构必须考虑和支持许多不同的场景。

8.2　物联网中间件

中间件是继操作系统和数据库管理系统之后，随着网络的兴起和发展而产生的一种基础软件，其作用是将不同时期、在不同操作系统上开发的应用软件集成起来，彼此像一个天衣无缝的整体那样协调工作，这是操作系统、数据库管理系统本身做不了的。中间件的这一作用，使得我们以往在应用软件上的劳动成果在技术不断发展之后，仍然物有所用，节约了大量的人力、财力。

中间件带给应用系统的，不只是开发的简便、开发周期的缩短，也减少了系统的维护、运行和管理的工作量，还减少了计算机总体费用的投入。Standish 的调查报告显示，由于采用了中间件技术，应用系统的总建设费用可以减少 50% 左右。

8.2.1　物联网中间件基本概念

中间件（Middleware）现在是与操作系统、数据库并列的三大基础软件之一。互联网数据中心对中间件的定义为：中间件是一种独立的系统软件或服务程序，分布式应用软件借助这种软件在不同的技术之间共享资源，中间件位于客户机服务器的操作系统之上，管理计算资源和网络通信。互联网数据中心对中间件的定义表明，中间件是一类软件，而非一种软件；中间件不仅仅实现互联，还要实现应用之间的互操作，中间件是基于分布式处理的软件，最突出的特点是其网络通信功能。执行中间件的一个关键途径是信息传递，通过中间件应用程序可以工作于多平台或操作系统环境。中间件在物联网分层中的位置如图 8-5所示。

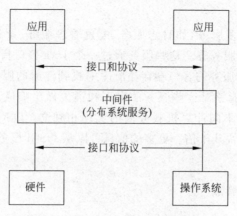

图 8-5　中间件在物联网分层中的位置

美国国家实验室很多年前就开始进行云计算中间件的研发,IBM、Oracle 公司和微软公司等软件巨头都是引领潮流的中间件生产商;SAP 公司等大型企业资源计划(ERP)应用软件厂商的产品也是基于中间件架构的;国内的用友软件股份有限公司、金蝶国际软件集团有限公司等软件厂商也都有中间件部门或分公司。在操作系统和数据库市场格局早已确定的情况下,尤其是面向行业的业务基础中间件,也许是各国软件产业发展的唯一机会。可以在一定程度上说,能否做大做强中间件,是整个中国 IT 产业能否做大做强的关键。物联网产业的发展为物联网中间件的发展提供了新的机遇。

8.2.2　中间件是物联网软件的核心

如果说软件是物联网的灵魂,中间件(Middleware)就是这个灵魂的核心,中间件与操作系统和数据库并列成为三足鼎立的"基础软件"。

中间件处于操作系统软件与用户的应用软件的中间,就是在操作系统、网络和数据库之上,应用软件的下层,总的作用是为处于自己上层的应用软件提供运行与开发的环境,帮助用户灵活、高效地开发和集成复杂的应用软件,同时屏蔽了异构网络和硬件平台的差异,使程序开发人员面对一个简单而统一的开发环境,降低程序设计的复杂性,将注意力集中在业务上,不必为程序在不同系统软件上的移植而重复工作,大大减少了技术上的负担,有利于生成具有良好可扩充性、易管理性、高可用性和可移植性的物联网服务。因此,除操作系统、数据库和直接面向用户的客户端软件以外,凡是能批量生产、高度复用的软件都算是中间件,中间件技术作为物联网中的基础软件部分,有着举足轻重的地位。

中间件的引入,使得原先应用软件系统与读写器之间非标准的、非开放的通信接口,变成了应用软件系统与中间件之间、读写器与中间件之间标准、开放的通信接口。中间件提供的程序接口定义了一个相对稳定的高层应用环境,不管底层的计算机硬件和系统软件怎样更新换代,只要将中间件升级更新,并保持中间件对外的接口定义不变,应用软件几乎不需任何修改,保护了企业在应用软件开发和维护中的重大投资。由于标准接口对于可移植性、标准协议以及互操作性的重要性,中间件已成为许多标准化工作的主要部分。

物联网中间件是业务应用程序和底层数据获取设备之间的桥梁,它封装 RFID 读写器管理、数据管理、事件管理等通用功能。实现软件复用,降低应用系统的开发成本和缩短开发周期。物联网中间件是数据管理、设备管理、事件管理的中心,是物联网应用集成的核心部件,所以在物联网产业链条中占有重要的地位。

欧盟 Hydra 物联网中间件包括嵌入式中间件值得我们借鉴,其技术架构如图 8-6 所示。美国一些企业提出的基于 SOA 的 SODA 软件架构也很值得研究。很多物联网方面的研究人员表示,我国应该立即考虑成立自己的软件联盟,制定类似于 HTML 那样的物联网数据交换标准,开发 OSGi、SODA 和 Hydra 类似的软件标准和中间件,这是占领物联网制高点的关键。

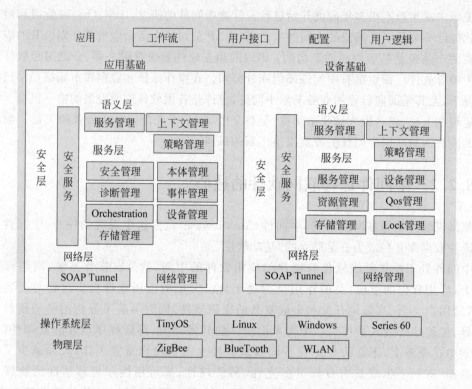

图 8-6　欧盟 Hydra 物联网中间件的技术架构

8.2.3　中间件分类和特点

1. 物联网中间件的分类

中间件有很多种类，如通用中间件、嵌入式中间件、数字电视中间件、RFID 中间件和 M2M 物联网中间件等。根据目的和实现机制的不同，业内将中间件分为以下几类：远程过程调用中间件（Remote Procedure Call Middleware）、面向消息的中间件（Message Oriented Middleware）、对象请求代理中间件（Object Request Brokers Middleware）。

2. 物联网中间件的特点

（1）独立于架构。中间件独立并介于物联网设备与后端应用程序之间，并且能够与多个后端应用程序连接，减轻架构与维护的复杂性。

（2）数据流。物联网的主要目的在于将实体对象转换为信息环境下的虚拟对象，因此数据处理是中间件最重要的功能。中间件具有数据搜集、过滤、整合与传递等功能，以便将正确的对象信息传到上层的应用系统。

（3）处理流。物联网中间件采用程序逻辑及存储再转送（Store-and-Forward）的功能来提供顺序的消息流，具有数据流设计与管理的能力。

（4）标准化。物联网中间件需要为不同的上层应用和下层设备提供标准的接口和通信协议，因此物联网中间件的标准化十分重要。

3. 存在的问题

中间件能够屏蔽操作系统和网络协议的差异,为应用程序提供多种通信机制,并提供相应的平台以满足不同领域的需要。因此,中间件为应用程序提供了一个相对稳定的高层应用环境,但是中间件服务并非"万能药",也面临着问题。

(1) 中间件所应遵循的一些原则离实际还有很大距离。多数流行的中间件服务使用专有的 API 和专有的协议,使得应用建立于单一厂家的产品,来自不同厂家的很难实现互操作。

(2) 部分中间件服务只提供一些平台的实现,限制了应用在异构系统之间的移植。应用开发者在这些中间件服务之上建立自己的应用还要承担相当大的风险,随着技术的发展,往往还需重写其系统。尽管中间件服务提高了分布计算的抽象化程度,但应用开发者还需面临许多艰难的设计选择,例如开发者还需决定分布应用在客户端和服务器端的功能分配。通常将表示服务放在客户端以方便使用显示设备,将数据服务放在服务器端以靠近数据库,但也并非总是如此,何况其他应用功能如何分配也是不容易确定的。

8.2.4　RFID 中间件

RFID 技术在物联网中是否能成功应用的关键除了标签的价格、天线的设计、波段的标准化、设备的认证之外,最重要的是其应用软件是否能迅速推广。而其中在应用时最耗时、耗力、复杂度和难度最高的问题是如何保证 RFID 数据正确导入物联网中的软件系统平台,一个比较好的解决方法就是采用 RFID 中间件。

1. RFID 中间件的概念

物联网要实现的是全球物品的互联互通与信息的实时共享,首先要做的就是要实现全球物品的统一编码,即对于在地球上任何地方生产出来的任何一件产品,都首先给它打上电子标签。电子标签里携带有一个电子产品编码,这个电子产品编码全球唯一,它代表这个物品的基本的识别信息。如它可以表示"A 公司于 B 时间在 C 地点生产的 D 类产品的第 E 件"。目前,比较主流的电子产品编码有欧美支持的 EPC 和日本支持的 UID 编码等。其次,要实现每个小的应用环境或系统的标准化以及它们之间的通信,在后台应用软件和物联网设备之间必须设置一个通用的平台和接口,也就是中间件。以 RFID 为例,图 8-7 描述了中间件在系统中的位置和作用。

RFID 中间件是实现 RFID 硬件设备与应用系统之间数据传输、过滤、数据格式转换的一种中间程序。RFID 中间件扮演 RFID 标签和应用程序之间的中介角色,从应用程序端使用中间件所提供的一组通用的应用程序接口(API),即能连到 RFID 读写器,读取 RFID 标签数据。这样即使存储 RFID 标签数据的数据库软件或后端应用程序增加或改由其他软件取代,或 RFID 读写器种类增加等情况发生时,应用端不需修改也能处理,避免了多对多连接的维护复杂性问题,降低了应用开发的难度。

中间件系统软件结构主要由系统管理服务器与数据采集端等组成,如图 8-8 所示。

与应用接口间的通信及中间件远程调用示意图如图 8-9 所示。

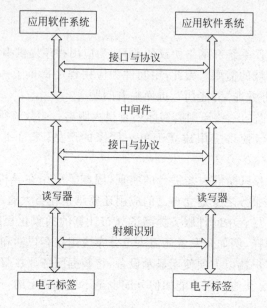

图 8-7　中间件在系统中的位置和作用

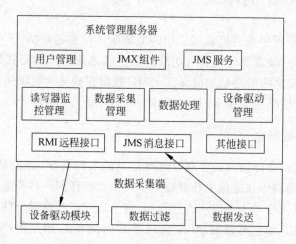

图 8-8　中间件系统软件结构

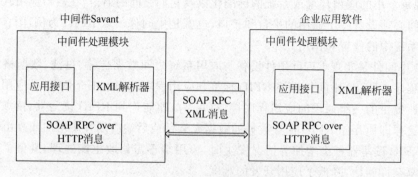

图 8-9　中间件远程调用示意图

以 XML 信息格式的 SOAP RPC(信息中包含控制信道信息和通知信道信息)在 SOAP 节点间交换。对控制信道信息来说,企业应用软件是 SOAP 的发送方,SA-VANT 是接收方。通知信道与此相反。当被 SOAP 接收方收到后,SOAP 信息被分配给适当的处理模块,然后调用相应的标准接口。

2. RFID 中间件的发展阶段

从发展趋势看,RFID 中间件也可分为三大发展阶段。

(1) 应用程序中间件发展阶段。RFID 初期的发展多以整合、串接 RFID 读写器为目的,该阶段多为 RFID 读写器厂商主动提供简单 API,以供用户将后端系统与 RFID 读写器串接。从整体发展架构来看,此时用户须自行花费许多成本去处理前后端系统连接的问题。

(2) 基础架构中间件发展阶段。这个阶段是 RFID 中间件成长的关键阶段。由于 RFID 的应用前景广阔,美国国防部等关键使用者相继进行 RFID 技术的规划,促使各国际大厂商持续关注 RFID 相关市场的发展。本阶段 RFID 中间件的发展不但已经具备基本数据收集、过滤等功能,同时也满足企业多对多(Devices-to-Applications)的连接需求,并具备平台的管理与维护功能。

(3) 解决方案中间件发展阶段。未来在 RFID 标签、读写器与中间件发展过程中,各厂商针对不同领域提出各项创新应用解决方案,例如 Manhattan Associations 提出"RFID in a Box",企业无须再为前端 RFID 硬件与后端应用系统的连接而烦恼,该公司与 Alice Technology Corp 在 RFID 硬件端合作,采用 Microsoft. NET 平台为基础的中间件,针对该公司已有的 900 家供应链客户群发展供应链解决方案(Supply Chain Execution Solution, SCE)。原本使用 SCE 的企业只需通过"RFID in a Box"就可以在原有应用系统上快速利用 RFID 来加强供应链管理的透明度。

3. RFID 中间件的特点

RFID 中间件是一种消息导向的软件中间件。信息的传递以消息(message)的形式从一个程序模块传递到另一个或多个程序模块。消息在各模块之间传递。消息可以非同步的方式传送,所以传送者不必等待回应。RFID 中间件的主要特点如下:

(1) 独立性。RFID 中间件是独立的软件,它介于 RFID 读写器与后端应用软件程序之间,不依赖于某个 RFID 系统和软件应用系统,能够与多个 RFID 读写器连接,也能够和多个后端应用程序连接,从而降低架构及其维护的复杂性。

(2) 数据流。数据流是 RFID 中间件最重要的组成部分,它的主要任务是将实体对象格式转换为信息环境下的虚拟对象,因此 RFID 最重要的功能是数据处理。除此之外, RFID 中间件还具有数据采集、过滤、整合与传递等特性,可方便地将正确的对象信息传到企业后端的应用系统。

(3) 处理流。RFID 中间件是一个消息中间件,其作用是提供顺序的消息流给后续处理模块,具有数据流设计和管理的能力。在系统中需要维护数据的传输路径以及数据路由和数据分发规则。同时在数据传输中保证数据的安全性,保证接收方收到的数据和发送方发送的数据一致。同时还要保证数据传输中的安全性,以免泄露机密信息。

4. RFID 中间件的作用

RFID 中间件负责实现与 RFID 硬件以及配套设备的信息交互和管理,同时作为软硬件集成的桥梁,完成与上层复杂应用的信息交换。它是 RFID 应用框架中相当重要的一环,总的来说,物联网中间件起到一个中介的作用,它屏蔽前端硬件的复杂性,并把采集的数据发送到后端的 IT 系统。

具体地讲,RFID 中间件在应用中的主要作用包括以下 4 个方面。

(1) 读写器管理。控制 RFID 读写设备按照预定的方式工作,保证不同读写设备之间能很好地配合协调。

(2) 数据采集与处理。按照一定的规则筛选、过滤数据,筛除绝大部分冗余数据,将真正有效的数据传送给后台的信息系统。

(3) 应用程序接口。RFID 中间件最基本的功能就是在底层读写器设备和上层应用系统之间传输数据,所以必须要保证读写器将采集到的数据安全并准确地传递给上层系统;同时,上层系统也需要通过中间件来控制、管理和操作读写器,这就要求中间件要提供一个统一的应用程序接口。

(4) 信息服务。RFID 系统产生数据的最终目的是提供信息服务,RFID 中间件将这些信息共享或分发给相应的信息系统。

从应用程序端使用中间件所提供的一组通用的应用程序接口(API),能连到 RFID 读写器(Reader),读取 RFID 标签数据。这样一来,即使存储 RFID 标签信息的数据库软件或后端应用程序增加或由其他软件取代,或者 RFID 读写器种类增加等情况发生时,应用端不需要修改也能处理,从而简化了维护工作。

一般来说,选用 RFID 中间件可以为企业带来以下 4 个方面的好处。

(1) 实施 RFID 项目的企业,不需要进行程序代码开发,便可完成 RFID 数据的导入,可极大地缩短企业 RFID 项目的实施周期。

(2) 当企业数据库或企业的应用系统发生更改时,对于 RFID 项目而言,只需要更改物联网中间件的相关设置即可导入新的企业信息系统。

(3) 物联网中间件可以为企业提供灵活多变的配置操作,企业可以根据自己的实际业务需求和企业信息系统管理的实际情况,自行设定相关的物联网中间件参数,将企业所需 RFID 数据顺利地导入企业系统。

(4) 当 RFID 项目的规模扩大时,例如增加 RFID 读写器数量,或改用其他类型的读写器,或者新增企业仓库时,对于使用物联网中间件的企业,只需对物联网中间件进行相应设置,便可完成 RFID 数据的顺利导入,而不需要做程序代码开发,可以省去许多不必要的麻烦,为企业降低成本。

5. RFID 中间件的关键技术

RFID 中间件在物联网中处于读写器和企业应用程序之间,相当于该网络的神经系统。Savant 系统采用分布式的结构,以层次化形式进行组织、管理数据流,具有数据的收集、过滤、整合与传递等功能,因此能将有用的信息传送到企业后端的应用系统或者其他 Savant 系统中。

各个 Savant 系统分布在供应链的各个层次节点上,如生产车间、仓库、配送中心以及零售店,甚至在运输工具上。每一个层次上的 Savant 系统都将收集、存储和处理信息,并与其他的 Savant 系统进行交流。例如,一个运行在商店的 Savant 系统可能要通知分销中心还需要其他的产品,在分销中心的 Savant 系统则通知一批货物已经于一个具体的时间出货了。

由于读写器异常或者标签之间的相互干扰,有时采集到的 EPC 数据可能是不完整的或错误的,甚至出现漏读的情况。因此,Savant 要对读写器读取到的 EPC 数据流进行平滑处理,平滑处理可以清除其中不完整和错误数据,将漏读的可能性降至最低。

读写器可以识读范围内的所有标签,但是不对数据进行处理。RFID 设备读取的数据并不一定只由某一个应用程序来使用,它可能被多个应用程序使用(包括企业内部各个应用系统甚至是企业商业伙伴的应用系统),每个应用系统还可能需要许多数据的不同集合。因此,Savant 需要对数据进行相应的处理(例如冗余数据过滤、数据聚合)。RFID 中间件中需要解决的问题很多,这里主要讨论 3 个关键问题:数据过滤、数据聚合和信息传递。

1) 数据过滤

Savant 接收来自读写器的海量 EPC 数据,这些数据存在大量的冗余信息,并且也存在一些错读的信息。所以要对数据进行过滤,消除冗余数据,并且过滤掉无用信息以便传送有用信息给应用程序或上级 Savant。

冗余数据包括:

(1) 在短期内同一台读写器对同一个数据进行重复上报。如在仓储管理中,对固定不动的货物重复上报;在进货出货的过程中,重复检测到相同物品。

(2) 多台临近的读写器对相同数据都进行上报。

读写器存在一定的漏检率,这和读写器天线的摆放位置、物品离读写器远近、物品的质地都有关系。通常为了保证读取率,可能会在同一个地方相邻地摆放多台读写器。这样多台读写器将监测到的物品上报时,可能会出现重复。除了上面的问题之外,很多情况下用户可能还希望得到某些特定货物的信息、新出现的货物信息、消失的货物信息或者只是某些地方的读写器读到的货物信息。用户在使用数据时,希望最小化冗余,尽量得到接近需求的准确数据,这就要靠 Savant 来解决。

对于冗余信息的解决办法是设置各种过滤器处理。可用的过滤器有很多种,典型的过滤器有 4 种:产品过滤器、时间过滤器、EPC 码过滤器和平滑过滤器。产品过滤器只发送与某一产品或制造商相关的产品信息,也就是说,过滤器只发送某一范围或方式的 EPC 数据。时间过滤器可以根据时间记录来过滤事件,例如,一个时间过滤器可能只发送最近 10 分钟内的事件。EPC 码过滤器可以只发送符合某个规则的 EPC 码。平滑过滤器负责处理那些出错的情况,包括漏读和错读。根据实际需要过滤器可以像拼装玩具一样被一个接一个地拼接起来,以获得期望的事件。例如,一个平滑过滤器可以和一个产品过滤器结合,将反盗窃应用程序感兴趣的事件分离出来。

2) 数据聚合

从读写器接收的原始 RFID 数据流都是些简单零散的单一信息,为了给应用程序或者其他的 RFID 中间件提供有意义的信息,需要对 RFID 数据进行聚合处理,可以采用复杂事件处理 CEP 技术来对 RFID 数据进行处理以得到有意义的事件信息,复杂事件处理是一个新兴的技术领域,用于处理大量的简单事件,并从其中整理出有价值的事件,可帮助人们通过分析诸如此类的简单事件,并通过推断得出复杂事件,把简单事件转化为有价值的事件,从中获取可操作的信息。

3) 信息传递

经过过滤和聚合处理后的 RFID 数据需要传递给那些对它感兴趣的实体,如企业应用程序、EPC 信息服务系统或者其他 RFID 中间件,这里采用消息服务机制来传递 RFID 信息。RFID 中间件是一种面向消息的中间件(MOM),信息以消息的形式从一个程序传送到另一个或多个程序,信息可以异步的方式传送,传送者不必等待回应。面向消息的中间件包含的功能不仅是传递信息,还必须包括解释数据、安全性、数据广播、错误恢复、定位网络资源、找出符合成本的路径、消息与要求的优先次序以及延伸的除错工具等服务。

8.2.5　云计算中间件

云计算是最近几年新兴的一个技术领域,其核心特点是通过一种协同机制,动态管理几十万台、几百万台甚至上千万台计算机资源所具有的总处理能力,并按需分配给全球用户,使他们可以在此之上构建稳定而快速的存储以及其他 IT 服务。在物联网系统中,由于节点及数据的海量性,因此需要采用云计算技术来实现系统的构架。

与普通的云计算系统不同,物联网云计算系统的数据是直接来自于传感器节点的数据流,因此面向海量数据流的数据存储、高效查询、持续加载、在线分析处理技术非常重要。此外,物联网云计算系统的计算工作并不是完全在计算中心完成,而是由大量的终端节点直接参加计算,这种计算模式实际上是一种"海-云"结合的计算模式。

1. 金蝶 Apusic 中间件

金蝶 Apusic 中间件系列产品能够快速构建企业级关键业务应用系统,支持实现基于全面的 The Open Group SOA 参考模型的弹性业务及信息系统集成,并通过成熟、稳定的产品品质及先进、高可用的产品技术帮助用户获得 7×24 小时不间断的系统运行保障,确保用户的 IT 与业务目标对齐。金蝶 Apusic 中间件产品架构图如图 8-10 所示。

1) 基础平台

应用服务器(Apusic Application Server,AAS):金蝶 Apusic 应用服务器是金蝶中间件公司坚持不懈、自主创新,历经十载潜心研发、悉心打造的 Java EE 应用服务器中间件旗舰产品,它是国产自主知识产权中间件当之无愧的骄傲。

消息中间件(Apusic Message Queue,AMQ):金蝶 Apusic 消息中间件是全新的、基于 Java 的提供消息传输服务的基础系统软件,它能够保障数据在复杂的网络中高效、稳定、安全、可靠地传输,并确保传输的数据不错、不重、不漏、不丢。

2) 架构平台

企业服务总线(Apusic Enterprise Server Bus,AESB):AESB 是一个遵循 SOA 理念,实现 ESB 技术的新时代产品。AESB 综合了 Web 服务、资源适配、数据转换、信息路由等技术,采用总线型拓扑结构,为企业实现松耦合的面向服务架构提供了坚实基础。

门户平台(Apusic Portal Suite,APS):APS 是金蝶中间件公司针对以上组织应用集成

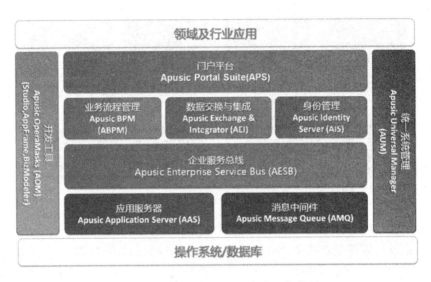

图 8-10　金蝶 Apusic 中间件产品架构图

和组织数据集成方面的问题,为政府和企业提供的标准化、轻量级的解决方案,能够有效地帮助用户统一管理组织数据,并将多个应用的界面集成在一起,提供统一的访问入口。用户只需一次登入门户,就可以快速获得他能获得的一切资源。

3)开发平台

OperaMasks SDK:针对软件开发者的需求,由金蝶中间件有限公司支持的社区OperaMasks.org 提出了解决方案——Apusic OperaMasks(以下简称 AOM),如图 8-11 所示,业界领先的 J2EE Web 开发解决方案。

OperaMasks Studio:基于 Eclipse 技术的集成式开发环境 OperaMasks Studio。

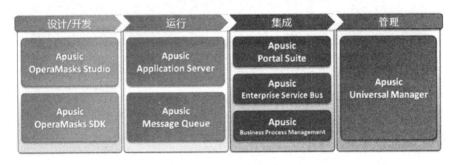

图 8-11　金蝶 Apusic 中间件产品组成

2. 基于 SOA 的金蝶 Apusic ESB 应用集成解决方案

Apusic ESB 是一个遵循 SOA 理念,实现 ESB 技术体现的新时代的产品。Apusic ESB综合了 Web 服务、资源适配、数据转换、信息路由等技术,采用总线型拓扑结构,为企业实现松耦合的面向服务架构提供了坚实基础。通过 Apusic ESB 能够提供基于 SOA 的应用集成的现实解决方案,如图 8-12 所示。

Apusic ESB 架构于 Apusic 微内核之上,涵盖 Apusic 消息中间件,并可与 Apusic 应用

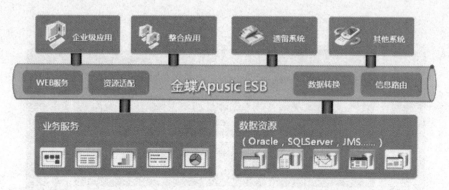

图 8-12　基于 SOA 的金蝶 Apusic ESB 应用集成解决方案

服务器无缝结合,具有面向服务、事件驱动、面向消息的特性,是一个在 SOA 架构中充当服务间智能化集成与管理中介的灵活敏捷的基础平台。以面向服务的方式,实现异构、分布式应用系统之间的灵活、敏捷的应用集成,能够赋予应用系统快速应变、快速重构的能力。金蝶 Apusic ESB 构成如图 8-13 所示。

图 8-13　金蝶 Apusic ESB 构成

3. 中创 InforSuite 中间件介绍

对于传统的云计算厂商来说,他们解决的问题与 InforSuite 云平台类似,但是他们操作的对象只到操作系统层面。操作系统里面的内容都相当于黑盒,需要用户单独进行管理和维护。而 InforSuite 云平台涉及的对象不但包括物理机器、操作系统,并且包括中间件和部署在中间件上的业务应用。这是 InforSuite 云平台最大的特点。

基于 InforSuite 云平台的这个特点,InforSuite 云平台对问题的解决更加彻底。InforSuite 云平台除了让硬件资源物尽其用和通过虚拟化技术实现外,其他层面都需要操作系统和中间件的支撑;否则无论是管理维护、服务定制还是高可用企业应用的获得,都将需要多个厂商来完成,方案价值大打折扣。通过虚拟化和中间件技术的结合,用户将得到极大的方便,尽享云计算与中间件的价值。InforSuite 云平台价值点及涉及对象如表 8-2 所示。

表 8-2　InforSuite 云平台价值点及涉及对象

价 值 点	涉 及 对 象	实 现 手 段
让充沛的硬件资源物尽其用	物理机器	虚拟化技术
让硬件资源实现按需流动,让服务定制更灵活、快捷	操作系统、中间件	InforSuite 云管理中心、中间件与操作系统配置
集中监管大量的物理机、操作系统和中间件资源,让管理维护更简单	物理机、操作系统、中间件	InforSuite 云管理中心、中间件与操作系统配置
提供永不间断服务,实现软件系统 100% 的容灾覆盖,让企业应用更稳定	操作系统、中间件	InforSuite 云管理中心、中间件与操作系统配置

　　InforSuite 云平台引入了虚拟化技术。可以通过 InforSuite 云平台大幅节省成本支出。从这个角度来说,InforSuite 云平台就是虚拟化平台。如果一台机器能够当作多台机器使用,就能节省购买新机器的成本,提高现有资源的使用率。

　　InforSuite 云平台引入了模板技术。通过模板技术,可让配置好的软件环境按需复制。搭建环境和生产环境便变得简单容易。从这个角度来说,InforSuite 云平台就像是一个业务系统管理中心。与普通的虚拟化模板不同,InforSuite 云平台是按照业务系统的部署架构来组织的。例如一个客户关系管理(CRM)系统包括了 1 台 Web 服务器、3 台 JEE 服务器和 2 台数据库服务器,那么这 6 台服务器联合起来作为一个 CRM 系统的模板而存在。通过这种技术,可以从业务视角进行管理,用户看到的是一个个的业务系统,而非单个独立的机器。

　　InforSuite 云平台引入了基于中间件的弹性计算技术,通过该技术,在系统负载达到既定阈值时,可以动态地增加新的服务器节点,从而获得了更好的系统性能。在构建业务系统时,以前都是必须按照业务系统的最大负载进行硬件的投资配置,现在则可以根据系统的平均负载进行硬件的投资配置了。从这个角度来说,InforSuite 云平台就是一个根据系统负载动态调整的弹性资源池。在系统压力较大时,给它分配更多的资源,将有助于系统性能的改善。

　　InforSuite 云平台引入了集中监管平台,它不但能够统一管理各个物理机,并能够控制物理机上运行的操作系统以及运行在操作系统上面的中间件。以前需要进行频繁的系统登录才能完成的管理动作,现在通过一个入口就可以实现。从这个角度来说,InforSuite 云平台就是集中监管平台。集中管理多台机器,有助于降低管理维护的复杂度。

　　InforSuite 云平台提供了一键备份机制,弹指间完成备份,实现软件系统 100% 的容灾计划覆盖。在不需要额外增加投资的情况下,就能够解决大部分软件系统容灾策略覆盖的问题。从这个角度来说,InforSuite 云平台就是一个 100% 的容灾备份系统。

　　InforSuite 云平台提供了基于中间件的高可用服务,通过集群、备份、自动激活等手段,实现自动的灾难恢复能力,从而实现不间断的服务提供。在系统健康检查出现异常时,不但能够进行报警,并且能够按照预先设定的应急策略进行操作,从而将宕机造成的影响降到最小。从这个角度来说,InforSuite 云平台就是高可用的系统平台,避免因宕机导致外界无法访问的问题,最大限度地增加正常服务时间对企业是有益的。

　　总之,InforSuite 云平台就是让硬件资源物尽其用,让企业应用更加稳定,让管理维护更加简单,让服务定制更加灵活。

8.2.6 流行中间件产品

1. IBM MQSeries

IBM MQSeries 是 IBM 的消息处理中间件。MQSeries 提供一个具有工业标准、安全、可靠的消息传输系统。它的功能是控制和管理一个集成的系统,使得组成这个系统的多个分支应用(模块)之间通过传递消息完成整个工作流程。MQSeries 基本由一个信息传输系统和一个应用程序接口组成,其资源是消息和队列。MQSeries 的关键功能之一是确保信息可靠传输,即使在网络通信不可靠或出现异常时也能保证信息的传输。MQSeries 的异步消息处理技术能够保证当网络或者通信应用程序本身处于"忙"状态或发生故障时,系统之间的信息不会丢失,也不会阻塞。

2. TongLINK/Q

TongLINK/Q 是面向消息的中间件。TongLINK/Q 的主要功能是在不同的网络协议、不同的操作系统和不同的应用程序之间提供可靠的消息传送,具有高效、可靠、灵活的传输功能。TongLINK/Q 通过预建连接、多路复用、流量控制、压缩传输、断点重传、传输优先级管理、服务(类)驱动等机制来保证实现其功能。事件代理机制提供了一种异步应用开发模型,用户只需要定义一个事件及其处理方法,TongLINK/Q 自动完成操作。利用事件代理机制,可以实现事件订阅与发布、策略管理、会话管理。TongLINK/Q 通过一个简单的会话标识来描述一种复杂的通信关系,实现了更高层次、更抽象的通信服务。TongLINK/Q 具有良好的易用性和可管理性。TongLINK/Q 实现了实时监控和管理,提供了日志机制、动态配置、远程管理功能,并提供多层次安全管理,支持多种开发工具。

3. BEA Tuxedo

BEATuxedo 是企业、Internet 分布式应用中的基础主干平台。它提供了一个开放的环境,支持各种各样的客户、数据库、网络、遗留系统和通信方式。它具备分布式事务处理和应用通信功能,并提供各种完善的服务来建立、运行和管理关键任务应用系统。开发人员能够用它建立跨多个硬件平台、数据库和操作系统的可互操作的应用系统。

BEA Tuxedo 是目前最成功的中间件产品,具有以下特点:

(1) 高速数据通道机制,减少客户机与主机和数据库的连接,降低整个系统的负担;

(2) 提供名字服务和数据依赖路由机制,提高系统设计的灵活性;

(3) 提供 7 种客户机/服务器通信方式,使应用开发灵活方便;

(4) 提供多个层面的系统负载均衡机制,能最有效地运用系统资源;

(5) 提供服务优先级机制,区分服务的不同级别,使重要服务得到最快的响应;

(6) 提供网络通信压缩和加密机制,使通信性能和安全性大大提高;

(7) 提供动态伸缩机制,方便应用系统的扩充和维护;

(8) 提供故障恢复等机制,保证应用的高可用性;

(9) 提供多个层面的安全机制,保证应用的安全性;

（10）支持 XA 协议,保证涉及多场地、异构数据源交易和数据的一致性;

（11）提供多个层面的应用管理机制,使应用管理方便容易;

（12）提供网络调度功能,实现网络资源的充分利用并支持通信失败的自动恢复;

（13）与其他多种系统互联,保护用户投资;

（14）支持异构系统数据格式的透明转换,方便系统扩展;

（15）支持包括声音、图像在内的多种数据类型,不同编程语言数据格式的区别由 Tuxedo 自动转换(如 C 和 Cobol),其中 FML 类型更支持网上只传输有效数据和可改变的多种数据类型组合等功能;

（16）提供域的划分与管理功能,使超大规模应用成为可能;

（17）提供 DES(Data Entry System)功能,支持字符界面的开发;

（18）支持国际化,可用中文显示诊断和系统消息。

阅读文章 8-1

物联网中间件在智能交通领域应用案例

摘自:浅谈物联网应用中间件在公共领域中的应用

智能交通 ITS 是将先进的信息技术有效地集成、运用于整个交通管理系统,而建立的一种在大范围内、全方位发挥作用的、实时、准确、高效的综合交通运输管理系统。其目标是通过对交通信息的采集和处理进行协调与控制,强化对高速公路、城市道路、公共交通和轨道交通设施的管理,实现更安全、更便捷、更有效、更协调的客货运输。

从全球发展来看,智能交通的目标已经不仅仅是关注交通自身的问题,更多地与安全、舒适、可选择以及节能环保等目标联系在一起。当前,随着 4G、物流传感技术的发展进步,智能交通正在向“新一代”发展。作为物联网产业链中的重要组成部分,智能交通具有行业市场成熟度较高、行业传感技术成熟等特点,在许多地区和关键业务领域已经开始规模化应用,将成为未来几年物联网产业发展的重点领域。

随着城市汽车保有量的增加,交通拥堵、出行难等问题日益突出,由此带来的污染、浪费严重、流动的车流直接影响城市的应急管理能力及经济发展活力。车辆的高速流动对城市和交通管理人员也是一个巨大的挑战,通过传统的技术手段很难有效地掌握车辆在高速流动下的行驶过程、移动状态、周边环境等一系列重要数据进而提升管控水平。基于物联网应用中间件,应用物联网、云计算以及无线射频、高速影像识别处理等信息化手段开发的城市自由流智慧交通系统,如图 8-14 所示,可以使城市车流不仅能够被“感知”,其相关数据更能被实时地采集、整合和分析,具有“高效、环保、智能、安全”的优点。

该系统已在我国第一个综合交通枢纽研究试点城市——武汉市成功应用并成为全国首创,系统建设借鉴了新加坡、伦敦等城市交通建设的先进经验,工程建设规模和覆盖范围居世界首位。系统以“整合共享,为民服务”为目的,可以每天感测、分析、整合武汉市至少 100 万辆机动车、600GB 海量数据信息,并可以 7×24 小时稳定运行,过路过桥车辆费用即时结算;实现与 900 多个服务网点无缝连接,使银行、年票、移动、联通、电信、高速公路、交管、公安、财政等众多单位信息互联互通。同时通过对交通信息的收集分析,自动对不同路段、不同时段施行费率调节,实现智能交通诱导,帮助市民出行做出更明智的选择。

物联网应用中间件是大型物联网应用的重要支撑,除了在智能交通方面应用,还在智能

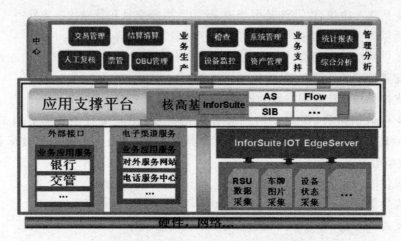

图 8-14　城市自由流智慧交通系统

监控、环境监测、公共安全、能源管理等公共领域有着广阔应用空间,在已有市场基础的行业领域中形成示范应用,并实现产业化应用,辐射带动向更多行业的拓展推广。

8.3　练习

1. 名词解释

物联网软件　中间件　RFID 中间件　云计算中间件

2. 填空

(1) 物联网中间件处于物联网的_____和感知层、传输层的嵌入式设备中。

(2) 基于中央服务器的大集成是物联网应用系统的主要形式,大集成包括原有的 EAI 信息集成、_____及物联网监控子系统的集成。

(3) 如果说软件是物联网的灵魂,中间件就是这个灵魂的核心,中间件与_____和_____并列成为三足鼎立的"基础软件"。

3. 简答

(1) 列举部分嵌入式中间件及其特征。

(2) 简述中间件在物联网分层中的位置。

(3) 简述物联网中间件特点。

(4) 简述 RFID 中间件在应用中的主要作用。

(5) 简述 RFID 中间件的特点。

4. 实验

使用 autoSniffer 网络分析工具截获网络中的所有射频信息,进行数据分析,诊断网络。

第9章
CHAPTER 9 | **物联网数据处理技术**

内容提要

物联网获取实时感知到的海量数据不是目的,从海量数据中通过汇聚、挖掘与智能处理,获取有价值的信息,为不同行业的应用提供决策支持才是真正要达到的目标。本章主要从物联网数据的特点出发,对物联网海量数据存储、处理、数据挖掘,以及智能决策与智能控制技术展开系统的介绍,并对数据库技术、云计算、PML 语言、XML 进行叙述。

学习目标和重点

- 了解物联网数据的特点和关键技术、物联网海量数据存储的需求;
- 了解物联网数据库技术要求、PML 核心技术、XML 的优势与应用领域、编辑流程与工具;
- 了解云计算的典型应用和物联网智能决策和智能控制体系;
- 理解物联网数据存储管理和设计策略;
- 理解 PML 服务器的基本原理;
- 掌握 PML 的结构、开发技术和应用;
- 掌握云计算的概念、类别和组成;
- 掌握数据挖掘的概念、工作原理和过程模型。

引入案例

物联网驱动下的大数据管理

2009 年,甲型 H1N1 流感病毒肆虐全球。与流感病毒传播速度相比,美国政府对流感病例的申告制度显得效率低下。这时候人们才重新注意到流感病毒爆发前几周,谷歌公司几位工程师在 *Nature* 上发表的一篇文章。在文章中,谷歌公司通过对全美境内 5000 万条最频繁检索的词条和美国疾控中心公布的季节性流感传播数据进行比较发现:在未来一段时间很可能爆发一次大规模的流感疫情,而且清楚地预测出了具体的地区。最后疫情爆发的时候,疾控中心惊讶地发现谷歌公司的预测竟然与疫情暴发地精准吻合。所以,对于大数据时代而言真正的意义在于数据分析。

> 具有"大数据时代预言家"之称的维克托·迈尔曾经在自己的著名论著《大数据时代》中预言——物联网(IOT)技术的发展将极大地改变传统数据存储分析领域。许多的公司正试图投身物联网大潮。麦肯锡全球研究院的最新报告显示：到 2025 年,物联网行业的总营收将达 6.2 万亿美元。
>
> 物联网产生的大数据处理过程可以归结为 3 个基本步骤：数据采集、数据存储和数据分析。数据采集和存储是基本的功能,而大数据时代真正的价值蕴含在数据分析中。
>
> 数据分析的挑战还在于将新的物联网数据和已有的数据库整合。当前物联网发展背景下,大数据管理策略有：利用成熟的第三方数据库服务(DBaaS)、利用大数据托管服务、基于云计算的数据库矩阵解决方案。

物联网的价值在于其数据,而物联网带来的史无前例的数据规模将驱动现在的数据服务企业发生根本性改变,这要求企业调整其大数据战略。

9.1 物联网数据处理技术概述

物联网连接的对象是数字世界和物理世界,它带来的技术变革和挑战将是难以估计的。在依靠硬件设备的同时,更需要互联系统以及智慧化分析与处理。数据处理是物联网核心技术中最为重要的一环。大规模、实时的数据涌入到系统之内,如何对这些繁杂、海量、实时的数据进行有效的传输处理并得到分析结果,进而通过反馈使客户对物体进行智能管理和控制,将是整个物联网技术的关键。

9.1.1 物联网数据特点

由于物联网本身的特点对数据处理技术形成了巨大的挑战,具体表现在如下 4 个方面。

1. 物联网数据的海量性

物联网系统所包含的传感器节点数量非常庞大。其中,温度传感器、GPS 传感器、压力传感器等大部分传感器的采样数据是数值型的,但也有许多传感器的采样值是多媒体数据,例如交通摄像头视频数据、音频传感器采样数据、遥感成像数据等。许多传感器每时每刻都在频繁地采集数据,系统不仅需要存储这些采样数据的最新状态,而且在多数情况下,还需要存储某个时间段内所有的历史采样值,以满足溯源处理和复杂数据分析的需要。可以想象,上述数据是海量的,对它们的采集、存储、传输、查询以及分析处理将是一个前所未有的挑战。

2. 传感器节点及采样数据的异构性

在同一个物联网系统中,可以包含形形色色的传感器,如交通类传感器、水文类传感器、地质类传感器、气象类传感器、生物医学类传感器等,其中每一类传感器又包括诸多具体的传感器。如交通类传感器可以细分为 GPS 传感器、RFID 传感器、车牌识别传感器、电子照相身份识别传感器,交通流量传感器(红外、线圈、光学、视频传感器)、路况传感器、车况传感器等。这些传感器不仅结构和功能不同,而且所采集的数据结构也是异构的。这种异构性极大地提高了软件开发和数据处理的难度。

3. 物联网数据的时空相关性

与普通互联网节点不同,物联网中的传感器节点普遍存在着空间和时间属性,即每个传感器节点都有地理位置,每个数据采样值都有时间属性,而且许多传感器节点的地理位置还是随着时间的变化而连续移动的,例如在智能交通系统中,每个车辆安装了高精度的 GPS 或 RFID 标签,在交通网络中动态地移动。与物联网数据的时空相关性相对应,物联网应用中对传感器数据的查询也并不仅仅局限于关键字查询。很多时候需要基于复杂的逻辑约束条件进行查询,如查询某个指定地理区域中所有地质类传感器在规定时间段内所采集的数据,并对它们进行统计分析。由此可见,对物联网数据的空间与时间属性进行智能化的管理与分析处理是至关重要的。

4. 物联网数据的序列性与动态性

在物联网系统中,要查询某个监控对象在某一时刻的物理状态是不能简单地通过对时间点的关键字匹配来完成的,这是因为采样过程是间断进行的,查询时间与某个采样时间正好匹配的概率极低。为了有效地进行查询处理,需要将同一个监控对象的历次采样数据组合成一个采样数据序列,并通过插值计算的方式得到监控对象在指定时刻的物理状态。采样数据序列反映了监控对象的状态随时间变化的完整过程,因此包含比单个采样值丰富得多的信息量。此外,采样数据序列表现出明显的动态流式特性,即随着新采样值的不断到来和过时采样值的不断被淘汰,采样数据序列是不断动态变化的。

针对物联网海量数据管理所面临的上述挑战,目前处理这些海量数据有两种方法:

(1) 对这些数据进行分级处理;

(2) 对这些数据进行降维处理可以有效地减轻系统的负荷。降维处理可以有效地压缩数据量,并且降维处理是处理一些数据必须进行的步骤。降维处理已经在大规模的图像处理算法中得到应用。

9.1.2　物联网数据处理关键技术

1. IPv6

物联网技术是基于数字系统与物理系统相连的技术,通过整合"物联网",对整个物质世界进行智能化管理和控制,以达到全球的"智慧"状态,最终实现的构想是"互联网＋物联网＝智慧地球"。互联网目前使用的是 IPv4 地址寻址方式,还无法满足物联网的海量数据要求。物联网采用 RFID 射频识别技术,在物联网系统中,若想对某一特定的物体进行寻址,必须得到其特有的标志码,如 ID 标志类型等。由于事物的繁杂以及数目的难以估量,使得 IPv6 的应用将是实现这一构思的条件之一,而 IPv4 向 IPv6 的过渡,是一个漫长的过程,而且,一旦物联网使用了 IPv6 寻址方式,必定要考虑到目前 IPv4 系统与其兼容性的问题。

2. 中间件技术

传统的中间件是处于操作系统和应用程序之间的软件,传统中间件＝平台＋通信。使用中间件的原因是中间件屏蔽了底层操作系统的复杂性。对于物联网而言,物联网的中间件技术则是作为一种数据处理平台被大家所熟知。因为物联网数据的多态与异构性,导致对数据处理与分析非常困难。而中间件技术则是解决物联网数据多态与异构性的关键技术之一。例如,JCR SYSTEM 物联网数据处理平台就是一种物联网的中间件软件平台,具有可扩展的开放性特点,能够支持"不同型号、不同厂家、不同数据方式、不同通信协议与方式"的物联网终端设备,它具有一种独特的技术,即"二次采集"技术,通过这项技术对终端设备的数据进行"二次采集"。不论数据相异或是相同,都能通过中间件软件平台输出统一标准化的数据,极大地缩短了开发周期,降低了开发门槛,最终达到物联网数据的真正"互通互联"。

3. 云计算

实现云技术与物联网的融合将是提高处理物联网海量数据能力的关键。

相对于传统的人与人之间的通信,物联网产生的数据业务量会呈几何级数增加。而云计算所具有的动态可扩展性、资源按需分配的特点能更好地切合物联网的业务。因为物联网的应用广泛,在生活和社会的每个方面都有涉及。物联网一般定义为 3 层,分别为感知层、接入层、应用层。数据采集的工作定义在感知层和应用层,然后传送到数据中心。应用层则是处理和管理这些数据的定义层面。云计算提供的数据服务能够有效地处理物联网海量数据,通过云存储和服务技术实现海量数据的采集以及之后的处理和管理。

4. 超级计算机

云计算互联网呼唤着超级计算机,在科学技术急速发展飞跃的今天,高性能计算机日益成为现代社会运行的支柱。云计算与物联网的融合,促使超级计算机日益成为现代社会运行的支柱。就物联网的发展而言,其核心必定是计算,通过计算得到各种有用的信息。物联网是由传感器、网络和计算能力组成的基于互联网的多种应用。由于物联网的数据极其庞大,只有超级计算机才能胜任对数据的分析与处理,也只有超级计算机和云计算有效融合,才能将物联网整合起来。超级计算机的成就也是物联网发展的重要标志之一。

5. 系统架构

在物联网的应用过程中,首先要进行数据的采集,继而要对数据进行传输。采集和传输只有正确进行,才能保障系统对数据的有效加工和处理。数据采集和传输的关键是对硬件设备的建设。只有保证物联网系统长期可靠地操作,才能更好地使用物联网,继而达到准确有效地进行数据传输的目的。在此要求下,必须保证系统硬件的安全性、抗干扰性以及低功耗等。只有建立了实用有效的系统架构,才能够确保系统的成熟与可靠。

9.2　海量数据存储技术

9.2.1　物联网对海量数据存储的需求

1. 海量数据与大数据

在物联网概念提出之前,最大的生产者、消费者数据都是只属于大型企业的。例如银行或运输业:大银行每天处理数以百万计的交易;船务公司在他们运输的每个包裹周围都提供数据点。所有这些数据都需要被存储在某处。从传统的解决方案上讲,这并不是什么大问题,早期的存储系统在许多大企业仍然在广泛使用,其帮助并建立了企业的可预测性需求。但现在,数据存储范围已经扩展到了企业范畴之外,进入了物联网世界,并且出现了一个新的存储景观,即它包括新的行业和物联网连接设备。物联网公司所产生的数据量令人吃惊:IDC 预测,到 2020 年,将有超过 2100 亿台设备连接至物联网;到 2025 年,将带来约 6.2 万亿美元的收入。考虑到物联网设备继续增长的能力和技术成熟度,物联网企业将以全新的速度和比其前辈企业更大的优势来处理大数据。

处理这些数据都伴随着重大的责任,公司也面临着新的挑战,如何完成数据存储呢? 由于存储需求继续增长,物联网公司必须开始考虑对新存储形式的投资,使当前的存储基础架构不会因此而受到削减。

从大规模的、没有关系的数据中获得所需要的信息,称为海量数据分析处理。这些数据包括:规划部门的规划数据和地理空间数据,水利部门的水文、水利、防汛数据,气象部门的气象数据,环保部门的环境监测数据等。这些部门处理的数据量通常都非常大。它包括各种空间数据、报表统计数据、文字、声音、图像、超文本等各种环境和文化数据信息。

海量数据不等于大数据,海量数据包括结构性和半结构性数据,而大数据还包括非结构性数据,它们之间的关系如图 9-1 所示。

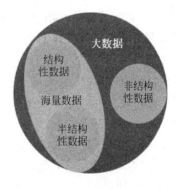

图 9-1　海量数据与大数据的关系

2. 分布式存储

数据存储技术可分为集中式存储技术和分布式存储技术。集中式存储技术是指数据存储在某个或多个特定的节点上,分布式存储是指通过网络使用不同位置的多台机器上的磁盘空间,并将这些分散的存储资源构成一个虚拟的存储设备,数据分散的存储在各个角落。

云计算采用分布式存储的方式来存储数据,采用冗余存储的方式来保证存储数据的可靠性,即为同一份数据存储多个副本,从而具有高可用性、经济性和高可靠性的优势。

常见的分布式存储系统有 Google 的 GFS 和 Hadoop 团队的 DHFS。其中 GFS 是一个管理大型分布式数据密集型计算的可扩展的分布式文件系统,可使用廉价的商用硬件搭建系统并向大量用户提供容错的高性能的服务。GFS 与传统分布式文件系统特征的比较如表 9-1 所示。

表 9-1 分布式存储特征

文 件 系 统	组件失败管理	文 件 大 小	数据写方式	数据流和控制流
GFS	不作为异常处理	小量大文件	在文件末尾附加数据	数据流和控制流分开
传统分布式文件系统	作为异常处理	大量小文件	修改现存数据	数据流和控制流结合

9.2.2 数据库技术

1. 数据库、数据库系统和数据库技术

(1) 数据库(Database),是存储在一起的相关数据的集合。这些数据是结构化的、无有害的或不必要的冗余,并为某种应用服务,数据库的存储独立于使用它的程序,对数据库插入新数据、修改和检索原数据均能按一种公用的和可控制的方式进行。

(2) 数据库系统(Database System),是由数据库及其管理软件组成的系统,它是为适应数据处理的需要而发展起来的一种较为理想的数据处理系统,也是一个为实际可运行的存储、维护和应用系统提供数据的软件系统,是存储介质、处理对象和管理系统的集合体。

早期的数据库系统属于导航式数据库,主要采用网状模型和层次模型,典型产品有 IDS、IMS 系统。此类模型数据的存储结构依赖于数据的类型,数据通过指针相互串联起来,为了访问到想要的内容,可能需要遍历整个数据库,查找操作代价很大。为了倡导逻辑组成与存储结构相分离的系统设计思想,关系数据库系统脱颖而出,成为当前的主流,典型产品有 System R、Oracle、SQL Server、MySQL 等。关系数据库系统也存在缺乏对真实世界实体的有效表达、缺乏对复杂查询的有效处理、缺乏对 Web 应用的有效支持等缺点。针对当前应用特点,XML 数据库(针对 XML 数据)、时空数据库(针对地址信息系统)、NoSQL 数据库(针对 Web 数据)等系统应运而生。

(3) 数据库技术是信息系统的一个核心技术。是一种计算机辅助管理数据的方法,它研究如何组织和存储数据,如何高效地获取和处理数据。数据库技术研究和管理的对象是数据,所以数据库技术所涉及的具体内容主要包括:通过对数据的统一组织和管理,按照指定的结构建立相应的数据库和数据仓库;利用数据库管理系统和数据挖掘系统设计出能够实现对数据库中的数据进行添加、修改、删除、处理、分析、理解、报表和打印等多种功能的数据管理和数据挖掘应用系统;并利用应用管理系统最终实现对数据的处理、分析和理解。

2. 物联网与新兴数据库系统

非结构化数据库是部分研究者针对关系数据库模型过于简单,不便于表达复杂的嵌套需要,数据类型支持有限,从数据模型入手而提出的,全面基于 Internet 应用的新型数据库理论。支持重复字段、子字段以及变长字段并实现了对变长数据和重复字段进行处理和数据项的变长存储管理,具有处理连续信息(包括全文信息)和非结构信息(重复数据和变长数据)的优势。

物联网数据具有海量性特征,假设每个传感器每分钟内仅传回 1KB 数据,则 1000 个节点每天的数据量就达到了约 1.4GB。物联网数据具有多态性特征,例如生态监测系统就包括温度、湿度、光照等数据,多媒体传感网包括视频、音频等数据,不同应用之间和同一应用内部数据都存在多种形态。物联网数据具有关联性和语义性,描述同一个实体的数据在时间上具有关联性,例如同一节点上温度随时间变化;描述不同实体的数据在空间上具有关联性,例如同一区域内不同节点测得的温度值相近;描述实体的不同维度之间也具有关联性,例如同一节点同一时间测得的温度与湿度值相关。

基于物联网数据的特征,关系数据库系统作为一项有着近半个世纪历史的数据处理技术,仍可在物联网中大展拳脚,为物联网的运行提供支撑。与之同时,结合物联网应用提出的新需求,数据技术也在进行不断的更新,并发展出新的方向。

当前,物联网全新的需求正在大大推进新兴数据库系统的快速发展,它们主要针对非关系型、分布式的数据存储,并不要求数据库具有确定的表模式,通过避免连接操作提升数据库性能。

【知识链接 9-1】

ThinkDB 感知数据库

ThinkDB 系统主要面向工业综合自动化、两化融合以及物联网、广域监测监控等应用系统中的综合数据管理需求,在继承传统的关系数据管理模式基础上,采用创新的实时-关系数据模型(Real-time Relational Model,RRM),融合实时数据采集与在线处理的特点与要求,开发实现的多元数据融合性数据库系统。

ThinkDB 既可以按照传统结构化数据进行关系数据管理,也可以在线存储具有实时特性的时序数据;它既提供关系数据库的 SQL 标准访问接口,也提供实时数据特性的数据订阅发布、历史断面查询以及历史数据分析,同时提供实时数据与关系数据的融合应用、关联订阅和联合分析等多种功能服务,为企业的综合数据管理提供全方位的支持,是一款能够满足多行业、多领域的综合数据处理需求的新型数据库产品。

实时数据:许多计算机应用系统要求在一定的时刻或者一定的时间期限内自外部环境采集数据,并对数据进行及时的处理。它们所处理的这些数据往往是短暂有效的,即只在一定的时间范围内有效,如来自传感器的温度、压力等数据以及工业现场的设备状态数据。

实时数据库:针对实时数据的采集、处理以及存储管理而设计的数据库系统。传统的关系数据库系统旨在处理永久性数据,其设计与开发主要强调数据的完整性、一致性,提高系统的平均吞吐量等总体性能指标,很少考虑与数据及其处理相关联的时间限制。实时数据库系统中的数据与事务具有时间相关的特性。目前,这类产品主要应用在军事、航空航天、测控、空间探索等领域。

工厂数据库:在工业领域广泛提到的实时数据库系统主要是面向工业过程监控与管理需求的过程数据管理系统,如 OSIsoft PI 以及启信的 ChinDB 等。这些产品主要面向工业企业生产过程数据的管理,由于生产过程数据具有一定的时态属性,因此这些产品也称为工业实时数据库或者工厂历史数据库。

9.3 物联网实体标记语言 PML

9.3.1 PML 概述与结构

物联网是一个非常先进的、综合性的和复杂的系统。其最终目标是为单个产品建立全球的、开放的标识标准,并实现基于全球网络连接的信息共享。物联网主要由 6 方面组成:EPC 编码、EPC 标签、识读器、Savant(神经网络软件)、ONS(对象名解析服务)和实体标记语言(Physical Markup Language,PML)。

RFID 是近年来的一项热门技术,现在它广泛应用于物流、交通、商业、管理等各领域。同时人们将 RFID 中的各个阅读器(Reader)与 Savant、ONS、EPCIS 连接起来,借助于互联网,便组成了所谓的实物互联网。

经过多年的发展,Internet 互联网取得了巨大的成功,人们对于其 WWW 万维网的语言 HTML 了解颇多,最为常见的现象是计算机浏览器所显示的网页地址是以 .htm(或 .html)为后缀。以现有成熟的互联网技术为基础,人们又新建立了比互联网更为庞大的物联网,该系统可以自动、适时地对物体进行识别、追踪、监控并触发相应事件。正如互联网中 HTML 语言已成为 WWW 的描述语言标准一样,物联网中所有的产品信息也都是在 XML(eXtensible Markup Language,可扩展标记语言)基础上发展的 PML(Physical Markup Language,实体标记语言)来描述。PML 被设计成人及机器都可使用的自然物体的描述标准,是物联网网络信息存储、交换的标准格式。

PML(Physical Markup Language)即物体标记语言,又称实体标记语言,主要用在物联网开发方面。PML 是一种用于描述物理对象、过程和环境的通用语言,其主要目的是提供通用的标准化词汇表,描绘和分配 Auto-ID 激活物体的相关信息。PML 采用可扩展标记语言 XML(标准通用标记语言的一个子集)的语法为基础。PML 核心提供通用的标准词汇表来分配直接由 Auto-ID 的基础结构获得的信息,如位置、组成以及其他遥感勘测的信息。

PML 是功能强大的语言,属于可编程宏语言,其中 PML2 是基于面向对象概念的编程语言,支持用户可自定义对象类型。PML 语言简单易学,与 PDMS 无缝连接,具有丰富的内置函数、方法和对象,可通过简单的对话框和菜单来编写程序。

9.3.2 PML 开发技术与应用

现实生活中的产品丰富多样,很难用一种统一的语言来客观地描述每一个物体。然而,自然物体都有着共同的特性,如体积、重量;企业、个人交易时又有着时间、空间上的共性。例如,苹果、橙子、统一鲜橙多,它们三者都属于食品饮料,而苹果、橙子同属于农产品,鲜橙多又是橙子加工后的商品;人们交易一箱苹果的时间、地点又是相同的。自然物体的一些相关信息(如生产地、保质期)不会变化。为此,作为描述物体信息载体的 PML 语言,其设计有着独特的要求。

1. 开发技术

PML 首先使用现有的标准(如 XML、TCP/IP)来规范语法和数据传输,并利用现有工具来设计编制 PML 应用程序。PML 需提供一种简单的规范,通过通用默认的方案,使方案无须进行转换,即能可靠传输和翻译。PML 对所有的数据元素提供单一的表示方法,如有多个对数据类型编码的方法,PML 仅选择其中一种,如日期编码。

2. PML 应用

EPC 物联网系统的最大好处在于自动跟踪物体的流动情况,这对于企业的生产及管理有着很大的帮助。PML 最主要的作用是作为 EPC 系统中各个不同部分的一个公共接口,即 Savant、第三方应用程序(如 ERP、MES)、存储商品相关数据的 PML 服务器之间的共同通信语言。具体应用情况:一辆装有冰箱的卡车从仓库中开出,在其仓库门口处的阅读器读到了贴在冰箱上的 EPC 标签,此时阅读器将读取到的 EPC 代码传送给上一级 Savant 系统。Savant 系统收到 EPC 代码后,生产一个 PML 文件,发送至 EPCIS 服务器或者企业的管理软件,通知这一批货物已经出仓了。PML 文件简单、灵活、多样,并且是可阅读、易理解的。这里对该 PML 文档中的主要内容做简要说明。

(1)在文档中,PML 元素在一个开始标签(注意,这里的标签不是 RFID 标签)和一个结束标签之间。例如,<pmlcore:observation>和</pmlcore:observation>等。

(2)<pmlcore:Tag><pmluid:ID>urn:epc:1:2.24.400</pmluid:ID>指 RFID 标签中的 EPC 编码,其版本号为 1,域名管理.对象分类.序列号为 2.24.400,由相应 EPC 编码的二进制数据转换成的十进制数。URN 为统一资源名称(Uniform Resource Name),指资源名称为 EPC。

(3)文档中有层次关系,注意相应信息标示所属的层次。

文档中所有的标签都含有前缀"<"及后缀">"。PML 核简洁明了,所有的 PML 核标签都能够很容易地理解。同时 PML 独立于传输协议及数据存储格式,且不需其所有者的认证或处理工具。在 Savant 将 PML 文件传送给 EPCIS 或企业应用软件后,企业管理人员可能要查询某些信息,例如 2017 年 3 月 12 日这一天 1 号仓库冰箱进出的情况,实际情况如表 9-2 所示,表中的 EPC_IDn 表示贴在冰箱上的 EPC 标签的 ID 号。

表 9-2 冰箱流动表

		地点			
		...	1 号工厂	2 号工厂	1 号仓库	...
	...	...	...	...	...	...
	20170311	...	EPC_ID1		EPC_ID2	...
时间	20170312	...		EPC_ID1、2	EPC_ID1	...
	20170313	...			EPC_ID2	...
	...	...	...	...	...	...

9.3.3 数据存储管理和设计策略

1. 数据存储和管理

PML 只是用于信息发送时对信息进行区分的方法,实际内容可以任意格式存放在服务器(SQL 数据库或数据表)中,即不必一定以 PML 格式存储信息。企业应用程序将以现有的格式和程序来维护数据,如 Apalet 可以从互联网上通过 ONS 来选取必需的数据,为便于传输,数据将按照 PML 规范重新进行格式化。这个过程与 DHTML 相似,也是按照用户的输入对一个 HTML 页面重新设置格式。此外,一个 PML 文件可能是多个不同来源的文件和传送过程的集合,因为物理环境所固有的分布式特点,使得 PML 文件可以在实际中从不同位置整合多个 PML 片段。

2. 设计策略

现将 PML 分为 PML Core(PML 核)与 PML Extension(PML 扩展)两个主要部分进行研究,PML 核用统一的标准词汇将从 Auto-ID 底层设备获取的信息分发出去,例如,位置信息、成分信息和其他感应信息。由于此层面的数据在自动识别前不可用,所以必须通过研发 PML 核来表示这些数据。PML 扩展用于将 Auto-ID 底层设备所不能产生的信息和其他来源的信息进行整合。第一种实施的 PML 扩展包括多样的编排和流程标准,使数据交换在组织内部和组织间发生。

PML 核专注于直接由 Auto-ID 底层设备所生成的数据,其主要描述包含特定实例和独立于行业的信息。特定实例是条件与事实相关联,事实(如一个位置)只对一个单独的可自动识别的对象有效,而不是对一个分类下的所有物体均有效。独立于行业的条件指出数据建模的方式,即它不依赖于指定对象所参与的行业或业务流程。对于 PML 商业扩展,提供的大部分信息对于一个分类下的所有物体均可用,大多数信息内容高度依赖于实际行业,例如,高科技行业组成部分的技术数据表远比其他行业要通用。这个扩展在很大程度上是针对用户特定类别并与它所需的应用相适应。目前 PML 扩展框架的焦点集中在整合现有的电子商务标准上,扩展部分可覆盖到不同领域。至此,PML 设计便提供了一个描述自然物体、过程和环境的统一标准,可供工业和商业中的软件开发、数据存储和分析工具之用,同时还提供一种动态的环境,使与物体相关的静态的、暂时的、动态的和统计加工过的数据实现互换。

可扩展标记语言 XML 是为了克服 HTML 缺乏灵活性和伸缩性的缺点,以及 SGML 过于复杂、不利于软件应用的缺点而发展起来的一种元标记语言。

9.3.4 PML 的核心技术——XML

1. XML 概述

XML 的产生是 Web 发展的需要,1986 年 ISO 公布的 SGML(Standard Generalized Markup Language,标准通用标记语言)太复杂,1990 年 W3C 诞生,它是一种格式化语言,

1998 年 XML 公布，它能够在一个文档中描述信息并且能够阐述文档的含义，XML 比 XGML 更简单，比 HTML 更适合 Web 要求。XML 不同于标准化组织，它只提供建议，并无法律约束，与 ISO 和他的下属组织不同。XML 吸取了 SGML 和 HTML 的优点，摒弃了它们的缺点，成为互联网标准的重要组成部分。它是一套规范，允许各行业自行定义适合本行业的标记语言，方便数据存取、处理、交换、转换等。在 XML 中，可以根据所要描述的数据元素定义不同的标签，表达各种丰富的内容和含义。

【知识链接 9-2】

XML 和 HTML 的区别（见表 9-3）

XML 和 HTML 都可用于操作数据或数据结构，虽然在结构上大致相同，但它们本质上却存在着明显的区别，如表 9-3 所示，主要区别有：

(1) 语法要求不同。HTML 不区分大小写，XML 对大小写要求非常严格。

(2) 标记不同。HTML 使用固有标记，而 XML 没有固有标记。

(3) 作用不同。HTML 用于显示页面，而 XML 用于描述页面内容的数据或数据的结构。HTML 把数据和显示合在一起，在页面中把这些数据显示出来，而 XML 则将数据和显示分开。

表 9-3　XML 和 HTML 的区别

比 较 内 容	HTML	XML
可扩展性	不具有扩展性	是元标记语言，可用于定义新的标记语言
侧重点	侧重于信息的表现	侧重于结构化地描述信息
语法要求	较宽松，不要求标记嵌套、配对等	语法严谨，严格要求标记嵌套、配对、遵循 XML 数据结构（DTD 树形结构、XML Schema），没有固有标记
可读性与可维护性	难以阅读与维护	结构清晰，便于阅读与维护
数据和显示关系	内容描述与显示方式一体化	内容描述与显示方式分离
大小写敏感	不区分大小写	区分大小写

XML 的设计思想是用来描述数据，着重点是"数据是什么"。XML 是可扩展的，允许作者设计他自定义的标签与文档结构。

XML 是一种数据存储语言，它使用一系列简单标记描述数据。XML 同时也是一组规范，用户都遵守这组规范进行开发，这样不同计算机系统之间就可以相互交流信息。XML 继承了 SGML 和 HMTL 的功能，是一种用于定义标记的语言，又称为"元语言"，可使用 Unicode 编码。创建一个 XML 文档时，用户可以根据描述的数据自己定义各种标记。XML 文档分层嵌套形成一个树形结构，不仅可以把 XML 文档看成文件，还可以看成一棵标记树，如图 9-2 所示。

2. XML 的优势与应用领域

XML 最大的优势在于能对各种语言编写的数据进行管理，使得在任何平台上都能通过解析器来读取 XML 数据。它的优势可归纳为以下几点：

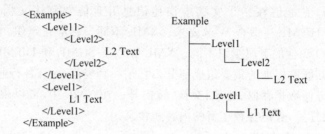

图 9-2　XML 树形结构

（1）数据的搜索——在 XML 中可以提取文档中任何位置的数据。

（2）数据的显示——XML 将数据的结构和数据的显示形式分开，根据需要使数据呈现出多种显示方式，如 HTML、PDF 等格式。

（3）数据的交换——XML 标记语言的语法非常简单，可以通过解析器在任何机器上解读，并可以在各种计算机平台上使用，逐渐成为一种数据交换的语言。

XML 语言特征是实现应用程序之间的数据交换、数据与显示分离、数据分布式处理，如图 9-3 和图 9-4 所示。

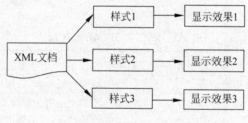

图 9-3　XML 数据与显示分离

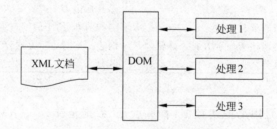

图 9-4　XML 数据分布式处理

XML 语言的应用领域有如下几个方面。

（1）应用于万维网，有 3 种方式：发送 XML 到客户端，客户端完成展示；在服务器中处理 XML，把 HTML 发给客户；在动态网页中使用。

（2）内容和形式分离的逻辑。

（3）自动生成可能的导航结构。

（4）更有意义和更准确的搜索。XML 的标记含义丰富，与其内容紧密相连，明确地标志所标记的内容，因而使得检索行为更加简单，检索结果也更有意义。

（5）数据交换与互操作，简单对象访问协议（SOAP），与 XML RPC 类似，把 XML 当作 XDR，广泛在电子商务中使用。

（6）各个专业领域的标准的标记语言，如 MathML、SVG、MusicML、SMIL、CML、GML 等。

3. XML 文档编辑流程与工具

XML 文档处理过程分为 3 个阶段。

（1）编辑：使用通用的字处理软件或专用的 XML 编辑工具生成 XML 文档。

（2）解析：对 XML 文档进行语法分析、合法性检查，读取其中的内容，通过以树形结构交给后续的应用程序进行处理，后续程序通常为浏览器或其他应用程序。

（3）浏览：将由 XML 解析器传来的 XML 树形结构以用户需要的格式显示或处理。

XML 工具分为如下 3 种。

（1）XML 编辑工具：专用的 XML 编辑器可以理解 XML，将它们显示为树形结构。常见的专用 XML 编辑器有 XMLwrite、XML Spy、XML Pro、Visual XML 等。

（2）XML 解析工具：也称解析器（Parser），它是 XML 的语法分析程序。其主要功能是读取 XML 文档并检查其文档结构是否完整，是否有结构上的错误；对于结构正确的文档，读出其内容，交给后续程序去处理。常见的 XML 解析器有 Apache Xeces、MSXML 等。

（3）XML 浏览工具：XML 解析器会将 XML 文档结构和内容传输给用户端应用程序。大多数情况下，用户端应用程序可能是浏览器或其他应用程序（如将数据转换后存入数据库）。如果是浏览器，数据就会显示给用户。当前支持 XML 的浏览器有 IE 5.0 及以上版本、Mozilla 等。

9.3.5 PML 服务器的基本原理

PML 服务器主要存储每个生产商产品的原始信息（包括产品 EPC、产品名称、产品种类、生产厂商、产地、生产日期、有效期、是否是复杂产品，主要成分等）、产品在供应链中的路径信息（包括单位角色，单位名称、仓库号、读写器号、时间、城市、解读器用途以及时间等字段）以及库存信息。

PML 服务器为授权方的数据读写访问提供了一个标准的接口，以便进行电子产品码相关数据的访问和持久存储，它使用物理标识语言作为各个厂商产品数据表示的中间模型，并能够识别电子产品码。此服务器由各个厂商自行管理，存储各自产品的全部信息。在 PML 服务器的实现过程中，电子产品码和物理标识语言是两个非常重要的概念。

1. 产品码是访问 PML 服务器中数据的一把钥匙

在物联网中，电子产品码是产品的身份标识。电子产品码编码标准是与 EAN. UCC 编码兼容的新一代编码标准，与现行 GTIN 相结合。它由 96 位二进制码（12B）组成，分为 4 个部分：第一部分为版本号，包含一个字节；第二部分为生产厂商代码，包括 3 个字节；第三部分为产品分类号，由 3 个字节组成，最后是产品系列号，包括 5 个字节。这种 96 位的电子产品码足以标识 1028 个物品，这样电子产品码既适合表示大量同类的不同物品，也可表示大量的商品类别。虽然可以从电子产品码知道制造商和产品类型，但电子产品码本身不包含产品的任何具体信息，如同银行账户和密码是查询个人交易记录的唯一钥匙，电子产品码也是访问 PML 服务器中数据的一把钥匙。电子产品码是存储在电子标签中的唯一信息,且已得到 UCC 和 EAN 两个国际标准的主要监督机构的支持,其目标是提供物理对象的唯一标识。

2. 标识语言是一种交流产品数据的交换式语言

物理标识语言是一种正在发展的 XML 模式,它正被 Auto-ID 中心开发成一种开放的标准,这样全世界任何地方的供应商都可以以一种能被大家所理解的统一高效的方式来传输产品的信息,从而避免了在多种应用于特定的工业领域的竞争语言间的转换问题。

为了便于物理标识语言的有序发展,已经将物理标识语言分为两个主要部分:PML 核心与 PML 扩展来进行研究。PML 核心提供通用的标准词汇表来分配直接由 Auto-ID 基础结构获得的信息,如位置、组成以及其他遥感勘测的信息。PML 扩展用于将非 Auto-ID 基础结构产生的或其他来源集合成的信息结合成一个整体。第一个实现的扩展是 PML 商业扩展。PML 商业扩展包括丰富的符号设计和程序标准,使组织内或组织间的交易得以实现。

有必要说明的是,实体标记语言作为一种交流语言并不规定具体的产品数据一定要以 PML 文件存储在本地,也不要求指出哪个数据库会被使用,同样也不用指明数据最终存储所在的表或域的名字。但可以预料的是很多公司会不断地把产品数据存储在其关系型数据库中,因为这种数据库稳定性比较好,且能用 SQL 实现相当复杂的查询,包括多条件查询和过滤查询。在同外界交换数据时,它们会用一个翻译层以标准的 PML 格式来标记从己方输出的数据。

一个典型的 PML 服务器原理图如图 9-5 所示。各模块描述如下:

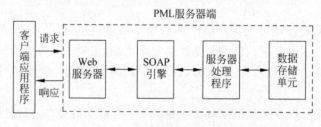

图 9-5 PML 服务器原理图

(1) Web 服务器。它接收客户端请求并将处理结果返回到客户端,是 PML 服务器中唯一直接与客户端交互的模块,是位于整个 PML 服务器最前端的模块。功能包括接收客户端请求,进行解析、验证,确认无误后发送给 SOAP 引擎,并将结果返回给客户端。

(2) SOAP 引擎。PML 服务器上所有已部署服务的注册中心。功能包括对所有已部署服务进行注册,提供相应服务实现组件的注册信息,对来自 Web 服务器的请求服务定位到特定的服务处理程序,并将处理结果返回给 Web 服务器。

(3) 服务处理程序。客户端请求的服务实现程序,每一个服务处理程序完成一项客户端提出的具体请求。它接收客户端传送过来的参数,完成一些逻辑处理和数据存取操作,并将结果返回给 SOAP 引擎。

(4) 数据存储单元。用于 PML 服务器端数据的存储。主要用于客户端的请求数据的存储,存储介质包括各种关系数据库,或者一些中间文件,如 PML 文件等,存取的数据包括两类,分别为级数据和体级数据。级数据如产品的规格、性能、几何特性等,这些数据在这类产品是公有的信息;体级数据如一个个体在供应链中流动时所独有的历史记录(地点、时间戳、传感测量值),以及优于默认产品参数的个性化参数等。

9.4　云计算

9.4.1　云计算概述

云计算的"云"就是存在于互联网的服务器集群上的服务器资源,包括硬件资源(如服务器、存储器和处理器等)和软件资源(如应用软件、集成开发环境等)。本地终端只需要通过互联网发送一条请求信息,"云端"就会有成千上万的计算机为用户提供需要的资源,并把结果反馈给发送请求的终端。

2007 年正式提出"云计算"以来还没有一个公认的定义。广义云计算指服务的交付和使用模式,指通过网络以按需、易扩展的方式获得所需服务。这种服务可以是 IT 和软件、互联网相关,也可以是其他服务。维基百科认为:云计算是一种能够将动态伸缩的虚拟化资源通过互联网以服务的方式提供给用户的计算模式,用户不需要知道如何管理那些支持云计算的基础设施。Google 的 CEO Eric Schmidt 认为:云计算与传统的以 PC 为中心的计算不同,它把计算和数据分布在大量的分布式计算机上,这使计算和存储获得了很强的可扩展能力,用户可以方便地接入网络获得应用和服务。

云计算是一种全新的网络服务和计算模式,它将传统以桌面为核心的任务处理转变为以网络为核心的任务处理,利用互联网实现想要完成的一切处理任务,使网络成为传递服务、计算和信息的综合媒介,真正实现按需计算、多人协作。"云"不是那些漂浮在天空中的云,而是由成千上万的计算机和服务器集群组成,通过互联网实现网络服务的"电脑云"。

云计算通常有 3 种类型,分别为公有云、私有云和混合云,如图 9-6 所示。

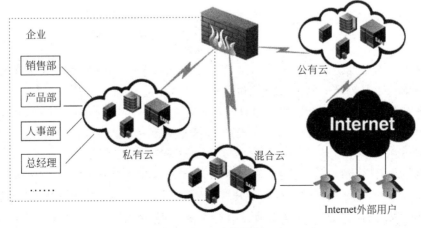

图 9-6　云计算类型

1. 公有云

公有云是由第三方(供应商)提供的云服务,是指企业通过自己的基础设施直接向大众或者大行业提供的云服务,在公司防火墙之外。目前,典型的公有云有微软的 Windows Azure Platform、亚马逊的 AWS、Salesforce.com,以及国内的阿里巴巴、用友和伟库等。公有云尝试为使用者提供无后顾之忧的 IT 元素。无论是软件、应用程序基础结构,还是物理接触结构,云提供商都负责安装、管理、供给和维护。客户只要为其使用的资源付费即可,根本不存在利用率低这一问题。这些服务通常根据"配置惯例"提供,即根据适应最常见使用的情形这一思想提供。如果资源由使用者直接控制,则配置选项一般是这些资源的一个较小子集。另一件需要记住的事情是,由于使用者几乎无法控制基础结构,需要严格的安全性和法规遵从性的流程并不总能很好地适合于公有云。

2. 私有云

私有云是在企业内提供的云服务。这些云在公司防火墙之内,由企业管理,供企业内各部门共享的数据资源。私有云可以提供公有云所提供的许多好处,一个主要不同点是企业负责设置和维护云。但建立内部云的困难和成本企业难以承担,且内部云的持续运营成本可能会超出使用公共云的成本。由于安全性和法规问题,当要执行的工作类型对公有云不适用时,用私有云比较合适。

3. 混合云

混合云是公有云和私有云的混合。这些云一般由企业创建,而管理职责由企业和公有云提供商分担。混合云提供在公有空间,同时又在私有空间中间部分的服务。当公司需要使用既是公有云又是私有云的服务时,选择混合云比较合适。由于这是云计算中一个相对新颖的体系结构概念。有关此模式的最佳实践和工具将陆续出现,但是在对其进行更多了解之前,一般都不太愿意采用此模型。

【知识链接 9-3】

计算模式的发展

(1) 单机串行计算。在一台计算机上用已装入的应用软件,并不与其他计算机交流,独立完成计算任务;早期计算机上的计算都是单机串行计算。

(2) 并行计算。是指同时使用多台计算机并发完成一个计算任务的过程。它把一个计算任务分成 N 个任务包,再把它们分别交给 N 台计算机并发执行,在理想状态下,计算时间缩短为原来的 $1/N$。

(3) 分布式计算。网络把大量分布在不同地域的各种类型的计算机连接在一起,利用这些计算资源协同完成同一个目标或者计算任务的方法。它把一个大型的计算任务分成若干个任务包,再分别分配给网络上的多台计算机执行,最终把这些结果综合起来。分布式计算是一个很大的范畴,它包含很多计算模式,例如网格计算、P2P 计算、C/S 计算、B/S 计算等。

（4）网格计算。网格计算是一种专门针对复杂科学计算的新型计算模式，它利用互联网把分散在不同地理位置的计算机组成一台虚拟的超级计算机，每台参与计算的计算机就是一个节点，整个虚拟计算机是由成千上万个节点组成的一堆网格。网格计算具有极强的计算能力，"在家寻找外星智慧生物问题"项目就采用了网格计算，利用全球 100 多万台各类计算机对天文望远镜信号中的外星文明迹象信息进行计算处理，在不到两年的时间里，完成了单台超级计算机需要 35 万年才能完成的计算量。

（5）软件即服务 SaaS。SaaS 也是一种计算模式，它通过互联网来提供软件服务，厂商将软件部署在自己的服务器上，客户根据自己的需要来获取软件的应用服务，然后按照服务量和服务时间支付费用；SaaS 改变了传统的软件使用模式，软件用户不用购买软件，不用考虑软件维护和升级等事项。SaaS 可以降低对用户计算机的配置要求，原则上用户电脑只要能打开浏览器，就能够"运行"任何大小的软件。

计算模式的不断发展，为云计算技术提供了良好的基础和发展空间。

9.4.2　云计算系统的组成

云计算体系结构包括技术体系、组织体系、服务体系。技术体系描述计算平台的软硬件构成；组织体系即云计算平台，描述云计算的基础架构；服务体系描述云计算应提供的功能或服务类型。

1. 技术体系

1）服务接口

统一规定云计算使用计算机的各种规范和云计算服务的各种标准；用户与云交互操作的入口，完成服务注册、服务定制和使用。

2）服务管理中间件

位于服务和服务器集群之间，提供管理和服务，即云计算体系结构中的管理系统。用户管理：用户身份验证、许可和定制管理；资源管理：负载均衡、资源监控和故障检测；安全管理：身份验证、访问授权、安全审计；映像管理：映像创建、配置和管理。

3）虚拟化资源（资源池）

本身是虚拟的而不是物理的资源，如计算池、存储池和网络池等；通过软件技术实现相关的虚拟化功能，如虚拟环境、虚拟系统和虚拟平台。

4）物理资源

支持云计算正常化运行的硬件设备，如 PC、服务器和磁盘阵列等；通过网络技术、并行技术和分布式技术把这些分散的硬件设备组成一个适合于云计算的超强功能集群。

云计算技术体系技术层次结构如图 9-7 所示。

2. 组织体系

云计算平台是一个强大的"云"网络，连接了大量并发式网络计算和服务，可利用虚拟化技术扩展每一个服务器的能力，将各自的资源通过云计算平台结合起来，提供超级计算和存储能力，云计算组织体系如图 9-8 所示。

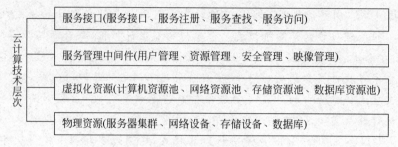

图 9-7　云计算技术体系

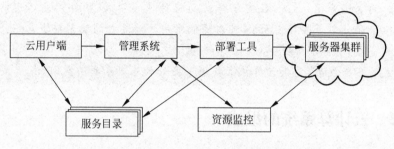

图 9-8　云计算组织体系

（1）用户交互接口（云用户端）：它是用户和云的交互界面,获取用户的服务需求,是用户使用云的入口。

（2）服务目录：它是用户可以访问的服务清单,用户据此进行服务定制或退订。

（3）管理系统：它负责管理和分配所有可用的资源,核心是做到负载均衡,并实现对用户的管理（授权、登录等）。

（4）部署工具：它负责在分配的节点上准备好任务运行环境。

（5）资源监视：它负责对系统资源的使用进行监控和计量,为确保资源完好分配和负载均衡向管理系统提供相关信息。

（6）服务器集群：通常为计算/存储资源,在管理系统的管理下,实现高并发量的用户请求处理,以及采用并行方式上传和下载大容量数据。

3. 服务体系

在云计算中,根据服务集合所提供的服务类型,云计算服务体系可以划分为应用层、平台层、基础设施层、虚拟化层 4 个层次。每个层次分别对应着一个子服务集,具体如图 9-9 所示。

1）基础设施即服务 IaaS(Infrastructure as a Service)

IaaS 是云服务层中的底层,它所提供的是基本的计算能力和存储能力,计算能力的基本单元就是服务器,包括内存、CPU 和操作系统。IaaS 能够根据用户对资源的使用情况,自动地动态调配相关资源,以保障服务的可靠性和经济性。

2）平台即服务 PaaS(Platform as a Service)

PaaS 是云服务层的中间层,也称为云计算操作系统,它提供基于互联网的应用开发环境,包括应用编程接口、运行平台（包括数据库、文件系统、应用运行环境等）、各种逻辑软硬

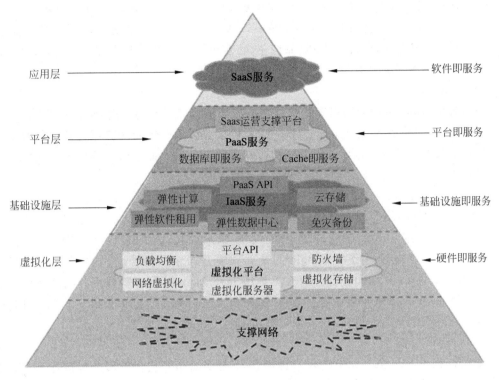

图 9-9 云计算服务体系

件资源和工具。PaaS 通常又可以再细分为开发组件即服务和软件平台即服务,前者提供一个开发平台和 API 组件,供软件开发人员使用,后者提供一个基于云计算模式的软件平台运行环境,为软件的运行动态提供运行资源。

3) 软件即服务 SaaS(Software as a Service)

SaaS 是云服务层的顶层,是最常见的云计算服务,用户通过浏览器和互联网来使用云中的软件,由云提供商负责维护和管理软硬件设施。SaaS 可以面向普通用户,完成一般的应用服务,还可以面向企业用户,完成企业所需的各类管理服务。SaaS 提供的软件服务免除了用户安装和维护软件的时间和技能等代价。

9.4.3 云计算的应用实例

云计算作为一种新兴的数据处理技术,将随着时间的推移而不断发展。目前,人们已经在不知不觉中使用到一些简单的云计算,如网络中的在线处理,包括图片处理、动画处理、文档处理等。云计算的真正价值是能够对面临主要商业和市场趋势做出应有的反应,引领市场发展壮大。Google、Amazon、IBM、Microsoft 和 Yahoo 等大公司都是云计算的先行者。

1. Google 公司的云计算模式

1) Google 初期发展

Stanford 大学的两个博士 Larry Page 和 Sergey Brin 建立了一个用于实验的搜索引擎

BackRub，他们想寻找合作者使其商业化，但无人理会他们。1998年9月他们开办了自己的公司，取名为Google，公司的服务非常单一，就是提供搜索引擎服务。最初他们的设备都是一些旧的PC或配件，把大量的PC做成了30多个机架的服务器群，构成了数据中心，提供搜索引擎所需的计算和存储能力，这就形成了云计算的雏形。

2）Google的发展

事实证明，Google的搜索引擎和数据中心的架构都非常出色，充分体现出低成本和高效率的优势，2004年公司正式上市。Google公司目前以压倒性的优势超过其竞争对手，它利用云计算模式把200万台廉价服务器构造成了世界上最大的一台超级计算机，提供海量数据处理能力。

3）Google App Engine

2008年4月，Google推出了App Engine，这是一个可伸缩的Web应用程序云平台，向用户提供PaaS服务。App Engine建立在GFS、MapReduce和BigTable 3项关键技术之上。用户可以利用该云平台在Google的基础设施上构建和托管用户的Web应用程序。App Engine提供了一个SDK，用户可在本地用Java和Python语言开发和测试应用程序，然后部署到App Engine环境中进行运行、监控和管理。App Engine提供500MB存储量和每月500万页面浏览量的免费配额，并会对超过配额的部分收取使用费。

4）Google Apps

Google推出Google Apps，向用户提供SaaS服务，Apps提供的服务包括基于Web的文档、电子表格制作以及其他生产性应用服务。

2. Amazon公司的云计算模式

Amazon公司于1995年建立，由最初的一个电子购物网站发展为当今美国最大的在线零售商。Amazon公司并不是传统意义上的IT厂商，但是它却在云计算上做得红红火火，成为业界公认的云计算先行者，同时成为云计算服务商。Amazon公司为了要应付圣诞节等旺销季节的庞大并发用户数量的访问和交易，它部署了大冗余量的计算和存储资源，这些资源在绝大部分时间里是空闲的，它建立了弹性计算云把这些资源租给用户使用。收费的服务项目包括存储空间、带宽、CPU资源以及月租费。月租费与电话月租费类似，存储空间、带宽按容量收费，CPU根据运算量和时长收费。在其诞生不到两年的时间内，注册用户就多达44万人，其中包括为数众多的企业用户。

3. Salesforce公司的云计算模式

Mac Benioff在美国南加州大学毕业后就进入Oracle公司，凭借其出色的业绩，25岁时就成为Oracle公司的副总裁，他胸怀大志，要用一种全新的模式来取代传统的软件使用模式。

他在1999年离开Oracle公司，自己创办了Salesforce公司，声称要让Salesforce成为"软件的终结者"。Salesforce的主要业务是基于Web的软件服务，也就是SaaS，通过几年的宣传和努力，公司的客户关系管理（CRM）软件服务在中小型企业中获得了成功，其注册用户由2000年的200个，发展到2003年的195 000个，2003年的营业收入超过1亿美元。2004年6月，Salesforce公司成功上市，一些大型企业也成为其CRM的用户，如通用汽车、时代华纳、美林证券、诺基亚等,到 2005 年其注册用户数已达到 36 万,年营业收入达 3.4 亿美元。

Force.com 是 Salesforce 公司推出的基于平台云层的云计算服务(PaaS),用户可以利用此服务简单地构建和运行业务应用程序。Force.com 包括一组集成工具和应用程序服务接口,企业可以使用它们来构建自己的业务程序,并在提供 Salesforce.com CRM 应用程序的相同基础架构上运行该业务应用程序,包括数据库、集成、业务逻辑、报表和用户界面都通过云服务在 Salesforce 的平台上运行,可避免在复杂的服务器和软件上浪费宝贵的 IT 资源。

4. IBM 公司的云计算模式

IBM 在 2007 年 11 月推出了“改变游戏规则”的“蓝云”计划,为客户带来即买即用的云计算平台,被称为“蓝色巨人”。它包括一系列自我管理和自我修复的虚拟化云计算软件,数据中心类似于互联网环境下的运行计算,使来自全球的应用可以访问分布式的大型服务器池。IBM 与 17 个欧洲组织合作开展名为 RESERVOIR 的云计算项目,以“无障碍的资源和服务虚拟化”为口号,欧盟提供了 1.7 亿欧元作为部分资金。2008 年 8 月,IBM 宣布投资约 4 亿美元用于其设在卡罗来纳州和日本东京的云计算数据中心改造,并计划 2009 年在 10 个国家投资 3 亿美元建设 13 个云计算中心。随着企业业务及技术的快速发展,云计算所带来的巨大商业价值也正在被越来越多的人所认知。目前,云计算已不仅仅被认为是一种新的信息技术,而更被广泛地认为是对企业现有业务具有变革意义的全新模式。正是基于对这一重要趋势的深刻认知,IBM 在 2011 年 8 月 23 日隆重发布了云计算战略及路线图,并提出将利用云计算推动区域、行业、客户、生态体系及 IT 的转型。IBM 一直非常重视与合作伙伴在云计算方面的合作与创新,并积极与包括中国在内的全球合作伙伴在云计算产品、技术、创新等众多领域开展了深入持久的合作,与合作伙伴一道拓展本土的云市场。正是基于对合作伙伴的重视,IBM 已经与众多国内外厂商及认证与研究机构建立了广泛的合作关系。依靠合作伙伴的大力支持,IBM 可以将自身的服务体系延伸到企业、行业、社会的各个层面,为客户提供最适合的云计算服务与产品。目前,与各类合作伙伴展开深入合作,打造健康的云生态体系,已经成为 IBM 云计算战略落地的关键之一。

9.5　物联网中的智能决策

9.5.1　数据挖掘的基本概念

数据挖掘是大数据应用的一项关键技术。人类在茹毛饮血的上古时代就早已进行着数据挖掘的行为——为了快速并准确地捕获猎物,人类的祖先必须细心观察猎物的习性、预测猎物的行为,才能战胜猎物并存活下来。

1. 数据挖掘

数据挖掘(Data Mining)是指从现有的大量数据中,撷取不明显、之前未知、可能有用的信息,即根据过去的行动来预测未来的行为。它是从大量数据中寻找其规律的技术,是统计学、数据库技术和人工智能技术的综合;是从数据中自动地抽取模式、关联、变化、异常和有意义的结构。数据挖掘大部分的价值在于利用数据挖掘技术改善决策模型。

2. 模型和模式

数据挖掘的根本目的就是把样本数据中隐含的结构泛化到总体上去。

模型:对数据集的一种全局性的整体特征的描述或概括,适用于数据空间中的所有点,例如聚类分析。

模式:对数据集的一种局部性的有限特征的描述或概括,适用于数据空间的一个子集,例如关联分析。

3. 算法

一个定义完备的过程,它以数据作为输入并产生模型或模式形式的输出。

4. 描述型挖掘和预测型挖掘

描述型挖掘:对数据进行概括,以方便的形式呈现数据的重要特征。描述型挖掘可以是目的,也可以是手段。

预测型挖掘:根据观察到的对象特征值来预测它的其他特征值。

数据挖掘就是"模型"+"算法",具体情况如表 9-4 所示。

表 9-4　数据挖掘模型与算法

模　　型	算　　法
分类预测	Logistic Regression
	决策树
	神经网络
聚类	K-Means
	K-Mode
	SOM(自组织图)
关联规则	APriori
	FP-Growth
孤立点探测	基于统计
	基于距离
	基于偏差

数据挖掘可根据挖掘任务、对象方法和知识类型进行分类,具体分类如表 9-5 所示。

表 9-5　数据挖掘具体分类

分 类 依 据	类　　别
根据挖掘任务	分类或预测模型发现、数据总结与聚类发现、关联规则发现、序列模式发现、相似模式发现、混沌模式发现、依赖关系或依赖模型发现、异常和趋势发现
根据挖掘对象	关系数据库挖掘、面向对象数据库挖掘、空间数据库挖掘、时态数据库挖掘、文本数据源挖掘、多媒体数据库挖掘、异质数据库挖掘、遗产数据库挖掘、Web 数据挖掘

续表

分 类 依 据	类　　别
根据挖掘方法	机器学习方法、统计方法、神经网络方法、遗传算法方法、数据库方法、近似推理和不确定性推理方法、基于证据理论和元模式的方法、现代数学分析方法、粗糙集或模糊集方法、集成方法
根据知识类型	挖掘广义型知识、挖掘差异型知识、挖掘关联型知识、挖掘预测型知识、挖掘偏离型知识、挖掘不确定性知识

9.5.2　数据挖掘的基本工作原理

1. 数据挖掘体系结构

数据挖掘系统由各类数据库、挖掘前处理模块、挖掘操作模块、模式评估模块、知识输出模块组成,这些模块的有机组成就构成了数据挖掘系统的体系结构,如图 9-10 所示。

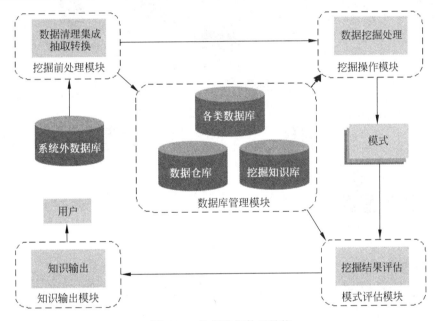

图 9-10　数据挖掘体系结构

(1) 数据库管理模块,负责对系统内数据库、数据仓库、挖掘知识库的维护与管理。这些数据库、数据仓库是对外部数据库进行转换、清理、净化得到,它是数据挖掘的基础。

(2) 挖掘前处理模块,对所获得的数据进行清理、集成、选择、转换,生成数据仓库或数据挖掘库。其中,清理是指清除噪音;集成是指将多种数据源组合在一起;选择是指选择与问题相关的数据;转换是指将选择数据转换成可挖掘形式。

(3) 模式评估模块,对数据挖掘结果进行评估。由于所挖掘出的模式可能有许多,需要将用户兴趣度与这些模式进行分析对比,评估模式价值,分析不足原因,如果挖掘出的模式与用户兴趣度相差大,需返回相应的过程重新执行。

(4) 知识输出模块,完成对数据挖掘出的模式进行翻译、解释,以人们易于理解的方式提供给真正渴望知识的决策者使用。

（5）挖掘操作模块,利用各种数据挖掘算法针对数据库、数据仓库。数据挖掘库,并借助挖掘知识库中的规则、方法、经验和事实数据等,挖掘和发现知识。

2. 挖掘过程模型

1) Fayyad 模型

Fayyad 数据挖掘模型将数据库中的知识发展看作是一个多阶段的处理过程,它从数据集中识别出以模式来表示的知识,在整个知识发现的过程中包括很多处理步骤,各步骤之间相互影响,反复调整,形成一种螺旋式的上升过程。

Fayyad 处理过程共分为 9 个处理阶段,具体如图 9-11 所示。

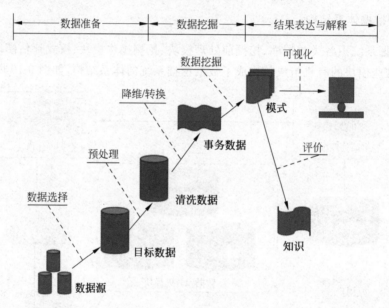

图 9-11　Fayyad 处理过程

阶段 1:数据准备。

步骤 1　准备:了解 KDD 相关领域的有关情况,熟悉有关的背景知识,并弄清楚用户的要求;

步骤 2　数据选择:根据用户的要求从数据库中提取与 KDD 相关的数据,KDD 将主要从这些数据中进行知识提取,在此过程中,会利用一些数据库操作对数据进行处理;

步骤 3　清洗数据和预处理:对数据进行再加工,检查数据的完整性及数据的一致性,对其中的噪音数据进行处理,对丢失的数据可以利用统计方法进行填补。

阶段 2:数据挖掘。

步骤 1　数据降维/转换:对经过预处理的数据,根据知识发现的任务对数据进行再处理,主要通过投影或数据库中的其他操作减少数据量;

步骤 2　根据用户的要求确定 KDD 的目标:确定 KDD 是发现何种类型的知识,因为对 KDD 的不同要求会在具体的知识发现过程中采用不同的知识发现算法;

步骤 3　确定知识发现算法:根据步骤 2 所确定的任务,选择合适的知识发现算法,这

包括选取合适的模型和参数,并使得知识发现算法与整个 KDD 的评判标准相一致;

步骤 4　数据挖掘。运用选定的知识发现算法,从数据中提取出用户所感兴趣的知识,并以一定的方式表示出来。

阶段 3：结果表达与解释。

步骤 1　模式解释。对发现的模式(知识)进行解释,为了取得更为有效的知识;

步骤 2　知识评价。将发现的知识以用户能了解的方式呈现给用户,也包含对知识的一致性检查,以确信本次发现的知识不与以前发现的知识相抵触。

2) CRISP-DM 模型

GRISP-DM(跨行业数据挖掘标准流程)注重数据挖掘技术的应用,解决了 Fayyad 模型存在的技术模型问题,它从商业的角度给出对数据挖掘方法的理解。目前数据挖掘系统的研制和开发大都遵循 CRISP-DM 标准,将典型的挖掘和模型的部署紧密结合。

CRISP-DM 模型过程的基本步骤包括业务理解、数据理解、数据准备、建立模型、模型评价、模型实施,具体如图 9-12 所示。

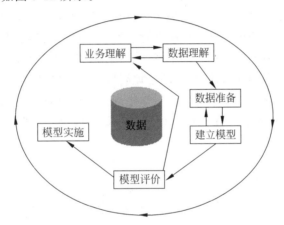

图 9-12　CRISP-DM 模型数据挖掘过程

阶段 1：业务理解。最初的阶段集中在理解项目目标和从业务的角度理解需求,同时将这个知识转化为数据挖掘问题的定义和完成目标的初步计划。

阶段 2：数据理解。从初始的数据收集开始,通过一些活动的处理,目的是熟悉数据,识别数据的质量问题,首次发现数据的内部属性,或是探测引起兴趣的子集去形成隐含信息的假设。

阶段 3：数据准备。从未处理数据中构造最终数据集的所有活动。这些数据将是模型工具的输入值。这个阶段的任务有一个能执行多次,没有任何规定的顺序。任务包括表、记录和属性的选择,以及为模型工具转换和清洗数据。

阶段 4：建立模型。选择和应用不同的模型技术,模型参数被调整到最佳的数值。一般而言,有些技术可以解决一类相同的数据挖掘问题,有些技术在数据形成上有特殊要求,因此需要经常跳回到数据准备阶段。

阶段 5：模型评价。在从数据分析的角度建立了高质量显示的模型之后,在开始最后部署模型之前,着重彻底评估模型,检查构造模型的步骤,确保模型可以完成业务目标。这个阶段的关键目的是确定是否有重要业务问题没有被充分考虑。在这个阶段结束后,必须达成一个数据挖掘结果使用的决定。

阶段6：模型实施。通常模型的创建不是项目的结束。模型的作用是从数据中找到知识，获得的知识需要以便于用户使用的方式重新组织和展现。根据需求，这个阶段可以产生简单的报告，或是实现一个比较复杂的、可重复的数据挖掘过程。

9.5.3 物联网与智能决策、智能控制

研究物联网的目的就是实现网络虚拟空间与现实社会物理空间的融合。智能决策是物联网"智慧"的来源。在物联网中，所有物联空间的对象，无论是智能的物体或者是非智能的物体，都可以参与到物联网的感知、通信、计算的全过程中。计算机在获取海量信息的基础上，通过对物理空间的建模和数据挖掘，提取对人类处理物理世界有用的知识。利用这些知识产生正确的控制策略，将策略传递到物理世界的执行设备，实现对物理世界问题的智能处理。智能控制是在无人干预的情况下能自主地驱动智能机器实现控制目标的自动控制技术。控制理论发展至今已有100多年的历史，经历了"经典控制理论"和"现代控制理论"的发展阶段，已进入"大系统理论"和"智能控制理论"阶段。智能控制理论的研究和应用是现代控制理论在深度和广度上的拓展。20世纪80年代以来，信息技术、计算技术的快速发展及其他相关学科的发展和相互渗透，也推动了控制科学与工程研究的不断深入，控制系统向智能控制系统的发展已成为一种趋势。从感知物理世界的原始信息，到人类处理物理世界问题的智能行为，这样一个从感知、通信、计算、知识、智能决策到智能控制的闭环过程，如图9-13所示。

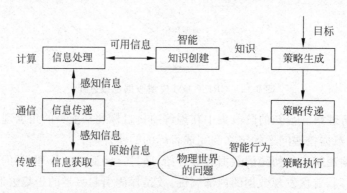

图 9-13　智能决策到智能控制的过程

我们可以通过物联网在精准农业、市场行销、智能家居等应用的例子来说明物联网的上述闭环过程的作用。

在精准农业应用中，通过植入土壤或暴露在空气中的温度、湿度、氧气、二氧化碳、酸碱度等传感器监控土壤状态和环境状况参数。将实时获取的数据通过物联网系统传输到远程控制中心，使工作人员能够及时查清当前农作物的生长环境现状和变化趋势，明确农作物的生产目标。通过对海量数据的数据挖掘，可以获知温度、湿度、养分和土壤各项参数等因素是如何影响农作物产量的，如何科学地调节它们才能最大限度地提高农作物产量。通过数据处理与分析，建立使产量达到最大化的最佳水、肥配比和控制的模型，形成专家系统。依据专家系统，结合所感知到的作物实时生长参数，分析并做出决策，通过远程控制中心传送

给控制器来控制作物生长各阶段的浇灌、施肥、除害等具体操作。这样，物联网就实现了精准农业从感知、通信、计算、智能决策到智能控制的闭环过程。

在现代市场营销应用中，利用数据挖掘技术通过对用户数据的分析，可以得到关于顾客购物取向和兴趣的信息，从而为商业决策提供依据。首先，通过交互式查询、数据分割和模型预测等方法来选择潜在的顾客以便向他们推销产品；然后，预测采用何种销售渠道和优惠条件，使得用户最有可能被打动；最后，通过分析市场销售数据来发现顾客的购买行为模式来确定具体的营销策略。

在智能家居应用中，以获取天气信息为例：一方面，智能设备随时关注气象信息，并针对雨天发出报警提醒；另一方面，一些智能终端会随时跟踪主人的行踪，并通过数据挖掘方法预测他的去向。一旦预测到主人要出门，就在合适的时候由相应的智能终端提醒他不要忘记带伞等。例如，如果主人在门口，就将由安装在门上的智能设备向他发出提醒；如果在车内，则由车载计算机发出提醒。

阅读文章 9-1

大数据的角色

摘自：与物联网和智慧城市关系密切，大数据扮演什么角色

大数据、物联网、智慧城市三者之间的关系简单来说就是：大数据的发展源于物联网技术的应用，并用于支撑智慧城市的发展。物联网是智慧城市的基础，但智慧城市的范畴相比物联网而言更为广泛；智慧城市的衡量指标由大数据来体现，大数据促进智慧城市的发展；物联网是大数据产生的催化剂，大数据源于物联网应用。

1. 数据的关键在于分享

大数据的类型大致可分为三类：传统企业数据（Traditional enterprise data），包括 CRM systems 的消费者数据、传统的 ERP 数据、库存数据以及账目数据等。机器和传感器数据（Machine-generated/sensor data），包括呼叫记录（Call Detail Records）、智能仪表、工业设备传感器、设备日志（通常是 Digital exhaust）、交易数据等。社交数据（Social data），包括用户行为记录反馈数据等。如 Twitter、Facebook 这样的社交媒体平台。从理论上来看，所有产业都会从大数据的发展中受益。但由于数据缺乏以及从业人员本身的原因，第一、第二产业的发展速度相对于第三产业来说会迟缓一些。

2. 物联网中的大数据

相比传统的互联网，在物联网中，对大数据技术具有更高的要求，主要体现在以下几方面：

物联网中的数据量更大——物联网的最主要特征之一是节点的海量性，除了人和服务器之外，物品、设备、传感网等都是物联网的组成节点，其数量规模远大于互联网；同时，物联网节点的数据生成频率远高于互联网，如传感节点多数处于全时工作状态，数据流源源不断。

物联网对数据真实性的要求更高——物联网是真实物理世界与虚拟信息世界的结合，其对数据的处理以及基于此进行的决策将直接影响物理世界，物联网中数据的真实性显得尤为重要。

3. 大数据支撑智慧城市的发展

城市运行体征是通过数据进行量化表现出来的，但这些数据散乱地处于政府的各个部门中。政府部门所做的每一个决策都需要长期的调研，调研的资料来源于政府部门运行、城

市运行的长期积累。政府信息化的高速发展已使政府产生了几百太字节的数据。但数据本身没有任何意义,只有经过一定的系统分析之后,才能发挥数据的价值。智慧城市的每一个细节都会产生庞大的数据,同时,智慧城市的运行基础也来源于对大数据的深度分析。

大数据表面是一系列静态的数据堆砌,但其实质是对数据进行复杂的分析之后得出一系列规律的动态过程。政府部门本身没有去做这样的事,这就需要企业对其进行支撑。城市运行体征的管理也需要大数据的推动。大数据在反映城市运行体征的时候,并不需要了解城市部门的主要业务及运作流程,单纯从数据的角度出发,通过计算机软件分析之后,数据就能得出一些规律,无关乎业务,无关乎结果,但能完全反映出数据之间的关联性。从大数据的角度出发,驱动城市运行体征发展,是一个可以在决策前段刨出人力的纯计算机运作模式,其好处是运作的量化和规范化。

大数据驱动下的智慧城市,关乎每个人的生活。最普遍的例子就是天气预报,以前的天气预报只会预测一下天气,但现今的天气预报会告诉公众更多的信息,如气象指数、空气污染指数、穿衣指数、驱车安全指数等,甚至是否有利于运动,对发型及妆容的影响都有说明。这是能让普通百姓切身体会的智慧生活,未来,教育、交通等关乎人们衣食住行的方方面面都会变得智慧起来。

物联网中的数据速率更高:一方面,物联网中数据海量性必然要求骨干网汇聚更多的数据,数据的传输速率要求更高;另一方面,由于物联网与真实物理世界直接关联,很多情况下需要实时访问、控制相应的节点和设备,因此需要高数据传输速率来支持相应的实时性。物联网中的数据更加多样化:物联网涉及的应用范围广泛,从智慧城市、智慧交通、智慧物流、商品溯源,到智能家居、智慧医疗、安防监控等,无一不是物联网应用范畴;在不同领域、不同行业,需要面对不同类型、不同格式的应用数据,因此物联网中数据多样性更为突出。

大数据的关键在于分享。我国智慧城市发展的一个瓶颈在于信息孤岛效应,各政府部门间不愿公开、分项数据,这就造成数据之间的割裂,无法产生数据的深度价值。关于这一问题,一些政府部门也有清醒的认识,开始寻求解决方案,这是受自身的需求驱动的。例如,一些政府部门原来不愿分享自己的数据,但现在开始寻求数据交换伙伴,因为他们逐渐意识到单一的数据是没法发挥最大效能的,部门之间相互交换数据已经成为一种发展趋势。同时,随着各方面的发展及政策的推进,很多以前不公开的数据也逐渐公开了,这对大数据的发展都是有力的支持。

9.6 练习

1. 名词解释

数据库　数据库系统　云计算　PML 语言　数据挖掘

2. 填空

(1) 物联网本身的特点对数据处理技术构成巨大挑战,包括物联网数据的_____、传感器节点及采样数据的_____、物联网数据的时空相关性、物联网数据的_____

与_____。

（2）XML 是一种数据存储语言，它使用一系列简单_____描述数据。XML 同时也是一组_____，用户都遵守这组规范进行开发，这样不同计算机系统之间就可以相互交流信息。XML 继承了 SGML 和_____的功能，是一种用于定义标记的语言，又称为"元语言"，基于文本，可使用 Unicode 编码。

（3）云计算体系结构包括技术体系、_____和_____。

3. 简答

（1）请列举物联网数据处理的关键技术。

（2）简述海量数据与大数据的关系。

（3）简述 PML 针对数据存储的设计策略。

（4）简述 PML 服务器的基本原理。

（5）简述云计算服务体系。

（6）简述数据挖掘的体系结构和过程模型。

（7）简述物联网从智能决策到智能控制的过程。

4. 思考

（1）阅读"与物联网和智慧城市关系密切，大数据扮演什么角色"一文，思考大数据与物联网、智慧城市的关系，以及大数据在其中发挥的作用。

（2）在互联网上寻找基于大数据分析与预测的各类应用。

第 10 章
CHAPTER 10 | **物联网信息安全技术**

内容提要

　　高科技的发展总是会出现更多需要解决的难题,在物联网中,一个最大、最困难、最艰巨的问题就是如何更好地解决物联网的安全问题,如何在为人们带来方便的同时给人们一个更可靠、更安全、更有保障的服务。本章从物联网安全模型、安全特性和安全框架 3 个方面展开物联网信息安全基础学习,描述了密钥管理机制、数据处理与隐私性、认证与访问控制 3 个方面的物联网安全关键技术,针对 RFID,了解 RFID 标签存在的安全缺陷和攻击方法,提出安全管理要求。

学习目标和重点

- 了解 RFID 标签存在的安全缺陷;
- 了解 RFID 系统的攻击常见方法;
- 理解物联网信息安全模型、安全特性、安全框架;
- 掌握密钥管理、数据隐私性、认证与访问控制物联网安全关键技术。

引入案例

无人驾驶技术的安全

　　好莱坞大片《速度与激情 8》中,黑客为了拦截重要的数据箱,指挥技术人员对三公里内的所有车辆进行黑客入侵,让这数百辆车均进入自动驾驶系统,并且关闭了该系统的障碍识别功能,于是这些车排山倒海地涌上街头,且只管追踪目标汽车,速度一致、目标一致,场面令人触目惊心。

　　当前,国内外的互联网大佬百度、谷歌、Uber、特斯拉争先入场,传统汽车巨头宝马、福特、奔驰母公司戴姆勒也在大力开发无人驾驶技术。

　　物联网的安全事件带来的问题似乎远远超过了传统互联网,它们已经可以切实地影响人们的信息安全,甚至人身安全。

　　物联网无处不在的数据感知、以无线为主的信息传输、智能化的信息处理,一方面固然有利于提高社会效率,另一方面也会引起大众对信息安全和隐私保护问题的关注。

　　在未来的物联网中,每个人、每件物品都将随时随地连接到网络上,如何确保在物联网的应用中信息的安全性和隐私性,防止个人信息、业务信息、国家信息、财务信息等丢失或被他人盗用,将是物联网推进过程中需要突破的重大障碍之一。

10.1　物联网安全概述

10.1.1　物联网安全引发的事件

　　2014 年,全球发生了首例物联网攻击案例。黑客通过智能电视、冰箱以及无线扬声器发起攻击,这是全球首例物联网攻击事件。在此事件中,10 余万台互联网"智能"家电在黑客的操控下构成了一个恶意网络,并在两周时间内向那些毫无防备的受害者发送了约 75 万封网络钓鱼邮件。

　　2015 年 7 月,安全研究人员 Chadrlie Miller 和 Chris Valasek 永远地改变了汽车行业"车辆安全"的概念,他们展示了黑客能够远程攻击一辆 2014 款 Jeep Cherokee——禁用其变速器和刹车。这一发现导致菲亚特克莱斯前所未有地召回 140 万车辆。而在同年 8 月的黑客防御会议上,网络安全公司 CloudFlare 主要研究员、Lookout 联合创始人兼首席技术官 Kevin Mahaffey 公布了一套他们从特斯拉 Models 上发现的安全漏洞。据了解,他们通过笔记本电脑能够黑进 Models 仪表盘背后的网络系统,然后驱动这辆价值 10 万美元的汽车扬长而去,或者远程植入一个木马病毒,在汽车行驶过程中关掉引擎。在其他汽车上他们也发现了可远程进行物理访问的漏洞。如今特斯拉已经发布了这些漏洞的补丁。

　　黑客夫妻 Runa Sandvik 和 Michael Auger 在 2015 年 7 月演示了一个案例,他们可以控制无线 TrackingPoint 狙击步枪,改变步枪的变量系统、禁用步枪、错过目标,甚至让它击中其他的目标。

　　2017 年 4 月上旬,网络安全公司 Radware 揭露了另一个物联网病毒 BrickerBot。BrickerBot 采用类似 Mirai 的手法入侵物联网设备,但它并不是要把这些设备变成"僵尸机",而是让它们完全失去功能,形成永久性的阻断服务攻击。Radware 介绍称,BrickerBot 采用暴力手段来破解物联网设备的用户名及密码,然后入侵获得控制权限,执行一系列的 Linux 命令,破坏设备的存储,同时摧毁联网功能。Radware 表示,目前已经在全球范围内嗅探到上千起来自 BrickerBot 的攻击行为。BrickerBot 程序对物联网设备是一个巨大威胁,它不仅可以令家中的联网设备瘫痪,而且还可以让一些关键位置的监控摄像头失灵。

10.1.2 物联网安全模型

从上面的案例中可以看到,物联网的应用中伴随着安全问题,轻则泄露隐私,重则毁损基础设施。互联网出现问题损失的是信息,但我们可以通过信息的加密和备份来降低甚至避免损失,而物联网还会损失物。物联网跟物理世界打交道,一旦出现问题就会涉及生命财产的损失。信息复制的成本很低,而物理世界的克隆成本很高,特别是涉及人身安全时更是无法弥补。物联网的感知层、传输层、处理层都面临着不同的安全隐患,面对各种常见的安全隐患,需要有针对性地采用相应的安全策略和解决思路,以便保障物联网安全地运行。

物联网相比于传统网络,其感知节点大多部署在无人监控的环境,具有能力脆弱、资源受限等特点,并且由于物联网是在现有传输网络基础上扩展了感知网络和智能处理平台,传统网络安全措施不足以提供可靠的安全保障,从而使得物联网的安全问题具有特殊性。

1. 物联网安全需求

从信息的机密性、完整性和可用性来分析物联网的安全需求。

(1) 机密性。信息隐私是物联网信息机密性的直接体现,如感知终端的位置信息是物联网的重要信息资源之一,也是需要保护的敏感信息。另外在数据处理过程中同样存在隐私保护问题,如基于数据挖掘的行为分析等,要建立访问控制机制,控制物联网中信息采集、传递和查询等操作,不会由于个人隐私或机构秘密的泄露而造成对个人或机构的伤害。信息的加密是实现机密性的重要手段,由于物联网的多源异构性,使密钥管理显得更为困难,特别是对感知网络的密钥管理是制约物联网信息机密性的瓶颈。

(2) 完整性和可用性。物联网的信息完整性和可用性贯穿物联网数据流的全过程,网络入侵、拒绝攻击服务、Sybil 攻击、路由攻击等都使信息的完整性和可用性受到破坏。同时物联网的感知互动过程也要求网络具有高度的稳定性和可靠性,物联网与许多应用领域的物理设备相关联,要保证网络的稳定可靠,如在仓储物流应用领域,物联网必须是稳定的,要保证网络的连通性,不能出现互联网中数据包时常丢失等问题,不然无法准确检测入库和出库的物品。

因此,物联网的安全特征体现了感知信息的多样性、网络环境的多样性和应用需求的多样性。同时网络的规模和数据的处理量大,决策控制复杂,给安全研究提出了新的挑战。

2. 物联网安全模型

物联网安全模型如图 10-1 所示。

物联网主要由传感器、传输系统(泛在网)以及处理系统 3 个要素组成。与此相对应,物联网安全形态也体现在这 3 个要素上。

(1) 物理安全:即传感器的安全(包括对传感器的干扰、屏蔽、信号截获等),是物联网特殊性的体现。

(2) 运行安全:存在于各个要素中,涉及传感器、传输系统及处理系统的正常运行,与

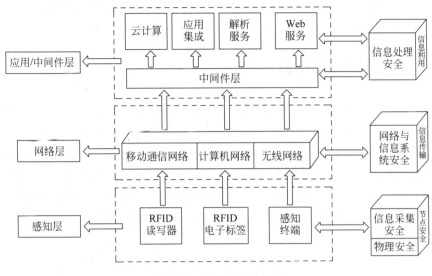

图 10-1　物联网安全模型

传统信息系统安全基本相同。

（3）数据安全：存在于各个要素中，涉及传感器、传输系统、处理系统中的信息不会被窃取、被篡改、被抵赖等。

传感器与传感网所面临的安全问题比传统的信息安全更为复杂，因为传感器与传感网可能会因为能量受限的问题而不能运行过于复杂的安全保护体系。因此，物联网除面临一般网络所具有安全问题外，还面临物联网特有的威胁和攻击。

10.1.3　物联网安全特性

1. 感知网络的信息采集、传输与信息安全问题

感知节点呈现多源异构性，感知节点通常情况下功能简单（如自动温度计）、携带能量少（使用电池），使得它们无法拥有复杂的安全保护能力，而感知网络多种多样，从温度测量到水文监控，从道路导航到自动控制，它们的数据传输和消息也没有特定的标准，所以无法提供统一的安全保护体系。

2. 核心网络的传输与信息安全问题

核心网络具有相对完整的安全保护能力，但是由于物联网中节点数量庞大，且以集群方式存在，因此会导致在数据传播时，由于大量机器的数据发送使网络拥塞，产生拒绝服务攻击。此外，现有通信网络的安全架构都是从与人通信的角度设计的，对以物为主体的物联网，要建立适合感知信息传输与应用的安全架构。

3. 物联网业务的安全问题

支撑物联网业务的平台有着不同的安全策略，如云计算、分布式系统、海量信息处理等，这些支撑平台要为上层服务管理和大规模行业应用建立起一个高效、可靠和可信的系统，而

大规模、多平台、多业务类型使物联网业务层次的安全面临新的挑战,要决定是针对不同的行业应用建立相应的安全策略,还是建立一个相对独立的安全架构。

10.1.4 物联网安全框架

物联网的层次架构如图 10-2 所示,感知层通过各种传感器节点获取各类数据,包括物体属性、环境状态、行为状态等动态和静态信息,通过传感器网络或射频阅读器等网络和设备实现数据在感知层的汇聚和传输;传输层主要通过移动通信网、卫星网、互联网等网络基础设施,实现对感知层信息的接入和传输;支撑层是为上层应用服务建立起一个高效可靠的支撑技术平台,通过并行数据挖掘处理等过程,为应用提供服务,屏蔽底层的网络、信息的异构性;应用层是根据用户的需求,建立相应的业务模型,运行相应的应用系统。在各个层次中安全和管理贯穿其中。

应用层	智能交通、智能农业、智能物流、环境监测等	网络管理与安全
支撑层	数据挖掘、智能计算、并行计算、云计算等	
传输层	WiMAX、GSM、3G通信网、卫星网、互联网等	
感知层	RFID、二维码、传感器、红外感应等	

图 10-2 物联网安全的层次结构

物联网在不同层次可以采取的安全技术手段如图 10-3 所示。以密码技术为核心的基础信息安全平台及基础设施建设是物联网安全,特别是数据隐私保护的基础,安全平台同时包括安全事件应急响应中心、数据备份和灾难恢复设施、安全管理等。安全防御技术主要是为了保证信息的安全而采用的一些方法。在网络和通信传输安全方面,针对网络环境的安全技术,如 VPN、路由等,可实现网络互联过程的安全,旨在确保通信的机密性、完整性和可用性。而应用环境主要针对用户的访问控制与审计,以及应用系统在执行过程中产生的安全问题。

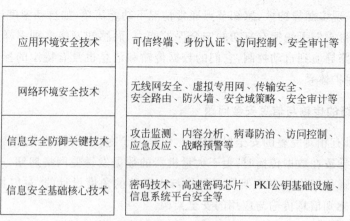

应用环境安全技术	可信终端、身份认证、访问控制、安全审计等
网络环境安全技术	无线网安全、虚拟专用网、传输安全、安全路由、防火墙、安全域策略、安全审计等
信息安全防御关键技术	攻击监测、内容分析、病毒防治、访问控制、应急反应、战略预警等
信息安全基础核心技术	密码技术、高速密码芯片、PKI公钥基础设施、信息系统平台安全等

图 10-3 物联网安全技术结构

10.2　物联网安全关键技术

作为一种多网络融合的网络,物联网安全涉及各个网络的不同层次。在这些独立的网络中实际应用了多种安全技术,特别是移动通信网络和互联网的安全研究也经历了较长的时间,对物联网中的感知网络来说,由于资源的局限性,安全研究的难度较大。

10.2.1　密钥管理机制

1. 物联网密钥管理系统

物联网密钥管理系统面临两个主要问题:一是如何构建一个贯穿多个网络的统一密钥管理系统,并与物联网的体系结构相适应;二是如何解决传感网的密钥管理问题,如密钥的分配、更新、组播等问题。实现统一的密钥管理系统可以采用两种方式:一是以互联网为中心的集中式管理方式;二是以各自网络为中心的分布式管理方式。

2. 无线传感器网络的密钥管理系统安全需求

无线传感器网络的密钥管理系统的设计在很大程度上受到其自身特征的限制,在设计需求上与有线网络和传统的资源不受限制的无线网络不同,特别要充分考虑到无线传感网的传感节点的限制和网络组网与路由的特征。它的安全需求主要体现在:

(1) 密钥生成或更新算法的安全性。利用该算法生成的密钥应具备一定的安全强度,不能被网络攻击者轻易破解或者花很小的代价破解,也即是加密后保障数据包的机密性。

(2) 前向私密性。对中途退出传感网或者被俘获的恶意节点,在周期性的密钥更新或者撤销后无法再利用先前所获知的密钥信息生成合法的密钥继续参与网络通信,即无法参与报文解密或者生成有效的可认证的报文。

(3) 后向私密性和可扩展性。新加入传感网的合法节点可利用新分发或者周期性更新的密钥参与网络的正常通信,即进行报文的加解密和认证行为等;而且能够保障网络是可扩展的,即允许大量新节点的加入。

(4) 抗同谋攻击。在传感网中,若干节点被俘获后,其所掌握的密钥信息很可能会造成网络局部范围的泄密,但不应对整个网络的运行造成破坏性或损毁性的后果,即密钥系统要具有抗同谋攻击能力。

(5) 源端认证性和新鲜性。源端认证要求发送方身份的可认证性和消息的可认证性,即任何一个网络数据包都能通过认证和追踪寻找到其发送源,且是不可否认的。新鲜性则保证合法的节点在一定的延迟许可内能收到所需要的信息。新鲜性除了和密钥管理方案紧密相关外,与传感器网络的时间同步技术和路由算法也有很大的关联。

3. 密钥管理方法

根据这些要求,在密钥管理系统的实现方法中,人们提出了基于对称密钥系统的方法和基于非对称密钥系统的方法。

（1）在基于对称密钥的管理系统方面，从分配方式上也可分为以下 3 类：基于密钥分配中心方式、预分配方式和基于分组分簇方式。与非对称密钥系统相比，对称密钥系统在计算复杂度方面具有优势，但在密钥管理和安全性方面却有不足。特别是在物联网环境下，如何实现与其他网络的密钥管理系统的融合是值得探讨的问题。为此，人们将非对称密钥系统也应用于无线传感网。

（2）非对称密钥系统的基于身份标识的加密算法（Identity-Based Encryption，IBE）近几年引起了人们的关注。该算法的主要思想是加密的公钥不需要从公钥证书中获得，而是直接使用标识用户身份的字符串。

合适的 IBE 算法实现方法直到 2001 年由 Boneh 等提出，利用椭圆曲线双线性映射（bilinear map）来实现。基于身份标识加密算法具有一些特征和优势，主要体现在：

① 它的公钥可以是任何唯一的字符串，如 E-mail、身份证或者其他标识，不需要 PKI 系统的证书发放，使用起来简单；

② 由于公钥是身份等标识，所以，基于身份标识的加密算法解决了密钥分配的问题；

③ 基于身份标识的加密算法具有比对称加密算法更高的加密强度。在同等安全级别条件下，比其他公钥加密算法有更小的参数，因而具有更快的计算速度和更小的存储空间。

IBE 加密算法一般由系统参数建立、密钥提取、加密和解密 4 部分组成。

10.2.2　数据处理与隐私性

物联网的数据要经过信息感知、获取、汇聚、融合、传输、存储、挖掘、决策和控制等处理流程，而末端的感知网络几乎涉及上述信息处理的全过程，只是由于传感节点与汇聚点的资源限制，在信息的挖掘和决策方面不占据主要的位置。物联网应用不仅面临信息采集的安全性，也要考虑到信息传送的私密性，要求信息不能被篡改和非授权用户使用，同时，还要考虑到网络的可靠、可信和安全。物联网能否大规模推广应用，很大程度上取决于其是否能够保障用户数据和隐私的安全。

就传感网而言，在信息的感知采集阶段就要进行相关的安全处理，如对 RFID 采集的信息进行轻量级的加密处理后，再传送到汇聚节点。这里要关注的是对光学标签的信息采集处理与安全，作为感知端的物体身份标识，光学标签显示了独特的优势，而虚拟光学的加密解密技术为基于光学标签的身份标识提供了手段，基于软件的虚拟光学密码系统由于可以在光波的多个维度进行信息的加密处理，具有比一般传统的对称加密系统有更高的安全性，数学模型的建立和软件技术的发展极大地推动了该领域的研究和应用推广。

数据处理过程中涉及基于位置的服务与在信息处理过程中的隐私保护问题。ACM 于 2008 年成立了 SIGSPATIAL，致力于空间信息理论与应用研究。基于位置的服务是物联网提供的基本功能，是定位、电子地图、基于位置的数据挖掘和发现、自适应表达等技术的融合。定位技术主要有 GPS 定位、基于手机的定位、无线传感网定位等。无线传感网的定位主要是射频识别、蓝牙及 ZigBee 等。基于位置的服务面临严峻的隐私保护问题，这既是安全问题，也是法律问题。欧洲通过了《隐私与电子通信法》，对隐私保护问题给出了明确的法律规定。

基于位置服务中的隐私内容涉及两个方面：位置隐私和查询隐私。位置隐私中的位置指用户过去或现在的位置，而查询隐私指敏感信息的查询与挖掘，如某用户经常查询某区域的餐馆或医院，可以分析该用户的居住位置、收入状况、生活行为、健康状况等敏感信息，造成个人隐私信息的泄露，查询隐私就是数据处理过程中的隐私保护问题。所以，我们面临一个困难的选择，一方面希望提供尽可能精确的位置服务，另一方面又希望个人隐私得到保护。目前的隐私保护方法主要有位置伪装、时空匿名、空间加密等。

10.2.3　认证与访问控制

认证指使用者采用某种方式来"证明"自己确实是自己宣称的某人，网络中的认证主要包括身份认证和消息认证。网络中的认证可以使通信双方确信对方的身份并交换会话密钥。消息认证中主要是接收方希望能够保证其接收的消息确实来自真正的发送方。

在物联网认证过程中，传感网的认证机制是重要的研究部分，无线传感网中的认证技术主要包括基于轻量级公钥的认证技术、预共享密钥的认证技术、随机密钥预分布的认证技术、利用辅助信息的认证、基于单向散列函数的认证等。

访问控制是对用户合法使用资源认证的控制，目前信息系统的访问控制主要是基于角色的访问控制机制（Role-Based Access Control，RBAC）及其扩展模型。RBAC 机制主要由 Sandhu 于 1996 年提出的基本模型 RBAC96 构成，一个用户先由系统分配一个角色，如管理员、普通用户等，登录系统后，根据用户的角色所设置的访问策略实现对资源的访问，显然，同样的角色可以访问同样的资源。RBAC 机制是基于互联网的 OA 系统、银行系统、网上商店等系统的访问控制方法，是基于用户的。对物联网而言，末端是感知网络，可能是一个感知节点或一个物体，采用用户角色的形式进行资源的控制显得不够灵活：一是本身基于角色的访问控制在分布式的网络环境中已呈现出不相适应的地方，如对具有时间约束资源的访问控制，访问控制的多层次适应性等方面需要进一步探讨；二是节点不是用户，是各类传感器或者其他设备，且种类繁多，基于角色的访问控制机制中角色类型无法一一对应这些节点，因此使得 RBAC 机制难以实现；三是物联网表现的是信息的感知互动过程，包含了信息的处理、决策和控制等过程，特别是反向控制是物物互连的特征之一，资源的访问呈现动态性和多层次性，而 RBAC 机制中一旦用户被指定为某种角色，那么他可以访问的资源就相对固定了。所以，寻求新的访问控制机制是物联网，也是互联网值得研究的问题。

基于属性的访问控制（Attribute-Based Access Control，ABAC）是近几年研究的热点，如果将角色映射成用户的属性，可以构成 ABAC 与 RBAC 的对等关系，而属性的增加相对简单，同时基于属性的加密算法可以使 ABAC 得以实现。ABAC 方法的问题是对较少的属性来说，加密解密的效率较高，但随着属性数量的增加，加密的密文长度增加，使算法的实用性受到限制。目前有两个发展方向：基于密钥策略和基于密文策略，其目标就是改善基于属性的加密算法的性能。

10.3　RFID 安全管理

10.3.1　RFID 标签的安全缺陷

RFID 的安全缺陷主要表现在以下 3 个方面。

1. RFID 标签自身访问的安全问题

对 RFID 应用而言,标签的成本越低越好,但低成本势必造成整体功能的弱化,在许多主体功能得到保障的基础上,保证自身安全的能力将会大大下降。目前广泛使用的 RFID 标签价格大约为 10~20 美分,内部包括 5000~10000 个逻辑门,这些逻辑门主要用于实现各种标签功能,但设计上只有少量的逻辑门可用于安全配置。而要实现一个基本的加密算法大约需要 3000~4000 个逻辑门,如果要在 RFID 标签中实现更加安全的公钥加密算法,就需要使用更多的逻辑门。因此,标签的造价限制了 RFID 集成电路的复杂度,也就限制了 RFID 自身的安全性保障。

在海关、银行、车站、商场、图书馆、医院、工厂、仓库管理、物流等领域应用的 RFID 系统中,为了交易的安全,RFID 标签与读写器之间的数据传输采用加密,采用的密钥长度为 40 位,并在此之后不断地进行改进。但是,研究人员担心 RFID 在大量应用后有可能遭到攻击。未来的标签价格希望能降到 5 美分,因此在成本不断降低的情况下设计安全、高效的低成本 RFID 安全机制,在成本与安全之间控制平衡点仍然是一个具有挑战性的课题。

2. 通信信道的安全问题

RFID 使用的是无线通信信道,无线通信信道的特性给非法用户的攻击带来了方便:攻击者可以非法截取通信数据;可以通过发射干扰信号来堵塞通信链路,使得读写器过载,无法接收正常的标签数据,制造拒绝服务攻击;可以冒名顶替向 RFID 发送数据,篡改或伪造数据。

3. RFID 读写器的安全问题

RFID 读写器也面临很多的问题,例如,攻击者可以仿造一个读写器,直接读写 RFID 标签,获取 RFID 标签内所有数据,或者修改 RFID 标签中的数据。

4. 环境的安全问题

由于 RFID 的开放式环境,非法用户通过发射干扰信号来影响读写器读取信号,或用其他方式释放攻击信号直接攻击读写器,使读写器无法接收正常的标签数据。由于零售业和物流业的 RFID 应用环境比较复杂,因此需要 RFID 具有较强的适应性,包括某些非恶意的信号干扰、金属干扰、潮湿以及一定程度的遮挡等。

【知识链接 10-1】

典型 RFID 攻击事件

近几年来,国内外频发各种 RFID 攻击事件。一些黑客利用 RFID 技术破解各种消费卡、充值卡,然后盗刷恶意充值消费卡,有些人也因此获刑。现在,物联网推动着移动互联网发展,很多手机终端也被嵌入 NFC 功能,用于公交、移动支付等等,很多的安全问题也逐步被暴露出来,在未来也可能会暴露出更多的问题。

(1) 卡数据嗅探。多数人身上一般都会携带有各类射频卡,里面可能有一些个人信息或者门禁监控系统的验证信息。一些攻击者可能通过一些设备,去读取受害者身上的射频卡信息(能否读取成功就取决于射频卡的通信距离了),然后通过将这些数据写入空白卡或者其他方式进行重放攻击,就可以获取他人的身份验证或者其他敏感信息。

(2) 卡复制。在很多门禁卡中,经常使存储器头部的 uid 值作为一个判断值,如果我们直接将它写入一张空白卡中,就可复制出一张卡来通过门禁。但由于多数卡的 uid 部分是不可写的,因此必须使用 uid 可写的特种卡。

(3) 卡数据破解与篡改。A 类卡很早就已经被破解出来,但目前使用仍然很广泛,很多公司、学校的门禁、餐卡、一卡通都仍在使用这类芯片卡。

10.3.2 对 RFID 系统的攻击方法

RFID 标签存储了很多有价值的商业信息、流通信息、工业信息和个人信息,这些信息对于攻击者具有极大的诱惑力。RFID 信息的泄露对于商业和工业机密及个人隐私都会带来巨大的灾难。因此,我们必须通过对攻击 RFID 主要方法的研究,来开展保护 RFID 信息安全的研究工作。对 RFID 潜在的攻击方法主要表现在以下几个方面。

1. 窃听与跟踪攻击

RFID 标签与读写器之间是通过无线通信方式进行数据传输,因此窃听是攻击 RFID 系统最简单的一种方式。如果 RFID 应用系统在 RFID 标签读写通信过程中没有采取必要的保防措施,攻击者便能够很容易地使用一个用于窃听的 RFID 读写器标签,在标签与正常的读写器通信的过程中窃取 RFID 标签身份信息和传输的数据。这时攻击者并不需要直接获取 RFID 标签的内部信息,便可跟踪对象的位置与位置变化情况。

窃听 RFID 数据传输的方法,如图 10-4 所示。对于 RFID 来说,最基础的安全保防是如何防止标签信息被窃听。

2. 中间人攻击

对 RFID 的另一种攻击方法"中间人攻击"是建立在窃听攻击的基础之上的。中间人攻击的原理如图 10-5 所示。

攻击者通过一个充当中间人的 RFID 读写器接近标签,在窃取标签身份信息与数据之后,使用充当中间人的 RFID 读写器对数据进行处理,再假冒标签向合法的 RFID 读写器发送数据。被窃取数据的标签与读写器都以为是正常的读写数据过程。

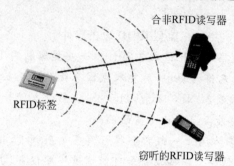

图 10-4　RFID 窃听与跟踪攻击

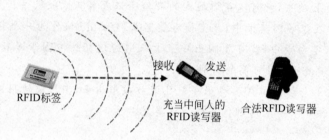

图 10-5　RFID 中间人攻击

3. 欺骗、重放与克隆攻击

欺骗、重放与克隆攻击也都是在窃取标签数据的基础上进行的。欺骗攻击是在窃取 RFID 标签的身份信息与存储的数据之后,冒充该标签合法身份,再去欺骗读写器,如图 10-6 所示;重放攻击是将窃取的数据短时间内多次向读写器发送,使得读写器来不及处理这些 数据,破坏 RFID 系统的正常工作,如图 10-7 所示;克隆攻击是将窃取的数据写到另一个标 签中,制造一种物品标签的多个假冒的标签。

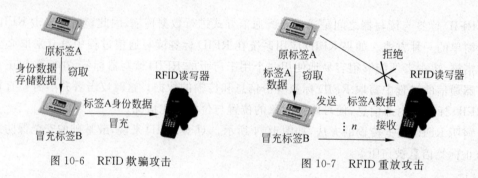

图 10-6　RFID 欺骗攻击　　　　　　图 10-7　RFID 重放攻击

4. 破解与篡改攻击

窃听攻击与欺骗、重放、克隆攻击基本上都是窃取到 RFID 标签的身份信息与数据之 后,在不破译标签身份信息与数据编码规则的情况下,欺骗正常的读写器,达到破坏系统正 常工作,或用低价格骗取贵重商品的目的。而物理破解攻击是根据窃取的身份信息和数据,破解安全机制和数据编码规则。在破解之后,一种做法是按照数据编码规则篡改数据,伪造大量的 RFID 标签;另一种做法是依据破解的安全机制与数据编码规则,继续破解新的RFID 标签与读写器之间的身份认证算法,以及物品编码规则。

另一种物理方法破解 RFID 标签的方法是:通过特殊的溶液将标签上的保护层去掉,再使用特殊的电子设备与标签中的电路连接,这样攻击者不但能够获取标签上的数据,而且能够分析标签的结构设计,找出可利用的攻击点,有针对性地设计攻击方法。

5. 干扰与拒绝服务攻击

攻击者对 RFID 系统的另一种攻击方法与互联网的拒绝服务攻击非常相似。在使用RFID 标签的地方放置工作频率相同的大功率干扰源,使得 RFID 标签与读写器之间不能正常地交换数据,造成 RFID 系统瘫痪;或者是在顾客将贴有 RFID 标签的商品接近读写器位置时,攻击者开启小型干扰器,使得交易失败;或者是在短时间发送大量伪造的错误 RFID标签数据给读写器,造成读写器无法正常地识别和处理,使得 RFID 系统无法正常提供服务。

6. 灭活标签攻击

在客户结账之后,通常需要将贴在商品上的标签灭活(Kill 或杀死),使得标签不再接受读写器的读写,以避免重复结账和被攻击者利用。这样既保护了客户和隐私,又保护了RFID 标签体系的安全。但是,攻击者可以采取同样的原理,制造灭活标签的工具,在结账之前就"杀死"标签,从而方便地盗窃贵重商品。

10.3.3　基于 RFID 的位置服务与隐私保护

隐私权包括个人信息、身体、财产或是自我决定等部分。简单地说,就是个人信息的自我决定权。商品上的 RFID 标签暴露消费者购买的物品信息,甚至侵犯消费者其他私人领域行为,诸如行程、地点等。未妥善处理物品上的 RFID,如衣服、食品、汽车,甚至垃圾等,都会不经意透露出个人相关信息。RFID 使用在证件等方面,资料曝光的危险性相比更高。随之而来的骇客或是特殊机构的监视,也都影响到每一个人民的权益。

1. RFID 所存在的隐私威胁

1)偏好威胁

由于标签上可能记载着商品的相关信息,如商品种类、品牌和尺寸,可以由标签上的信息来推测消费者的购买偏好。

2)位置威胁

由于标签具有一个唯一识别的信息,且标签的读取具有一定的范围,因此可以通过标签来追踪商品或消费者的位置。

2. 保护个人隐私

对于隐私的保护手段是当前物联网信息安全研究的一个热点问题。保护个人隐私可以从以下 4 个方面入手：

（1）法律法规约束。通过法律法规来规范物联网中涉及个人隐私信息的使用。

（2）隐私方针。允许用户本着自愿的原则，根据个人的需要，与移动通信运营商、物联网服务提供协商涉及个人信息的作用。

（3）身份匿名。将位置信息中的个人真实身份用一个匿名的编码代替，以避免攻击者识别和直接使用个人信息。

（4）数据混淆。采用必要的算法，对涉及个人的资料与位置信息（时间、地点、人物）进行置换和混淆，避免被攻击者直接窃取和使用。

阅读文章 10-1

2017 年物联网安全的六大趋势

摘自：盘点 2017 年物联网安全的六大趋势

1. 嵌入式安全终将得到认真对待

新思科技安全战略官罗伯特·瓦摩西说："那些体积太小而无法容纳自身安全的设备将会经受以固件测试为起点的深入安全分析。芯片内部的软件与控制它的应用一样重要。它们都需要进行安全和质量测试。一些早期的物联网僵尸网络就是利用设备自身的缺陷和特点进行攻击的。"

2. 对网络供应链进行检查将会成为一项重点

第三方软件层出不穷但往往未经受过充分检验。罗伯特·瓦摩西说："一些早期的物联网僵尸网络就是利用了设备内部第三方芯片里的缺陷和特点。搞清楚每个芯片之中软件组件的材料清单将变得很重要，因为物联网供应商往往希望能使自己避免昂贵的召回。"

3. 以物联网为推力的分布式拒绝服务攻击仍将是个问题

当前，对于防止遭受植入大多数互联网的 Mirai 僵尸网络等分布式拒绝服务攻击仍然是无计可施。然而，如果这一问题果真发生，互联网用户将会在安全与隐私担忧方面承担不同后果。

与此同时，公司和个人也可以采取相应措施来减少僵尸网络的威力。根据袋熊安全公司首席技术官特雷弗·霍索恩的说法，人们可以采取三大步骤来避免僵尸网络问题。首先，杜绝将物联网设备暴露在开放的互联网之中。"这可能是最重要的考量"，他说道。其次，确保物联网设备不断更新。再次，改变所有设备上的初始密码。

4. 拥有物联网项目的公司将学会像黑客一样思考

当提到信息和服务时，物联网设备的确开辟了新领域。英斯基普曾说："这些新的设备可以处理各种信息并且比之前的设备更能影响现实生活。处于生产线之中的物联网设备一旦紊乱可能会使搅拌的化学品比例失调。家中的物联网设备被侵入时有可能打开房门，或者公司内部的视频可能会让外部的人分享。尽管这些威胁是一样的，但是风险可能迥然不同。"

拥有物联网设备的机构应该将精力放在确保产品安全上，还要明白黑客一开始为何关注它们的产品，同时必须明白要采取何种措施才能使这些设备不再成为黑客关注的目标。

在技术领域，许多人一直在与安全问题做斗争，即使同样的基本威胁持续了几十年。"物联网威胁从根本上来说就是我们最近 20 来年一直设法处理的同类威胁：不怀好意的参与者(个人、组织和民族国家)试图通过破坏数据及服务的机密性、完整性和有效性来抢占优势”,信息安全大会顾问委员会委员托德·英斯基普说道。

5. 招募物联网安全人才依然艰难

产品安全行业也会充分利用现有的安全模型。“我们已经看到一种新型的安全人才已经涌现——首席产品安全官,以及他们的支持人员,产品安全官和产品安全工程师。但是这些角色中的人都会说他们是独一无二的。”

整个技术行业的安全专家仍然是供不应求。物联网产业也不例外,信息安全大会顾问委员会委员托德·英斯基普说道:“对所有行业来说,招聘到安全人才的确是一项挑战,”袋熊安全首席技术官特雷弗·霍索恩也赞同道。

“资金充裕和知名的供应商在这方面将会容易一些。问题是洪水般涌来的小而廉价的产品往往都是由离岸制造商生产的,这些制造商们的安全追踪记录令人担忧。正如我们看到的那样,离岸物联网设备制造商一开始并未重视安全工作,所以如果它们需要招募人才,将会困难重重。”

6. 态势感知将成为一个更大的安全目标

可以预测到未来数以亿计的物联网设备将会覆盖整个星球,而跟踪何种设备应置于何处至关重要。“随着物联网设备被部署在 IPv4 网络里,这些机构们应该能够扫描或者‘看到’其网络中部署了何种物联网设备。”袋熊安全首席技术官特雷弗·霍索恩说道,“有了IPv6,众多 IPv6 地址的存在可能很难扫描到边界。这些机构可能需要将注意力放在其他的模型上,从而保持对所拥有的和所暴露设备的控制。”

10.4　练习

1. 填空

(1) 物联网由传感器、传输系统、处理系统三要素组成,与之相对应,物联网安全形态则由_____、_____、_____三要素组成。

(2) 实现统一的密钥管理系统可以采用两种方式:一是以互联网为中心的_____;二是以各自网络为中心的_____。

(3) 认证指使用者采用某种方式来“证明”自己确实是自己宣称的某人,网络中的认证主要包括_____和_____。

(4) 基于属性的访问控制是近几年研究的热点,如果将角色映射成用户的属性,可以构成_____与_____的对等关系,而属性的增加相对简单,同时基于属性的加密算法可以使_____得以实现。

(5) 对于隐私的保护手段是当前物联网信息安全研究的一个热点问题,保护个人隐私可以从_____、_____、_____、_____ 4 个方面入手:

2. 简答

(1) 简述物联网安全特性。

（2）简述物联网安全框架。

（3）简述物联网安全技术框架。

（4）简述 RFID 标签存在的安全缺陷。

（5）简述针对 RFID 系统的攻击方法。

3. 思考

阅读《盘点 2017 年物联网安全的六大趋势》，简述物联网安全未来有哪些发展趋势，思考未来物联网快速发展必将带来的安全新问题，以及应对策略。

参考书目及相关网站

[1]   詹青龙,刘建卿.物联网工程概论[M].北京:清华大学出版社,北京交通大学出版社,2011.
[2]   黄玉兰.物联网概论[M].北京:人民邮电出版社,2011.
[3]   宁焕生,王睿.RFID重大工程与国家物联网[M].4版.北京:机械工业出版社,2015.
[4]   杨刚,沈沛意,郑春红.物联网理论与技术[M].北京:科学出版社,2010.
[5]   吴功宜,吴英.物联网工程导论[M].北京:机械工业出版社,2012.
[6]   李建平.物联网概论[M].北京:中国传媒大学出版社,2015.
[7]   田景熙.物联网概论[M].南京:东南大学出版社,2010.
[8]   詹国华.物联网概论[M].北京:清华大学出版社,2016.
[9]   邓谦,曾辉.物联网工程概论[M].北京:人民邮电出版社,2015.
[10]   鄂旭.物联网概论[M].北京:清华大学出版社,2015.
[11]   魏旻,王平.物联网导论[M].北京:人民邮电出版社,2015.
[12]   苏万益.物联网概论[M].郑州:郑州大学出版社,2014.
[13]   张福生.物联网:开启全新生活的智能时代[M].太原:山西人民出版社,2010.
[14]   (日)三宅信一郎.RFID物联网世界最新应用[M].周文豪,译.北京:北京理工大学出版社,2017.
[15]   陈秀兰.基于物联网的智慧信息管理系统研究[M].兰州:甘肃民族出版社,2016.
[16]   谢昌荣,曾宝国.物联网技术概论[M].重庆:重庆大学出版社,2013.
[17]   陈勇.物联网技术概论及产业应用[M].南京:东南大学出版社,2013.
[18]   梁德厚,张爱华,徐亮.物联网概论与应用教程[M],北京:北京邮电大学出版社,2014.
[19]   李蔚田.物联网基础与应用[M].北京:北京大学出版社,2012.
[20]   (美)Lan F. Akylidiz, Mehmet Can Vuran.无线传感器网络[M].徐平文,刘昊,褚宏去,等,译.北京:电子工业出版社,2013.
[21]   王恒心,化希鹏.走进物联网[M].上海:上海交通大学出版社,2014.
[22]   元昌安.数据挖掘原理与SPSS Clementine应用宝典[M].北京:电子工业出版社,2009.
[23]   林兴志,杨元利.物联网技术与新一代办公自动化[M].长沙:中南大学出版社,2013.
[24]   李建平.物联网概论[M].北京:中国传媒大学出版社,2015.
[25]   刘平,自动识别技术基础[M].北京:清华大学出版社,2013.
[26]   唐文彦.传感器[M].4版.北京:机械工业出版社,2011.
[27]   (美)Amiya Nayak,等.无线传感器及执行器网络[M].郎为民,等,译.北京:机械工业出版社,2012.
[28]   何金田,等.传感器技术(上下)[M].哈尔滨:哈尔滨工业大学出版社,2004.
[29]   国际电信联盟ITU.衡量信息社会报告[Z],2015.
[30]   国务院办公厅.国务院关于推进物联网有序健康发展的指导意见[Z].中央政府门户网站 www.gov.cn,2013.
[31]   姚建铨.我国发展物联网的重要战略意义[J].人民论坛·学术前沿.2016(17).
[32]   陈伟,乔磊.物联网问题研究[J].中国科技信息,2014,(06).
[33]   许爱装.物联网全球发展现状及趋势[J].移动通信,2013,(09).
[34]   周洁.世界主要发达国家物联网的发展现状[J].企业技术开发,2012,28.
[35]   沈苏彬,毛燕琴,范曲立,宗平,黄维.物联网概念模型与体系结构[J].南京邮电大学学报(自然科学版),2010,(04):1~8.
[36]   并联式发展30年可成制造业强国——专家解密中国制造2025[J].创新时代,2015,(06).
[37]   曲风."中国制造2025"探秘[J].新产经,2015,(04).
[38]   谢辉,王健.区块链技术及其应用研究[J].入选论文,2016,(09).

[39]　袁路花.浅谈物联网应用中间件在公共领域中的应用[J].中国无线电,2013,(09):50~52.

[40]　李再进,谢勇,邬方,王红卫.物联网中 PML 服务器的设计和实现[J].物流技术,2004,(11).

[41]　蒋理理.3G 技术的发展及应用[J].信息与电脑,2011,(11):115.

[42]　东辉,唐景然,于东兴.物联网通信技术的发展现状及趋势综述[J].通信技术,2014,11:1233~1239.

[43]　王静,杨旭,莫亭亭.60GHz 无线通信研究现状和发展趋势[J].信息技术,2008,(3).

[44]　刘鹏程.物联网标准体系构建研究[D].北京交通大学,2011.

[45]　通信产业网.我国物联网"十二五"发展规划正式发布.http://tech.qq.com/a/20120214/000398.htm.2012 年 02 月 14 日.

[46]　工信部.物联网发展规划(2016—2020 年).5G 微信公众平台(ID:angmobile).2017 年 1 月 18 日.

[47]　可穿戴设备.百度百科.http://baike.baidu.com/link?url=Nc5M_ySZxzowRzrNySfZ2f4SIyWzXdGFty7a5cecyTj6O89pvd7O2aO-IaXXkzPLW95Fxaak_s6H6_OMkakDGQNIbQ2hVcdzAV-5mQlvS8w 7_Pg4GwxdtZikhaDhaqOAhclw0O8U1sD7aPDxJkSS_K.

[48]　农业产业化在物联网时代的新发展.http://www.jc-ic.cn/show-1609296-1.html.2013.

[49]　综述:麦德龙的未来商店.http://www.linkshop.com.cn/(ua3jjjf2knbr2c45yy01se55)/web/Article_News.aspx?ArticleId=62629.

[50]　城市热图.http://www.tuoming.com/list_detail.aspx?cId=3&zId=143&lId=831.

[51]　宝马(BMW)在装配线采用 RFID 系统精确定位车辆和工具.http://www.asmag.com.cn/news/200908/19994.html.安防知识网.

[52]　三亿文:新一代自动识别技术之争.http://3y.uu456.com/bp_8hwrj9xfrf9nplx1m22c_1.html.

[53]　百度文库:常用一维条形码编码规.https://wenku.baidu.com/view/1afe3fbf65ce05087632138a.html.

[54]　张帆.探访浙江省内唯一智能电网小区未来我们如何用电 http://zjnews.zjol.com.cn/05zjnews/system/2013/05/16/019341561.shtml.浙江在线-浙江日报.2013.05.

[55]　智能变电站智能在什么地方? http://www.chinasmartgrid.com.cn/news/20150714/606993.shtml.

[56]　五一出去玩! 3 款旅游景点官版 APP 推荐 http://pcedu.pconline.com.cn/639/6399936_2.html.

[57]　IBM 采用新技术简化无线部署.比特网.http://news.chinabyte.com/337/1734337.shtml.

[58]　BEA Tuxedo 中间件入门.http://blog.csdn.net/tmac1104/article/details/25163193.

[59]　中国产业洞察网.国际机器视觉产业发展现状与趋势.http://www.51report.com/article/3051753.html.2014.10.03.

[60]　360doc 个人图书馆.无线传感器的发展趋势.http://www.360doc.com/content/17/0330/17/41583106_641472453.shtml.

[61]　百度文库.WLAN 的工作原理及网络结构.https://wenku.baidu.com/view/3c11091214791711cc791702.html.

[62]　百度百科.WiMax.http://baike.baidu.com/link?url=9Ql8lPel2Pi7MGQ7cpeu_GE5w66y1DJFd.

[63]　微博.关于智能家居产业,看这一篇就够了.http://weibo.com/p/1001603942031104805166?from=singleweibo&mod=recommend_article-BJ5dneJIBrXBbFIM40W-Tgz3Aap0yj95W23NcuI.

图 书 资 源 支 持

感谢您一直以来对清华版图书的支持和爱护。为了配合本书的使用,本书提供配套的资源,有需求的读者请扫描下方的"书圈"微信公众号二维码,在图书专区下载,也可以拨打电话或发送电子邮件咨询。

如果您在使用本书的过程中遇到了什么问题,或者有相关图书出版计划,也请您发邮件告诉我们,以便我们更好地为您服务。

我们的联系方式:

地　　址: 北京海淀区双清路学研大厦 A 座 707

邮　　编: 100084

电　　话: 010－62770175－4604

资源下载: http://www.tup.com.cn

电子邮件: weijj@tup.tsinghua.edu.cn

QQ: 883604(请写明您的单位和姓名)

资源下载、样书申请

书圈

用微信扫一扫右边的二维码,即可关注清华大学出版社公众号"书圈"。